Trigonometria e números complexos

Blucher

Trigonometria e números complexos

Com aplicações

Alexandre Molter

Cícero Nachtigall

Maurício Zahn

Trigonometria e números complexos: com aplicações

© 2020 Alexandre Molter, Cícero Nachtigall e Maurício Zahn

Editora Edgard Blücher Ltda.

Imagem da capa: ao fundo, excerto da p. 99 da obra *Introductio in analysin infinitorum*, de Leonhard Euler, 1748.

Blucher

Rua Pedroso Alvarenga, 1245, 4º andar

04531-934 – São Paulo – SP – Brasil

Tel.: 55 11 3078-5366

contato@blucher.com.br

www.blucher.com.br

Segundo o Novo Acordo Ortográfico, conforme 5. ed. do *Vocabulário Ortográfico da Língua Portuguesa*, Academia Brasileira de Letras, março de 2009.

Dados Internacionais de Catalogação na Publicação (CIP)
Angélica Ilacqua CRB-8/7057

Molter, Alexandre
Trigonometria e números complexos : com aplicações / Alexandre Molter ; Cícero Nachtigall ; Maurício Zahn. -- São Paulo : Blucher, 2020.
312 p. : il.

Bibliografia
ISBN 978-65-5506-010-2 (impresso)
ISBN 978-65-5506-011-9 (eletrônico)

1. Álgebra. 2. Matemática I. Título. II. Nachtigall, Cícero. III. Zahn, Maurício.

20-0376   CDD 512

Índices para catálogo sistemático:
1. Álgebra

Prefácio

O objetivo desta obra é servir de guia a estudantes de trigonometria e números complexos. Com esse intuito, ela foi elaborada cuidadosamente, contendo explicações detalhadas de cada assunto abordado, vários exemplos com soluções e uma ampla listagem de exercícios, com as respostas indicadas, quando não forem exercícios de demonstração. Destaca-se que um dos diferenciais deste livro é conter todas as respostas dos exercícios propostos, exceto os de demonstração. Outro diferencial é ser um livro bem ilustrado, o que auxilia na compreensão de cada assunto proposto.

O texto foi elaborado por professores de Matemática, todos licenciados em Matemática, com experiência profissional no ensino básico e mais de dez anos de experiência no ensino superior. É com foco nessa experiência profissional que os assuntos foram selecionados e apresentados de maneira didática e educativa, não deixando de lado a precisão na apresentação da parte teórica.

Os autores

Dedicamos esta obra a todos os professores e estudantes que utilizam este texto como referencial de seus estudos de trigonometria e números complexos.

Conteúdo

Capítulo 1

Trigonometria básica

1.1 Arcos e ângulos

Para iniciarmos os estudos em Trigonometria, apresentamos nesta seção algumas definições preliminares.

Definição 1.1

(a) Define-se *ângulo* como sendo a reunião de duas semirretas de mesma origem.

(b) As semirretas (r_1 e r_2) e a origem (O) são chamadas, respectivamente, de *lados* e *vértice* do ângulo.

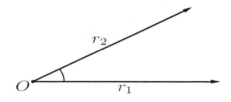

Definição 1.2

(a) Dada uma circunferência de centro O, quaisquer dois pontos A e B sobre esta circunferência determinam um *arco* e um *ângulo central*, ambos considerados de A para B, no sentido anti-horário.

(b) Fixada uma circunferência, todo arco está associado a um ângulo e vice-versa.

(c) Quando os pontos A e B coincidem, tem-se um *arco nulo*, ou *arco de uma volta*; e, quando os pontos A e B são diametralmente opostos, tem-se um *arco de meia volta*.

(d) O *comprimento do arco* é a medida linear do arco considerado.

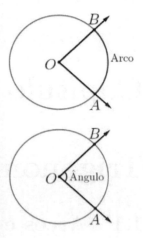

O comprimento de um arco depende, portanto, do raio da circunferência que o contém e as unidades utilizadas são as usuais, tais como: centímetro, metro etc.

Definição 1.3

A medida de um arco de circunferência é a medida do ângulo central associado a este arco, independentemente do raio da circunferência.

As unidades mais utilizadas para medir ângulos são o *grau* e o *radiano*.

Definição 1.4

Um *grau* (símbolo: $1°$) corresponde à medida de um arco cujo comprimento é igual a $\frac{1}{360}$ do comprimento da circunferência que está sendo considerada.

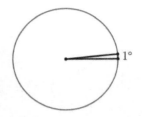

Em particular, o arco de uma volta mede $360°$, o arco de meia volta mede $180°$, e assim por diante.

Observação: note que esta unidade de medida independe do comprimento do raio da circunferência.

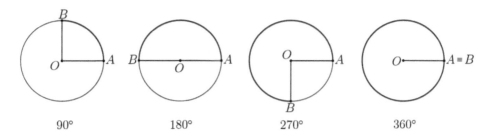

90°	180°	270°	360°

Definição 1.5

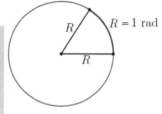

Um *radiano* (símbolo: 1 rad) corresponde à medida de um arco que tem o mesmo comprimento do raio da circunferência que está sendo considerada.

Observação: note que esta unidade de medida também independe do comprimento da circunferência considerada.

Como a fórmula para o comprimento C de uma circunferência de raio R é dada por

$$C = 2\pi R,$$

e como o valor de 2π é aproximadamente 6, 28, tem-se que um arco de uma volta possui aproximadamente 6, 28 radianos.

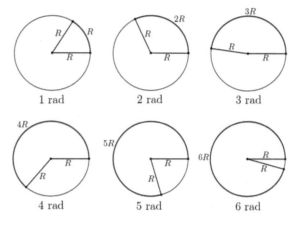

Em particular, o arco de uma volta completa equivale a 2π rad, o arco de meia volta equivale a π rad, e assim por diante.

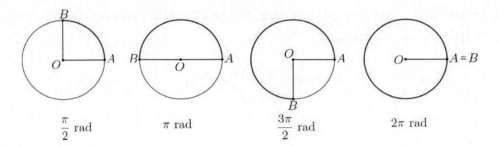

$$\frac{\pi}{2} \text{ rad} \qquad \pi \text{ rad} \qquad \frac{3\pi}{2} \text{ rad} \qquad 2\pi \text{ rad}$$

Razão

Considere as circunferências de raios R_1, R_2 e R_3 da figura a seguir e os arcos ℓ_1, ℓ_2 e ℓ_3.

Lembre que a razão entre o arco e o raio da respectiva circunferência permanece fixa, ou seja, existe uma constante α tal que

$$\alpha = \frac{\ell_1}{R_1} = \frac{\ell_2}{R_2} = \frac{\ell_3}{R_3}.$$

Note que o número α independe da medida do raio da circunferência considerada.

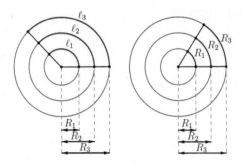

A medida de um ângulo em radianos é, portanto, a razão entre o arco que este ângulo determina e o raio da referida circunferência. Ou seja, dada uma circunferência de raio R, tomando um arco de comprimento ℓ sobre esta circunferência, o ângulo central α, expresso em radianos, será dado por

$$\alpha = \frac{\ell}{R}.$$

Exemplo 1.6 Um ângulo central de uma circunferência de raio 10 cm intercepta um arco de 6π cm. Determine o valor do ângulo central α que o referido arco forma com a circunferência. Em seguida, obtenha a área desse setor determinado por α.

Solução. Como $R = 10cm$ e $\ell = 6\pi cm$, segue que o ângulo central α, em radianos, será dado por

$$\alpha = \frac{\ell}{R} = \frac{6\pi cm}{10\,cm} = \frac{3\pi}{5}\text{rad}.$$

Por fim, para determinar a área do setor circular de ângulo central $\alpha = \frac{3\pi}{5}$ rad, basta fazer uma regra de três simples como segue:

$$2\pi\text{rad} \dashrightarrow \pi R^2$$

$$\frac{3\pi}{5}\text{rad} \dashrightarrow A$$

Assim, $2\pi A = \frac{3\pi}{5} \cdot \pi R^2$, donde segue que, lembrando que $R = 10cm$,

$$A = 30\pi\,cm^2.$$

De forma geral, a relação entre graus e radianos é:

$$2\pi \text{ rad} \longleftrightarrow 360°, \quad \text{ou, simplesmente,} \quad \pi \text{ rad} \longleftrightarrow 180°,$$

onde o símbolo $\longleftrightarrow$ indica uma correspondência entre ambos.

Exemplo 1.7 Converta os seguintes arcos de graus para radianos:

(a) 30° (b) 45° (c) 60° (d) 135°

Solução. Utilizando a relação π rad $\longleftrightarrow$ 180° e uma regra de três simples, obtém-se:

(a) $\frac{\pi}{6}$ rad (b) $\frac{\pi}{4}$ rad (c) $\frac{\pi}{3}$ rad (d) $\frac{3\pi}{4}$ rad

Exemplo 1.8 Converta os seguintes arcos de radianos para graus:

(a) $\dfrac{2\pi}{3}$ rad   (b) $\dfrac{5\pi}{6}$ rad   (c) $\dfrac{3\pi}{2}$ rad   (d) $\dfrac{11\pi}{6}$ rad

Solução. Utilizando a relação π rad $\longleftrightarrow 180°$ e uma regra de três simples, obtém-se:

(a) $120°$ (b) $150°$ (c) $270°$ (d) $330°$

Exercícios

1. Converta para radianos.

   (a) $184°$ (b) $59°30''$

2. Um ângulo central de uma circunferência de raio $30cm$ intercepta um arco de $6cm$. Expresse o ângulo central α em radianos e em graus.

3. Um setor de um círculo possui um ângulo central de $50°$ e uma área de $605cm^2$. Encontre o valor aproximado do raio do círculo.

4. Calcule a área do setor circular determinado por um ângulo central de $\frac{\pi}{3}$ rad em um círculo de diâmetro $32cm$.

5. Encontre a área do setor circular determinado por um ângulo central de $100°$ em um círculo de raio $12cm$.

6. Um ângulo central de uma circunferência de raio $36cm$ intercepta um arco de $3\pi cm$.

   (a) Calcule o valor do ângulo central α que o arco acima determina na circunferência, em radianos e em graus.

   (b) Calcule a área do setor circular determinado por α.

Respostas

1. (a) $\frac{46\pi}{45}$ rad   (b) $\frac{7081\pi}{216000}$ rad   2. $\alpha = \frac{1}{5}$ rad ou $\alpha = \frac{36°}{\pi}$

3. $\frac{66}{\sqrt{\pi}}cm$ 4. $A = \frac{128\pi}{3}\ cm^2$ 5. $8\pi cm^2$

6. (a) $\alpha = \frac{\pi}{12}$ rad ou $\alpha = 15°$ (b) $A = 108\pi cm^2$

Definição 1.9

Com relação à sua medida, um ângulo pode ser classificado como:

- *Nulo:* um ângulo nulo mede 0°;

- *Agudo:* ângulo cuja medida é maior do que 0° e menor do que 90°;

- *Reto:* um ângulo reto é um ângulo cuja medida é exatamente 90°, assim os seus lados estão localizados em retas perpendiculares;

- *Obtuso:* é um ângulo cuja medida está entre 90° e 180°;

- *Raso:* ângulo que mede exatamente 180°, os seus lados são semirretas opostas.

1.2   Razões trigonométricas no triângulo retângulo

Considere o triângulo retângulo dado pela figura a seguir.

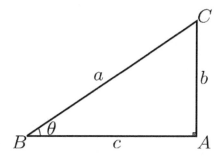

Definição 1.10

Definem-se, neste triângulo, os elementos:

- A, B e C são os *vértices* do triângulo;

- θ é o *ângulo relativo* ao vértice B;

- a é a *hipotenusa* do triângulo;

- b é o *cateto oposto* relativo ao ângulo θ;

- c é o *cateto adjacente* relativo ao ângulo θ.

Sejam r_1, r_2 e r_3 as razões (divisões) entre os lados do triângulo anterior, então:

$$r_1 = \frac{\text{cateto oposto a } \theta}{\text{hipotenusa}} = \frac{AC}{BC} = \frac{b}{a}$$

$$r_2 = \frac{\text{cateto adjacente a } \theta}{\text{hipotenusa}} = \frac{BA}{BC} = \frac{c}{a}$$

$$r_3 = \frac{\text{cateto oposto a } \theta}{\text{cateto adjacente}} = \frac{AC}{BA} = \frac{b}{c}$$

Da geometria sabe-se que triângulos semelhantes possuem lados correspondentes proporcionais e, por isso, estas razões permanecem fixas quando se considera qualquer triângulo retângulo com o ângulo θ em comum, ou seja,

$$r_1 = \frac{\text{cateto oposto a } \theta}{\text{hipotenusa}} = \frac{AC}{BC} = \frac{MN}{BN} = \frac{PQ}{BQ}$$

$$r_2 = \frac{\text{cateto adjacente a } \theta}{\text{hipotenusa}} = \frac{BA}{BC} = \frac{BM}{BN} = \frac{BP}{BQ}$$

$$r_3 = \frac{\text{cateto oposto a } \theta}{\text{cateto adjacente}} = \frac{AC}{BA} = \frac{MN}{BM} = \frac{PQ}{BP}$$

Definição 1.11

A razão r_1 é chamada de *seno do ângulo* θ, ou simplesmente *seno de* θ, e será denotada por sen θ, ou seja,

$$\text{sen}\,\theta = \frac{\text{cateto oposto a } \theta}{\text{hipotenusa}}.$$

Definição 1.12

A razão r_2 é chamada de *cosseno do ângulo* θ, ou simplesmente *cosseno de* θ, e será denotada por cos θ, ou seja,

$$\cos\theta = \frac{\text{cateto adjacente a } \theta}{\text{hipotenusa}}.$$

Definição 1.13

A razão r_3 é chamada de *tangente do ângulo* θ, ou simplesmente *tangente de* θ, e será denotada por tan θ, ou seja,

$$\tan\theta = \frac{\text{cateto oposto a } \theta}{\text{cateto adjacente}}.$$

As razões inversas de r_1, r_2 e r_3 são dadas, respectivamente, por:

$$\frac{1}{r_1} = \frac{\text{hipotenusa}}{\text{cateto oposto a } \theta}, \quad \frac{1}{r_2} = \frac{\text{hipotenusa}}{\text{cateto adjacente a } \theta}$$

e

$$\frac{1}{r_3} = \frac{\text{cateto adjacente a } \theta}{\text{cateto oposto a } \theta},$$

e são definidas como segue.

Definição 1.14

A razão $\frac{1}{r_1}$ é chamada de *cossecante do ângulo* θ ou simplesmente *cossecante de* θ, e será denotada por csc θ, ou seja,

$$\csc\theta = \frac{\text{hipotenusa}}{\text{cateto oposto a } \theta}.$$

Definição 1.15

A razão $\frac{1}{r_2}$ é chamada de *secante do ângulo* θ ou simplesmente *secante de* θ, e será denotada por $\sec\theta$, ou seja,

$$\sec\theta = \frac{\text{hipotenusa}}{\text{cateto adjacente a } \theta}.$$

Definição 1.16

A razão $\frac{1}{r_3}$ é chamada de *cotangente do ângulo* θ ou simplesmente *cotangente de* θ, e será denotada por $\cot\theta$, ou seja,

$$\cot\theta = \frac{\text{cateto adjacente a } \theta}{\text{cateto oposto a } \theta}.$$

As razões seno, cosseno, tangente, cossecante, secante e cotangente acima são chamadas de *razões trigonométricas*. Portanto, as razões trigonométricas são razões entre os lados de um triângulo retângulo que se mantêm fixas para o mesmo ângulo, independentemente do tamanho dos lados do triângulo.

É importante observar que as razões trigonométricas são números reais.

Exemplo 1.17 Considerando o triângulo retângulo abaixo, determine:

(a) $\operatorname{sen}\theta_1$ (e) $\sec\theta_1$ (i) $\tan\theta_2$

(b) $\cos\theta_1$ (f) $\cot\theta_1$ (j) $\csc\theta_2$

(c) $\tan\theta_1$ (g) $\operatorname{sen}\theta_2$ (k) $\sec\theta_2$

(d) $\csc\theta_1$ (h) $\cos\theta_2$ (l) $\cot\theta_2$

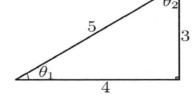

Solução.

(a) $\operatorname{sen}\theta_1 = \dfrac{3}{5}$ (d) $\csc\theta_1 = \dfrac{5}{3}$ (g) $\operatorname{sen}\theta_2 = \dfrac{4}{5}$ (j) $\csc\theta_2 = \dfrac{5}{4}$

(b) $\cos\theta_1 = \dfrac{4}{5}$ (e) $\sec\theta_1 = \dfrac{5}{4}$ (h) $\cos\theta_2 = \dfrac{3}{5}$ (k) $\sec\theta_2 = \dfrac{5}{3}$

(c) $\tan \theta_1 = \dfrac{3}{4}$ (f) $\cot \theta_1 = \dfrac{4}{3}$ (i) $\tan \theta_2 = \dfrac{4}{3}$ (l) $\cot \theta_2 = \dfrac{3}{4}$

Proposição 1.18

Valem as seguintes relações trigonométricas:

$$\tan \theta = \frac{\operatorname{sen} \theta}{\cos \theta}, \qquad \cot \theta = \frac{\cos \theta}{\operatorname{sen} \theta}, \qquad \sec \theta = \frac{1}{\cos \theta}, \qquad \csc \theta = \frac{1}{\operatorname{sen} \theta}.$$

Demonstração. Considerando o triângulo retângulo abaixo, tem-se

$$\operatorname{sen} \theta = \frac{b}{a} \qquad e \qquad \cos \theta = \frac{c}{a},$$

e, portanto,

$$\frac{\operatorname{sen} \theta}{\cos \theta} = \frac{\frac{b}{a}}{\frac{c}{a}} = \frac{b}{a} \cdot \frac{a}{c} = \frac{b}{c} = \tan \theta.$$

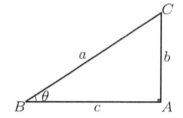

Como a cotangente é a razão trigonométrica inversa da tangente, temos:

$$\cot \theta = \frac{1}{\tan \theta} = \frac{1}{\frac{\operatorname{sen} \theta}{\cos \theta}} = \frac{\cos \theta}{\operatorname{sen} \theta}.$$

As duas últimas relações apresentadas na proposição seguem diretamente do fato de que secante e cossecante são as razões trigonométricas inversas de cosseno e seno, respectivamente. $\square$

Proposição 1.19

Valem as seguintes relações trigonométricas:

$$\operatorname{sen}^2 \theta + \cos^2 \theta = 1, \qquad \sec^2 \theta = 1 + \tan^2 \theta, \qquad \csc^2 \theta = 1 + \cot^2 \theta.$$

Demonstração. Considerando o triângulo retângulo abaixo, tem-se

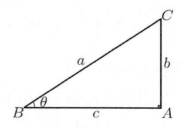

$$\text{sen}\,\theta = \frac{b}{a} \qquad \text{e} \qquad \cos\theta = \frac{c}{a},$$

ou seja,

$$c = a\,\text{sen}\,\theta \qquad \text{e} \qquad b = a\cos\theta.$$

Segue agora, do Teorema de Pitágoras, que:

$$a^2 = b^2 + c^2 \implies a^2 = a^2\text{sen}^2\theta + a^2\cos^2\theta \implies a^2(\text{sen}^2\theta + \cos^2\theta) = a^2,$$

ou seja,

$$\text{sen}^2\theta + \cos^2\theta = 1. \tag{1.1}$$

Dividindo (1.1) por $\cos^2\theta$, tem-se:

$$\text{sen}^2\theta + \cos^2\theta = 1 \implies \frac{\text{sen}^2\theta}{\cos^2\theta} + \frac{\cos^2\theta}{\cos^2\theta} = \frac{1}{\cos^2\theta} \implies \tan^2\theta + 1 = \sec^2\theta.$$

Dividindo (1.1) por $\text{sen}^2\theta$, tem-se:

$$\text{sen}^2\theta + \cos^2\theta = 1 \implies \frac{\text{sen}^2\theta}{\text{sen}^2\theta} + \frac{\cos^2\theta}{\text{sen}^2\theta} = \frac{1}{\text{sen}^2\theta} \implies 1 + \cot^2\theta = \csc^2\theta.$$

$\square$

Proposição 1.20

Valem as seguintes relações trigonométricas:

$$\cos^2\theta = \frac{1}{\tan^2\theta + 1}, \qquad \text{sen}^2\theta = \frac{\tan^2\theta}{\tan^2\theta + 1}.$$

Demonstração. Utilizando as Proposições 1.18 e 1.19, temos que:

$$\sec^2\theta = 1 + \tan^2\theta \implies \frac{1}{\cos^2\theta} = 1 + \tan^2\theta \implies \cos^2\theta = \frac{1}{1 + \tan^2\theta}$$

Utilizando a relação acima, temos:

$$\csc^2\theta = 1 + \cot^2\theta \implies \frac{1}{\text{sen}^2\theta} = 1 + \frac{1}{\tan^2\theta} \implies \frac{1}{\text{sen}^2\theta} = \frac{1 + \tan^2\theta}{\tan^2\theta}$$

$$\implies \text{sen}^2\theta = \frac{\tan^2\theta}{1 + \tan^2\theta}.$$

$\square$

Observação: as fórmulas destas duas Proposições foram provadas para $\theta \in (0, \frac{\pi}{2})$. Na seção 1.7 podemos estendê-las para arcos maiores.

Exercícios

1. Ache os valores de x que verificam simultaneamente $\tan a = \dfrac{x+1}{2}$ e $\sec a = \sqrt{x+2}$.

2. Calcule o valor de $\cos x$, sabendo que $\cot x = \dfrac{2\sqrt{m}}{m-1}$, com $m > 1$.

3. Se $\operatorname{sen} x = \frac{1}{3}$, com $0 < x < \frac{\pi}{2}$, calcule o valor da expressão

$$y = \frac{1}{\csc x + \cot x} + \frac{1}{\csc x - \cot x}.$$

4. Calcule o valor de m para que $\operatorname{sen} x = 2m + 1$ e $\cos x = 4m + 1$.

Respostas

1. $x = -1$ ou $x = 3$.   2. $\cos x = \frac{2\sqrt{m}}{m+1}$ 3. $y = 6$ 4. $m = -\frac{1}{10}$ ou $m = -\frac{1}{2}$

1.3   Razões trigonométricas especiais

Nesta seção serão obtidas as razões trigonométricas de $30°$, $45°$ e $60°$.

Razões trigonométricas de $30°$ e $60°$

Considere o triângulo equilátero ABC de lado $\ell = 1$ representado na figura abaixo.

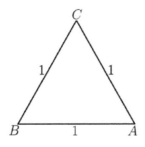

Sejam h a altura relativa ao vértice C e θ_1, θ_2 os ângulos internos agudos do triângulo retângulo BCD.

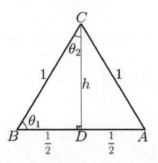

Como a soma dos ângulos internos de um triângulo é igual a $180°$ e, em um triângulo equilátero, todos os ângulos internos são congruentes entre si, obtém-se:

$$\theta_1 = 60° \text{ e } \theta_2 = 30°.$$

Utilizando o Teorema de Pitágoras no triângulo BCD, obtém-se:

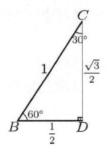

$$1^2 = \left(\frac{1}{2}\right)^2 + h^2 \Longrightarrow h^2 = \frac{3}{4} \Longrightarrow h = \frac{\sqrt{3}}{2}.$$

Consequentemente,

$$\text{sen } 30° = \frac{\frac{1}{2}}{1} = \frac{1}{2} \qquad\qquad \text{sen } 60° = \frac{\frac{\sqrt{3}}{2}}{1} = \frac{\sqrt{3}}{2}$$

$$\cos 30° = \frac{\frac{\sqrt{3}}{2}}{1} = \frac{\sqrt{3}}{2} \qquad\qquad \cos 60° = \frac{\frac{1}{2}}{1} = \frac{1}{2}$$

$$\tan 30° = \frac{\frac{1}{2}}{\frac{\sqrt{3}}{2}} = \frac{\sqrt{3}}{3} \qquad\qquad \tan 60° = \frac{\frac{\sqrt{3}}{2}}{\frac{1}{2}} = \sqrt{3}$$

Note que

$$\operatorname{sen} 30° = \cos 60° = \frac{1}{2},$$

assim como

$$\operatorname{sen} 60° = \cos 30° = \frac{\sqrt{3}}{2}.$$

Razões trigonométricas de $45°$

Considere o triângulo retângulo isósceles ABC, de catetos iguais a 1, hipotenusa ℓ e ângulo agudo interno igual a θ, conforme a figura abaixo.

Como a soma dos ângulos internos de um triângulo é igual a $180°$, obtém-se

$$\theta = 45°.$$

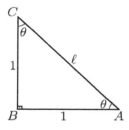

Utilizando o Teorema de Pitágoras no triângulo ABC, obtém-se

$$\ell^2 = 1^2 + 1^2 \implies \ell^2 = 2 \implies \ell = \sqrt{2}.$$

Consequentemente,

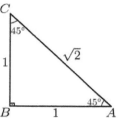

$$\operatorname{sen} 45° = \frac{1}{\sqrt{2}} = \frac{\sqrt{2}}{2}, \quad \cos 45° = \frac{1}{\sqrt{2}} = \frac{\sqrt{2}}{2} \quad e \quad \tan 45° = \frac{1}{1} = 1.$$

A tabela ao lado resume os resultados obtidos acima.

	30°	45°	60°
sen	$\dfrac{1}{2}$	$\dfrac{\sqrt{2}}{2}$	$\dfrac{\sqrt{3}}{2}$
cos	$\dfrac{\sqrt{3}}{2}$	$\dfrac{\sqrt{2}}{2}$	$\dfrac{1}{2}$
tan	$\dfrac{\sqrt{3}}{3}$	1	$\sqrt{3}$

Exemplo 1.21 Determine o valor de x na figura abaixo.

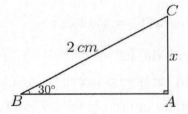

Solução. Pela figura acima, tem-se:

$$\operatorname{sen} 30° = \frac{x}{2}. \tag{1.2}$$

Da tabela anterior tem-se:

$$\operatorname{sen} 30° = \frac{1}{2}. \tag{1.3}$$

De (1.2) e (1.3) segue que:

$$\frac{x}{2} = \frac{1}{2} \Longrightarrow x = 1.$$

Exemplo 1.22 Determine os valores de x e y na figura abaixo.

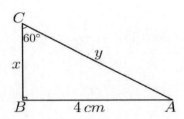

Solução. Da figura acima, têm-se:

$$\operatorname{sen} 60^\circ = \frac{4}{y} \quad \text{e} \quad \tan 60^\circ = \frac{4}{x}. \tag{1.4}$$

Novamente, da tabela anterior tem-se:

$$\operatorname{sen} 60^\circ = \frac{\sqrt{3}}{2} \quad \text{e} \quad \tan 60^\circ = \sqrt{3}. \tag{1.5}$$

De (1.4) e (1.5) segue que:

$$\frac{4}{y} = \frac{\sqrt{3}}{2} \Longrightarrow \sqrt{3}y = 8 \Longrightarrow y = \frac{8}{\sqrt{3}} \Longrightarrow y = \frac{8\sqrt{3}}{3}.$$

$$\frac{4}{x} = \sqrt{3} \Longrightarrow x = \frac{4}{\sqrt{3}} \Longrightarrow x = \frac{4\sqrt{3}}{3}.$$

Exemplo 1.23 Determine os lados de um triângulo retângulo e isósceles com hipotenusa de 2 cm.

Solução. Como os catetos têm o mesmo tamanho ℓ, usando a tabela acima temos que $\operatorname{sen} 45^\circ = \frac{\ell}{2}$, donde segue que $\ell = \sqrt{2}$ cm.

A título de ilustração, a tabela a seguir lista os valores aproximados das razões seno, cosseno e tangente dos ângulos de 1° a 89°, variando de grau em grau, com um arredondamento de quatro dígitos após a vírgula.

ângulo	sen	cos	tan	ângulo	sen	cos	tan
1°	0,0175	0,9998	0,0175	46°	0,7193	0,6947	1,0355
2°	0,0349	0,9994	0,0349	47°	0,7314	0,6820	1,0724
3°	0,0523	0,9986	0,0524	48°	0,7431	0,6691	1,1106
4°	0,0698	0,9976	0,0699	49°	0,7547	0,6561	1,1504
5°	0,0872	0,9962	0,0875	50°	0,7660	0,6428	1,1918
6°	0,1045	0,9945	0,1051	51°	0,7771	0,6293	1,2349
7°	0,1219	0,9925	0,1228	52°	0,7880	0,6157	1,2799
8°	0,1392	0,9903	0,1405	53°	0,7986	0,6018	1,3270
9°	0,1564	0,9877	0,1584	54°	0,8090	0,5878	1,3764
10°	0,1736	0,9848	0,1763	55°	0,8192	0,5736	1,4281
11°	0,1908	0,9816	0,1944	56°	0,8290	0,5592	1,4826
12°	0,2079	0,9781	0,2126	75°	0,8387	0,5446	1,5399
13°	0,2250	0,9744	0,2309	58°	0,8480	0,5299	1,6003
14°	0,2419	0,9703	0,2493	59°	0,8572	0,5150	1,6643
15°	0,2588	0,9659	0,2679	60°	0,8660	0,5000	1,7321
16°	0,2756	0,9613	0,2867	61°	0,8746	0,4848	1,8040
17°	0,2924	0,9563	0,3057	62°	0,8829	0,4695	1,8807
18°	0,3090	0,9511	0,3249	63°	0,8910	0,4540	1,9626
19°	0,3256	0,9455	0,3443	64°	0,8988	0,4384	2,0503
20°	0,3420	0,9397	0,3640	65°	0,9063	0,4226	2,1445
21°	0,3584	0,9336	0,3839	66°	0,9135	0,4067	2,2460
22°	0,3746	0,9272	0,4040	67°	0,9205	0,3907	2,3559
23°	0,3907	0,9205	0,4245	68°	0,9272	0,3746	2,4751
24°	0,4067	0,9135	0,4452	69°	0,9336	0,3584	2,6051
25°	0,4226	0,9063	0,4663	70°	0,9397	0,3420	2,7475
26°	0,4384	0,8988	0,4877	71°	0,9455	0,3256	2,9042
27°	0,4540	0,8910	0,5095	72°	0,9511	0,3090	3,0777
28°	0,4695	0,8829	0,5317	73°	0,9563	0,2924	3,2709
29°	0,4848	0,8746	0,5543	74°	0,9613	0,2756	3,4874
30°	0,5000	0,8660	0,5774	75°	0,9659	0,2588	3,7321

ângulo	sen	cos	tan	ângulo	sen	cos	tan
31°	0,5150	0,8572	0,6009	76°	0,9703	0,2419	4,0108
32°	0,5299	0,8480	0,6249	77°	0,9744	0,2250	4,3315
33°	0,5446	0,8387	0,6494	78°	0,9781	0,2079	4,7046
34°	0,5592	0,8290	0,6745	79°	0,9816	0,1908	5,1446
35°	0,5736	0,8192	0,7002	80°	0,9848	0,1736	5,6713
36°	0,5878	0,8090	0,7265	81°	0,9877	0,1564	6,3138
37°	0,6018	0,7986	0,7536	82°	0,9903	0,1392	7,1154
38°	0,6157	0,7880	0,7813	83°	0,9925	0,1219	8,1443
39°	0,6293	0,7771	0,8098	84°	0,9945	0,1045	9,5144
40°	0,6428	0,7660	0,8391	85°	0,9962	0,0872	11,4301
41°	0,6561	0,7547	0,8693	86°	0,9976	0,0698	14,3007
42°	0,6691	0,7431	0,9004	87°	0,9986	0,0523	19,0811
43°	0,6820	0,7314	0,9325	88°	0,9994	0,3049	28,6363
44°	0,6947	0,7193	0,9657	89°	0,9998	0,0175	57,2900
45°	0,7071	0,7071	1				

Exemplo 1.24 Determine os valores de x e y na figura abaixo.

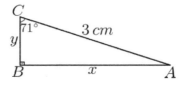

Solução. Da figura acima, tem-se:

$$\operatorname{sen} 71° = \frac{x}{3} \quad \text{e} \quad \cos 71° = \frac{y}{3}. \tag{1.6}$$

Assim, da tabela anterior tem-se que:

$$\operatorname{sen} 71° = 0,9455 \quad \text{e} \quad \cos 71° = 0,3256. \tag{1.7}$$

De (1.6) e (1.7) segue que:

$$\frac{x}{3} = 0,9455 \Longrightarrow x = 2,8365 \quad \text{e} \quad \frac{y}{3} = 0,3256 \Longrightarrow y = 0,9768.$$

Exemplo 1.25 Determine os valores de x e y na figura abaixo.

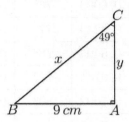

Solução. Da figura acima, tem-se:

$$\text{sen}\, 49° = \frac{9}{x} \quad \text{e} \quad \tan 49° = \frac{9}{y}. \qquad (1.8)$$

Da tabela das razões trigonométricas tem-se:

$$\text{sen}\, 49° = 0,7547 \quad \text{e} \quad \tan 49° = 1,1504. \qquad (1.9)$$

De (1.8) e (1.9) segue que:

$$\frac{9}{x} = 0,7547 \Longrightarrow x = \frac{9}{0,7547} \Longrightarrow x = 11,9253$$

e

$$\frac{9}{y} = 1,1504 \Longrightarrow y = \frac{9}{1,1504} \Longrightarrow y = 7,8234.$$

Exercícios

1. Determine o valor da soma $x + y + z$.

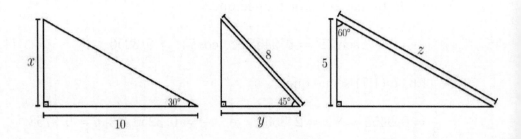

2. Determine o valor de x.

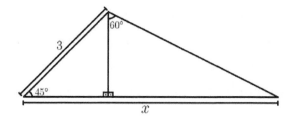

3. Utilizando a figura ao lado, determine:

   (a) a medida x indicada;

   (b) a medida y indicada;

   (c) a medida z indicada.

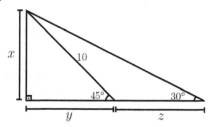

4. Um observador vê o topo de um prédio, construído em terreno plano, sob um ângulo de 60°. Afastando-se do edifício mais 30 metros, passa a ver o mesmo topo sob um ângulo de 45°. Qual é a altura do prédio?

Respostas

1. $\dfrac{10\sqrt{3} + 12\sqrt{2} + 30}{3}$

2. $\frac{3\sqrt{2}}{2}(1 + \sqrt{3})$

3. (a) $5\sqrt{2}$ (b) $5\sqrt{2}$ (c) $5\sqrt{2}(\sqrt{3} - 1)$

4. $15(3 + \sqrt{3})m$

1.4   Exercícios com aplicações

1. Com o objetivo de calcular a altura de uma torre, um engenheiro mediu um ângulo de 45° do topo da torre com o solo, a uma distância de 15 metros do centro da base da torre, conforme mostra a ilustração abaixo. Verifique qual a altura da torre em relação ao solo.

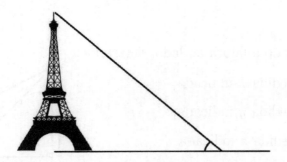

2. Uma pipa é presa a um fio esticado que forma um ângulo de 45° com o solo. Se o comprimento do fio é 15 metros, determine a altura da pipa em relação ao solo.

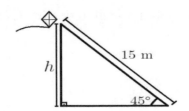

3. João e Pedro são dois amigos que costumam ir juntos à escola. Geralmente, João se desloca até a casa de Pedro, passando pela rua A, para então se deslocarem juntos até a escola utilizando a rua B, conforme a figura abaixo. Certo dia, Pedro não pôde ir à aula, e João decidiu se deslocar até a escola utilizando a rua C.

Sabendo que as ruas A e B são perpendiculares, que as ruas A e C formam um ângulo de 30°, e que a distância entre as casas de João e Pedro é de 150 metros, determine:

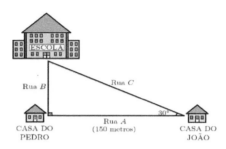

(a) Qual a distância percorrida diariamente por João, passando pela casa de Pedro?

(b) No dia em que João utilizou a rua C para ir até a escola, qual foi a distância percorrida?

4. Determine a altura do prédio da figura abaixo, sabendo que a distância entre o observador e o prédio é de 20 metros e que o ângulo do solo ao topo do prédio é de 30°.

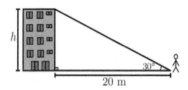

Respostas

1. 15 m   2. $h = \frac{15\sqrt{2}}{2}$ m.   3. (a) Para ir até a escola, passando pela casa de Pedro, João percorre $50(3 + \sqrt{3})$ metros.   (b) $100\sqrt{3}$ metros.   4. $h = \frac{20\sqrt{3}}{3}$ m

1.5   O ciclo trigonométrico

Com o objetivo de construir passo a passo o conceito de ciclo trigonométrico, considere um sistema cartesiano ortogonal uv, uma circunferência

centrada na origem (o centro da circunferência é
o ponto $(0,0)$) e raio unitário (raio r desta circunferência é igual a 1).

Note, em particular, que o comprimento desta
circunferência é dado por

$$C = 2\pi r = 2\pi(1) = 2\pi.$$

Considere agora o ponto $A = (1,0)$ sobre a circunferência acima e, para
cada número real x, vamos associar um ponto P sobre a circunferência de
tal modo que o comprimento do arco de origem em A e extremidade em P
seja igual a $|x|$.

Se $x < 0$, o arco será percorrido no sentido anti-horário, que chamaremos
de *sentido positivo*, e, se $x > 0$, o arco será percorrido no sentido horário,
que chamaremos de *sentido negativo*.

Note que, se $x = 0$, então o ponto P coincide com o ponto A.

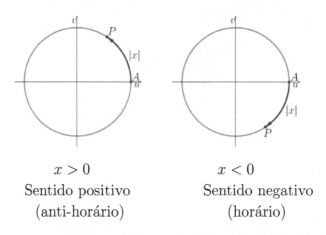

$x > 0$ $x < 0$
Sentido positivo   Sentido negativo
(anti-horário)   (horário)

O ponto P associado ao número real x é denominado de *imagem* de x.

De posse da nomenclatura acima apresentada, introduzimos a seguinte
definição.

Definição 1.26

O *ciclo trigonométrico* é a circunferência orientada de raio unitário, centrada na origem do sistema de coordenadas cartesianas, na qual o sentido positivo é o anti-horário.

A cada arco x no ciclo trigonométrico está associado um ângulo AOP, que denotamos na figura ao lado por θ.

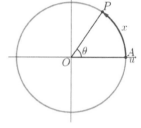

Lembre que as unidades de medida mais usadas para medir ângulos são graus e radianos, e que a relação que existe entre estas unidades de medida é:

$$\pi \text{ rad} \longleftrightarrow 180°.$$

Portanto, valores positivos de θ serão considerados no sentido anti-horário, e valores negativos, no sentido horário.

A seguir, destacamos alguns arcos no ciclo trigonométrico.

Em radianos

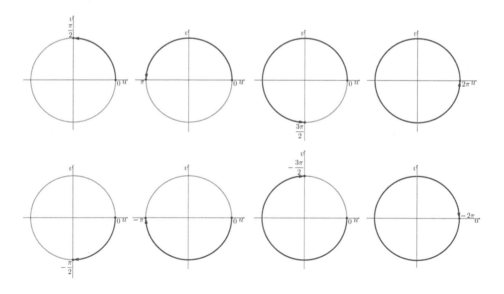

Em graus

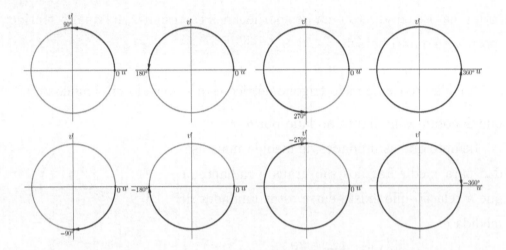

A figura a seguir destaca a correspondência entre os principais arcos que serão utilizados nesta seção, com as respectivas representações em radianos e graus.

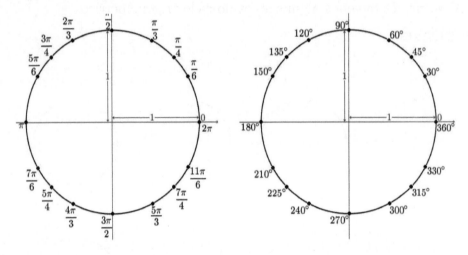

Exemplo 1.27 Determine as coordenadas dos pontos P, Q, R e S no ciclo trigonométrico dado pela figura ao lado.

Solução. Como o ciclo trigonométrico tem raio unitário, obtém-se:

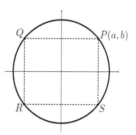

$$P(1,0), \quad Q(0,1), \quad R(-1,0) \quad \text{e} \quad S(0,-1).$$

Exemplo 1.28 Dadas as coordenadas do ponto $P(a,b)$ no ciclo trigonométrico a seguir, determine as coordenadas dos pontos Q, R e S.

Solução. Utilizando semelhança de triângulos, obtém-se:

$$Q(-a,b), \quad R(-a,-b) \quad \text{e} \quad S(a,-b).$$

Exemplo 1.29 Em cada caso, determine as coordenadas dos pontos P, Q, R e S no ciclo trigonométrico.

(a)   (b)   (c)

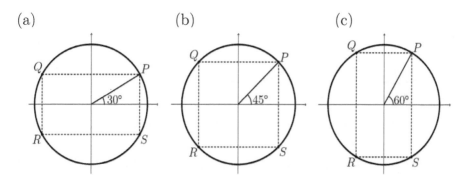

Solução. (a) Como

$$\operatorname{sen} 30° = \frac{1}{2} \quad \text{e} \quad \cos 30° = \frac{\sqrt{3}}{2},$$

obtém-se:

$$P\left(\frac{\sqrt{3}}{2}, \frac{1}{2}\right), \quad Q\left(-\frac{\sqrt{3}}{2}, \frac{1}{2}\right), \quad R\left(-\frac{\sqrt{3}}{2}, -\frac{1}{2}\right) \quad \text{e} \quad S\left(\frac{\sqrt{3}}{2}, -\frac{1}{2}\right).$$

(b) Como

$$\operatorname{sen} 45^\circ = \frac{\sqrt{2}}{2} \quad e \quad \cos 45^\circ = \frac{\sqrt{2}}{2},$$

obtém-se:

$$P\left(\frac{\sqrt{2}}{2}, \frac{\sqrt{2}}{2}\right), \ Q\left(-\frac{\sqrt{2}}{2}, \frac{\sqrt{2}}{2}\right), \ R\left(-\frac{\sqrt{2}}{2}, -\frac{\sqrt{2}}{2}\right) \ e \ S\left(\frac{\sqrt{2}}{2}, -\frac{\sqrt{2}}{2}\right).$$

(c) Como

$$\operatorname{sen} 60^\circ = \frac{\sqrt{3}}{2} \quad e \quad \cos 60^\circ = \frac{1}{2},$$

obtém-se:

$$P\left(\frac{1}{2}, \frac{\sqrt{3}}{2}\right), \ Q\left(-\frac{1}{2}, \frac{\sqrt{3}}{2}\right), \ R\left(-\frac{1}{2}, -\frac{\sqrt{3}}{2}\right) \ e \ S\left(\frac{1}{2}, -\frac{\sqrt{3}}{2}\right).$$

Exemplo 1.30 Em cada caso, considere o ciclo trigonométrico dado para obter α_2, α_3 e α_4 em função de α_1.

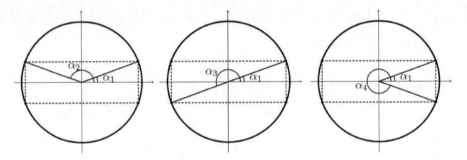

Solução. Utilizando semelhança de triângulos, é fácil constatar que

$$\alpha_2 = 180^\circ - \alpha_1, \ \alpha_3 = 180^\circ + \alpha_1 \ e \ \alpha_4 = 360^\circ - \alpha_1.$$

Exemplo 1.31 Em cada caso, considere o ciclo trigonométrico dado para obter α, β e γ.

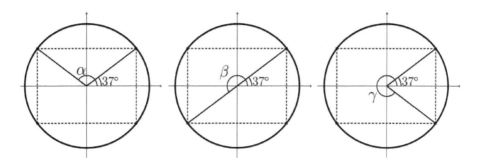

Solução. Utilizando semelhança de triângulos, obtém-se:

$$\alpha = 180° - 37° = 143°, \quad \beta = 180° + 37° = 217° \quad e \quad \gamma = 360° - 37° = 323°.$$

Exemplo 1.32 Em cada caso, considere o ciclo trigonométrico dado para obter α, β e γ.

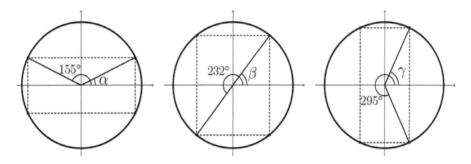

Solução. Utilizando semelhança de triângulos, obtém-se:

$$\alpha = 180° - 155° = 25°, \quad \beta = 232° - 180° = 52° \quad e \quad \gamma = 360° - 295° = 65°.$$

Observação: no ciclo trigonométrico, pode-se considerar arcos com mais de uma volta. Disto resulta que, dado um arco x, sempre é possível encontrar outros arcos com a mesma imagem de x no ciclo. Em particular, se a diferença entre dois arcos é uma volta completa, eles possuem a mesma imagem.

Definição 1.33

Dois arcos são *côngruos* ou *congruentes* quando possuem a mesma imagem no ciclo trigonométrico.

Em outras palavras, dois arcos são côngruos se a diferença entre eles é uma quantidade finita de voltas completas.

Note que um arco x é côngruo a todos os arcos da forma

$$x + k \text{ vezes uma volta completa,}$$

onde $k \in \mathbb{Z}$.

Utilizando as unidades de medida destacadas acima, tem-se que x é côngruo a todos os arcos da forma

$$x + k \cdot 360° \text{ (se } x \text{ é dado em graus)}$$

e

$$x + k \cdot 2\pi \text{ (se } x \text{ é dado em radianos)}$$

onde $k \in \mathbb{Z}$.

É importante salientar que, dado o arco $\alpha = \widehat{AM}$, temos que A é a origem e M a extremidade do referido arco. Então, dizemos que dois arcos $\widehat{AM}$ e $\widehat{AP}$ são côngruos se possuírem mesma origem (o ponto A) e mesma extremidade (M e P coincidem), diferenciando-se apenas pelo número de voltas.

Definição 1.34

A *primeira determinação positiva* de um arco x é o menor arco não negativo côngruo a x.

A primeira determinação positiva de um arco também é chamada de menor determinação.

Exemplo 1.35 Encontre a primeira determinação positiva dos arcos

(a) $390°$ (b) $-570°$ (c) $\dfrac{15\pi}{2}$ (d) $-\dfrac{37\pi}{3}$

Solução.

(a) Como $390° = 30° + 1 \cdot 360°$, tem-se que $30°$ é a menor determinação positiva de $390°$.

(b) Como $-570° = 150° - 2 \cdot 360°$, tem-se que $150°$ é a menor determinação positiva de $-570°$.

(c) Como $\dfrac{15\pi}{2} = \dfrac{3\pi}{2} + 3 \cdot 2\pi$, tem-se que $\dfrac{3\pi}{2}$ é a menor determinação positiva de $\dfrac{15\pi}{2}$.

(d) Como $-\dfrac{37\pi}{3} = \dfrac{5\pi}{3} - 7 \cdot 2\pi$, tem-se que $\dfrac{5\pi}{3}$ é a menor determinação positiva de $-\dfrac{37\pi}{3}$.

Exemplo 1.36 Uma volta completa equivale a $360°$ ou 2π rad. Assim, de maneira geral, com base nessa informação podemos reduzir qualquer arco à primeira volta dividindo a medida do arco em graus por 360 (volta completa), e o resto da divisão será a menor determinação positiva do arco. Se o arco do resto for negativo, a menor determinação positiva será o arco positivo que completa a volta de $360°$.

Definição 1.37

Dado um arco $\widehat{AM}$, definimos a sua expressão geral por $\widehat{AM} = k.360° + \alpha$, onde α é a menor determinação para $\widehat{AM}$.

Exemplo 1.38 Considere o arco $\widehat{AM}$, tal que sua extremidade termine em $210°$ (no sentido positivo). Assim, a expressão geral fica $\widehat{AM}_k = k.360° + 210°$. Neste caso em particular, temos que:

- quando $k = 0$, $\widehat{AM}_0 = 210°$;

- quando $k = 1$, $\widehat{AM}_1 = 1.360° + 210° = 570°$, o que representa uma volta no sentido positivo a partir do $210°$;

- e assim sucessivamente ...

Observe que a expressão geral de um arco caracteriza uma coleção (ou família) de arcos côngruos a α, com α a menor determinação.

Exercícios

1. Encontre a primeira deteminação positiva dos seguintes arcos:

   (a) $1930°$ (c) $-4350°$

   (b) $1050°$ (d) $-930°$

2. Encontre a primeira deteminação positiva dos seguintes arcos:

   (a) $\dfrac{25\pi}{3}$ (c) $-\dfrac{49\pi}{6}$

   (b) $\dfrac{26\pi}{5}$ (d) $-\dfrac{2\pi}{3}$

3. Considere um polígono regular de n lados com medida de cada lado igual a ℓ, inscrito numa circunferência de raio R. Da Geometria sabemos que, se traçarmos todas as diagonais desse polígono, formaremos n triângulos isósceles.

   (a) Destacando um desses triângulos isósceles do polígono regular, considerando o vértice onde está o centro da circunferência, conclua que a medida de seu ângulo interno, em radianos, é dada por $\frac{2\pi}{n}$.

   (b) Mostre que a área A_n do polígono regular de n lados pode ser determinada pela fórmula

   $$A_n = \frac{n \cdot \ell^2}{4 \cdot \tan\left(\dfrac{\pi}{n}\right)}.$$

   (c) Usando a fórmula acima, encontre as fórmulas para determinar a área de um quadrado de lado ℓ, de um triângulo equilátero de lado ℓ e de um hexágono regular de lado ℓ.

   (d) Considerando que $\cos 36° = \frac{\varphi}{2}$, onde $\varphi = \frac{1+\sqrt{5}}{2}$ é o número de ouro, determine uma fórmula para calcular a área de um pentágono regular.

4. No mesmo contexto do exercício anterior, mostre que a área A_n do polígono regular de n lados também é dada pela fórmula

$$A_n = n \cdot R^2 \cdot \operatorname{sen}\left(\frac{\pi}{n}\right) \cdot \cos\left(\frac{\pi}{n}\right).$$

O que vamos encontrar ao calcular A_n, utilizando valores de n arbitrariamente grandes (simbolicamente, quando $\lim_{n \to +\infty} A_n$)? Que conclusão tiramos disso?

5. Considere um polígono regular de n lados, $n \geq 3$, inscrito no ciclo trigonométrico.

   (a) Mostre que $\operatorname{sen}\dfrac{\pi}{n} = \dfrac{\ell_n}{2}$, onde ℓ_n denota a medida do lado do polígono regular de n lados inscrito no ciclo.

   (b) Usando a igualdade acima, verifique os valores do seno de $\frac{\pi}{3}$, $\frac{\pi}{4}$ e $\frac{\pi}{6}$.

   (c) Da Geomeria Plana, considerando um polígono regular de n lados inscrito numa circunferência de raio R, temos que a medida do lado do polígono de $2n$ lados, também inscrito na circunferência, é dado por
   $$\ell_{2n} = \sqrt{R(2R - \sqrt{4R^2 - \ell_n^2})}.$$
   Dessa forma, determine o valor de $\operatorname{sen}\frac{\pi}{12}$.

Respostas

1. (a) $130°$ (b) $330°$ (c) $330°$ (d) $150°$

2. (a) $\dfrac{\pi}{3}$ (b) $\dfrac{6\pi}{5}$ (c) $\dfrac{11\pi}{6}$ (d) $\dfrac{4\pi}{3}$

3. (c) $A_4 = \ell^2$ $A_3 = \frac{\ell^2\sqrt{3}}{4}$ $A_6 = \frac{3\ell^2\sqrt{3}}{2}$ (d) $A_5 = \frac{5\varphi\ell^2}{4\sqrt{4-\varphi^2}} = \frac{5\varphi\ell^2}{4\sqrt{3-\varphi}}$

5. (c) $\operatorname{sen}\frac{\pi}{12} = \frac{\sqrt{2-\sqrt{3}}}{2}$

1.6   Razões trigonométricas no ciclo trigono-métrico

1.6.1   Seno

Definição 1.39

Dado um número real x, seja $P(a, b)$ a imagem de x no ciclo trigonométrico. O *seno* do arco x, denotado por sen x, corresponde à ordenada do ponto P, ou seja,

$$\operatorname{sen} x = b.$$

Por esta razão, o eixo vertical é chamado de *eixo dos senos*.

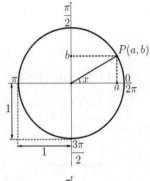

Se $x \in (0, \frac{\pi}{2})$, torna-se fácil de compreender a justificativa para que o seno do arco x seja definido como a ordenada de P.

De fato, pode-se destacar um triângulo retângulo na figura ao lado.

Note que o cateto oposto ao ângulo x é igual a b e a hipotenusa deste triângulo é igual a 1 (raio do ciclo trigonométrico). Portanto,

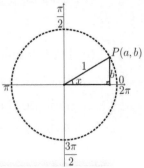

$$\operatorname{sen} x = \frac{b}{1} = b.$$

Observações. Podemos facilmente observar que:

(a) Como cada arco x é côngruo aos arcos da forma $x + 2k\pi$, onde $k \in \mathbb{Z}$, pode-se concluir que o seno se repete com uma periodicidade de 2π, ou seja,

$$\cdots = \operatorname{sen}(x - 4\pi) = \operatorname{sen}(x - 2\pi) = \operatorname{sen} x = \operatorname{sen}(x + 2\pi) = \operatorname{sen}(x + 4\pi) = \ldots$$

Resumidamente, escreve-se:

$$\operatorname{sen} x = \operatorname{sen}(x + 2k\pi), \forall x \in \mathbb{R}, \forall k \in \mathbb{Z}. \qquad (1.10)$$

(b) Considerando todos os arcos do intervalo $[0, 2\pi)$, percebe-se que o seno se anula somente em $x = 0$ e $x = \pi$.

Dada a periodicidade do seno, tem-se que este se anula somente em arcos da forma

$$x \in \{\ldots, -4\pi, -3\pi, -2\pi, -\pi, 0, \pi, 2\pi, 3\pi, 4\pi, \ldots\}$$

Escreve-se este fato da seguine maneira:

$$\operatorname{sen} x = 0 \iff x = k\pi, \forall k \in \mathbb{Z}.$$

(c) O seno de um arco x é positivo se a imagem de x pertencer ao primeiro ou segundo quadrantes, e negativo se a imagem de x pertencer ao terceiro ou quarto quadrantes.

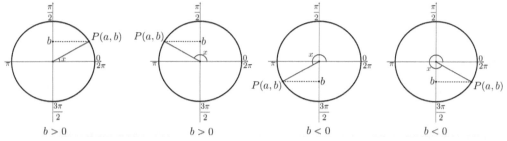

(d) Ao considerar o seno de todos os arcos $x \in \mathbb{R}$, obtém-se o intervalo $[-1, 1]$. Em particular, para cada $x \in \mathbb{R}$, tem-se

$$-1 \leq \operatorname{sen} x \leq 1,$$

ou ainda, usando a notação com módulo,

$$|\operatorname{sen} x| \leq 1.$$

(e) Considerando todos os arcos do intervalo $[0, 2\pi)$, percebe-se que $\operatorname{sen} x$ tem valor máximo igual a 1, que ocorre quando $x = \frac{\pi}{2}$ e valor mínimo igual a -1, que ocorre quando $x = \frac{3\pi}{2}$.

Em resumo, o sinal do seno pode ser representado pela figura ao lado.

Dada a periodicidade do seno, tem-se

$$\operatorname{sen} x > 0 \text{ se } x \in (2k\pi, \pi + 2k\pi)\,, \forall k \in \mathbb{Z}$$

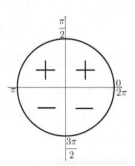

e

$$\operatorname{sen} x < 0 \text{ se } x \in (\pi + 2k\pi, 2\pi + 2k\pi)\,, \forall k \in \mathbb{Z}.$$

Dada a periodicidade do seno, pode-se concluir que este atinge o valor máximo igual a 1 em arcos da forma

$$\frac{\pi}{2} + 2k\pi, k \in \mathbb{Z}$$

e o valor mínimo igual a −1 em arcos da forma

$$\frac{3\pi}{2} + 2k\pi, k \in \mathbb{Z}.$$

Por exemplo, para determinar a expressão geral, em radianos, dos arcos x, para os quais $\operatorname{sen}\left(\dfrac{3x}{2} - \dfrac{\pi}{5}\right) = 1$, basta observar que

$$\operatorname{sen}\left(\frac{3x}{2} - \frac{\pi}{5}\right) = 1 \Leftrightarrow \frac{3x}{2} - \frac{\pi}{5} = 2k\pi + \frac{\pi}{2},$$

donde segue que $x = 12k\pi + \dfrac{21\pi}{5}$.

Fica como exercício para o leitor determinar a expressão geral, em radianos, dos arcos x, para os quais

$$\operatorname{sen}\left(\frac{x-1}{x+2}\right) = -1.$$

(f) Ao percorrer os arcos do primeiro quadrante no sentido positivo, a razão seno cresce, ou seja, dados $x_1, x_2 \in (0, \frac{\pi}{2})$ tais que $x_1 < x_2$, tem-se

$$\operatorname{sen}(x_1) < \operatorname{sen}(x_2).$$

Ao percorrer os arcos do segundo quadrante no sentido positivo, a razão seno decresce, ou seja, dados $x_1, x_2 \in (\frac{\pi}{2}, \pi)$ tais que $x_1 < x_2$, tem-se

$$\operatorname{sen}(x_1) > \operatorname{sen}(x_2).$$

Ao percorrer os arcos do terceiro quadrante no sentido positivo, a razão seno decresce, ou seja, dados $x_1, x_2 \in (\pi, \frac{3\pi}{2})$ tais que $x_1 < x_2$, tem-se

$$\operatorname{sen}(x_1) > \operatorname{sen}(x_2).$$

Ao percorrer os arcos do quarto quadrante no sentido positivo, a razão seno cresce, ou seja, dados $x_1, x_2 \in (\frac{3\pi}{2}, 2\pi)$ tais que $x_1 < x_2$, tem-se

$$\operatorname{sen}(x_1) < \operatorname{sen}(x_2).$$

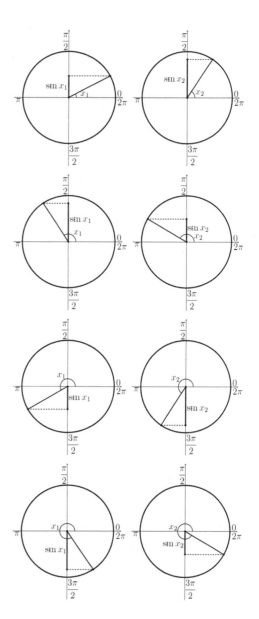

(g) Para cada $x \in \mathbb{R}$ tem-se

$$\operatorname{sen}(-x) = -\operatorname{sen}(x).$$

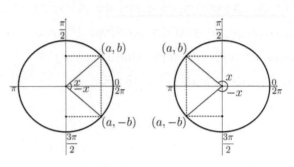

De fato, perceba nas figuras ao lado que

$$\operatorname{sen}(-x) = -b = -\operatorname{sen}(x).$$

1.6.2   Cosseno

Definição 1.40

Dado um número real x, seja $P(a,b)$ a imagem de x no ciclo trigonométrico. O *cosseno* do arco x, denotado por $\cos x$, corresponde à abscissa do ponto P, ou seja,

$$\cos x = a.$$

Por esta razão, o eixo horizontal é chamado de *eixo dos cossenos*.

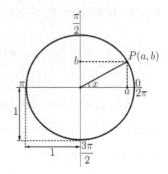

Se $x \in (0, \frac{\pi}{2})$, torna-se fácil de compreender a justificativa para que o cosseno do arco x seja definido como a abscissa de P.

De fato, pode-se destacar um triângulo retângulo na figura ao lado.

Note que o cateto adjacente ao ângulo x é igual a a e a hipotenusa deste triângulo é igual a 1 (raio do ciclo trigonométrico). Portanto,

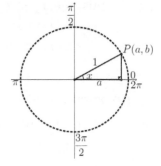

$$\cos x = \frac{a}{1} = a.$$

Observações. Podemos facilmente notar que:

(a) Como cada arco x é côngruo aos arcos da forma $x + 2k\pi$, onde $k \in \mathbb{Z}$, pode-se concluir que o cosseno se repete com uma periodicidade de 2π, ou seja,

$$\cdots = \cos(x - 4\pi) = \cos(x - 2\pi) = \cos x = \cos(x + 2\pi) = \cos(x + 4\pi) = \ldots$$

Resumidamente, escreve-se

$$\cos x = \cos(x + 2k\pi), \forall x \in \mathbb{R}, \forall k \in \mathbb{Z}. \tag{1.11}$$

(b) Considerando todos os arcos do intervalo $[0, 2\pi)$, percebe-se que o cosseno se anula somente em $x = \frac{\pi}{2}$ e $x = \frac{3\pi}{2}$.

Dada a periodicidade do cosseno, tem-se que este se anula somente em arcos da forma

$$x \in \left\{ \ldots, -\frac{7\pi}{2}, -\frac{5\pi}{2}, -\frac{3\pi}{2}, -\frac{\pi}{2}, \frac{\pi}{2}, \frac{3\pi}{2}, \frac{5\pi}{2}, \frac{7\pi}{2}, \frac{9\pi}{2}, \ldots \right\}$$

Escreve-se este fato da seguinte maneira:

$$\cos x = 0 \iff x = \frac{\pi}{2} + k\pi, \forall k \in \mathbb{Z}.$$

(c) O cosseno de um arco x é positivo se a imagem de x pertencer ao primeiro ou quarto quadrantes, e negativo se a imagem de x pertencer ao segundo ou terceiro quadrantes.

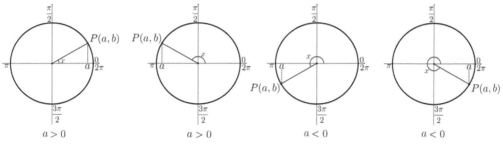

(d) Ao considerar o cosseno de todos os arcos $x \in \mathbb{R}$, obtém-se o intervalo $[-1, 1]$. Em particular, para cada $x \in \mathbb{R}$, tem-se

$$-1 \leq \cos x \leq 1, \quad \text{ou ainda, usando a notação com módulo,} \quad |\cos x| \leq 1.$$

Em resumo, o sinal do cosseno pode ser representado pela figura ao lado.

Dada a periodicidade do cosseno, tem-se

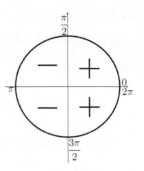

$$\cos x > 0 \text{ se } x \in \left(-\frac{\pi}{2} + 2k\pi, \frac{\pi}{2} + 2k\pi\right), \forall k \in \mathbb{Z}$$

e

$$\cos x < 0 \text{ se } x \in \left(\frac{\pi}{2} + 2k\pi, \frac{3\pi}{2} + 2k\pi\right), \forall k \in \mathbb{Z}.$$

(e) Considerando todos os arcos do intervalo $[0, 2\pi)$, percebe-se que $\cos x$ tem valor máximo igual a 1, que ocorre quando $x = 0$, e valor mínimo igual a -1, que ocorre quando $x = \pi$.

Dada a periodicidade do cosseno, pode-se concluir que este atinge o valor máximo igual a 1 em arcos da forma

$$2k\pi, k \in \mathbb{Z}$$

e o valor mínimo igual a -1 em arcos da forma

$$\pi + 2k\pi, k \in \mathbb{Z}.$$

Como um bom exercício, pedimos ao leitor para determinar a expressão geral dos arcos x, em radianos, para os quais

$$\cos\left(\frac{\pi}{x+1}\right) = 1.$$

(f) Ao percorrer os arcos do primeiro quadrante no sentido positivo, a razão cosseno decresce, ou seja, dados $x_1, x_2 \in (0, \frac{\pi}{2})$ tais que $x_1 < x_2$, tem-se

$$\cos(x_1) > \cos(x_2).$$

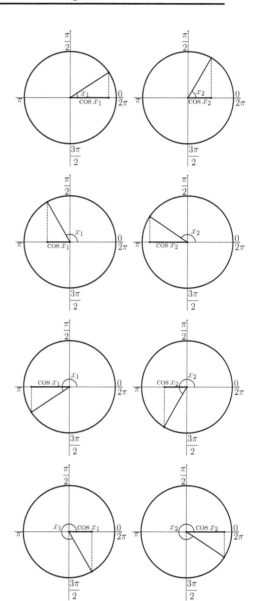

Ao percorrer os arcos do segundo quadrante no sentido positivo, a razão cosseno decresce, ou seja, dados $x_1, x_2 \in (\frac{\pi}{2}, \pi)$ tais que $x_1 < x_2$, tem-se

$$\cos(x_1) > \cos(x_2).$$

Ao percorrer os arcos do terceiro quadrante no sentido positivo, a razão cosseno cresce, ou seja, dados $x_1, x_2 \in (\pi, \frac{3\pi}{2})$ tais que $x_1 < x_2$, tem-se

$$\cos(x_1) < \cos(x_2).$$

Ao percorrer os arcos do quarto quadrante no sentido positivo, a razão cosseno cresce, ou seja, dados $x_1, x_2 \in (\frac{3\pi}{2}, 2\pi)$ tais que $x_1 < x_2$, tem-se

$$\cos(x_1) < \cos(x_2).$$

(g) Para cada $x \in \mathbb{R}$ tem-se

$$\cos(-x) = \cos(x).$$

De fato, perceba nas figuras ao lado que

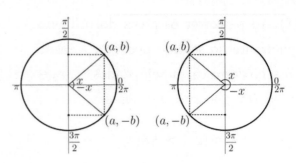

$$\cos(-x) = a = \cos(x).$$

Exercícios

1. Encontre os valores reais de t para os quais

$$\cos x = \frac{1-t}{t}$$

2. Estude o sinal de cada expressão abaixo:

   (a) $\operatorname{sen} 100° \cdot \cos 100°$

   (b) $\operatorname{sen} 550° \cdot \cos 1000°$

   (c) $\dfrac{\operatorname{sen} 1750° \cdot \cos 600°}{\cos 5000° \cdot \cos(-10°)}$

3. Encontre a expressão geral, em radianos, dos arcos x para os quais

$$\cos\left(\frac{x-1}{x+1}\right) = -1.$$

Respostas

1. $t \in [\frac{1}{2}, +\infty)$.

2. (a) negativo.   (b) negativo.   (c) positivo.

3. $-1 - \frac{2}{2k\pi + \pi - 1}$.

1.6.3   Tangente

Definição 1.41

Dado um número real x, seja $P(a,b)$ a imagem de x no ciclo trigonométrico. Seja t o eixo vertical passando pelo ponto $(1,0)$, conforme a figura ao lado. Seja c a interseção da reta determinada pelos pontos $(0,0)$ e $P(a,b)$ no eixo t. A *tangente* do arco x, denotada por $\tan x$, corresponde ao número c determinado no eixo t, ou seja,

$$\tan x = c.$$

Por esta razão, o eixo t é chamado de *eixo das tangentes*.

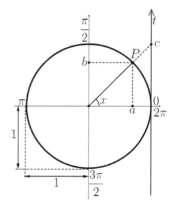

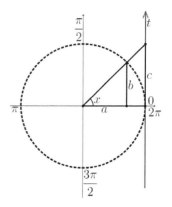

Se $x \in (0, \frac{\pi}{2})$, torna-se fácil de compreender a justificativa para que a tangente seja definida como o número c.

Observe que, neste caso, c corresponde à distância de 0 a c.

De fato, pode-se destacar dois triângulos retângulos na figura ao lado.

Lembrando que o raio do ciclo trigonométrico é igual a 1, e utilizando semelhança de triângulos, obtém-se:

$$\frac{b}{a} = \frac{c}{1} \implies \frac{b}{a} = c \implies \tan x = c.$$

Observações. Podemos facilmente notar que:

(a) A tangente se repete com uma periodicidade π, ou seja,

$$\cdots = \tan(x - 2\pi) = \tan(x - \pi) = \tan x = \tan(x + \pi) = \tan(x + 2\pi) = \ldots$$

Desta forma,

$$\tan x = \tan(x + k\pi), \forall x \in \mathbb{R}, \forall k \in \mathbb{Z}.$$

(b) Considerando todos os arcos do intervalo $[0, 2\pi)$, percebe-se que a tangente se anula somente em $x = 0$ e $x = \pi$.

Dada a periodicidade da tangente, tem-se que esta se anula somente em arcos da forma

$$x \in \{\ldots, -3\pi, -2\pi, -\pi, 0, \pi, 2\pi, 3\pi, \ldots\}$$

Escreve-se este fato da seguinte maneira, via expressão geral:

$$\tan x = 0 \iff x = k\pi, \forall k \in \mathbb{Z}.$$

(c) O sinal de $\tan x$ varia de acordo com o sinal do quociente $\frac{b}{a}$, isto é, a tangente é positiva no primeiro e no terceiro quadrante e negativa no segundo e no quarto quadrante.

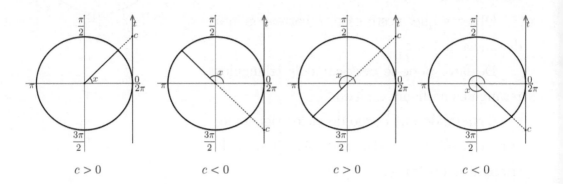

c > 0   c < 0   c > 0   c < 0

(d) Como

$$\tan x = \frac{\operatorname{sen} x}{\cos x} = \frac{b}{a},$$

pode-se constatar que a tangente não existe para os arcos nos quais o cosseno se anula. Portanto, no intervalo $[0, 2\pi)$, a tangente não existe em $x = \frac{\pi}{2}$ e $x = \frac{3\pi}{2}$.

Em resumo, o sinal da tangente pode ser representado pela figura ao lado.

Dada a periodicidade da tangente, tem-se

$$\tan x > 0 \text{ se } x \in \left(k\pi, \frac{\pi}{2} + k\pi\right), \forall k \in \mathbb{Z}$$

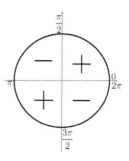

e

$$\tan x < 0 \text{ se } x \in \left(\frac{\pi}{2} + k\pi, \pi + k\pi\right), \forall k \in \mathbb{Z}.$$

Dada a periodicidade da tangente, tem-se que esta não está definida para arcos da forma

$$x \in \left\{\ldots, -\frac{5\pi}{2}, -\frac{3\pi}{2}, -\frac{\pi}{2}, \frac{\pi}{2}, \frac{3\pi}{2}, \frac{5\pi}{2}, \ldots\right\}$$

ou seja, a tangente está definida apenas no conjunto

$$A := \left\{x \in \mathbb{R} \mid x \neq \frac{\pi}{2} + k\pi, \text{ onde } k \in \mathbb{Z}\right\}.$$

Como um bom exercício, sugerimos ao leitor determinar todos os valores de x para os quais

$$\tan\left(\pi x - \frac{\pi}{2}\right)$$

não exista.

(e) Ao se considerar a tangente de todos os arcos do conjunto A, tem-se que esta percorre todo o conjunto dos reais.

(f) Ao percorrer os arcos do primeiro quadrante no sentido positivo, a razão tangente cresce, ou seja, dados $x_1, x_2 \in (0, \frac{\pi}{2})$ tais que $x_1 < x_2$, tem-se

$$\tan(x_1) < \tan(x_2).$$

Ao percorrer os arcos do segundo quadrante no sentido positivo, a razão tangente cresce, ou seja, dados $x_1, x_2 \in (\frac{\pi}{2}, \pi)$ tais que $x_1 < x_2$, tem-se

$$\tan(x_1) < \tan(x_2).$$

Ao percorrer os arcos do terceiro quadrante no sentido positivo, a razão tangente cresce, ou seja, dados $x_1, x_2 \in (\pi, \frac{3\pi}{2})$ tais que $x_1 < x_2$, tem-se

$$\tan(x_1) < \tan(x_2).$$

Ao percorrer os arcos do quarto quadrante no sentido positivo, a razão tangente cresce, ou seja, dados $x_1, x_2 \in (\frac{3\pi}{2}, 2\pi)$ tais que $x_1 < x_2$, tem-se

$$\tan(x_1) < \tan(x_2).$$

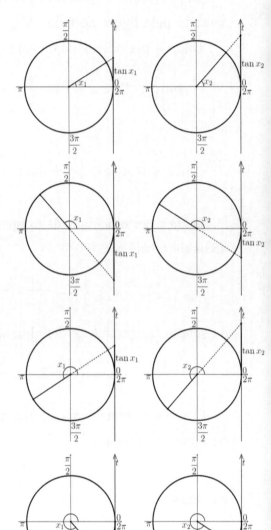

(g) Para cada $x \neq \frac{\pi}{2} + k\pi$, $k \in \mathbb{Z}$, tem-se

$$\tan(-x) = -\tan(x).$$

De fato, basta notar que

$$\tan(-x) = \frac{\operatorname{sen}(-x)}{\cos(-x)} = \frac{-\operatorname{sen} x}{\cos x} = -\frac{\operatorname{sen} x}{\cos x} = -\tan x.$$

1.6.4   Cotangente

Definição 1.42

Dado um número real x, seja $P(a,b)$ a imagem de x no ciclo trigonométrico. Seja s o eixo horizontal passando pelo ponto $(0,1)$, conforme a figura ao lado. Seja d a interseção da reta determinada pelos pontos $(0,0)$ e $P(a,b)$ no eixo s. A *cotangente* do arco x, denotada por $\cot x$, corresponde ao número d determinado no eixo s, ou seja,

$$\cot x = d.$$

Por esta razão, o eixo s é chamado de *eixo das cotangentes*.

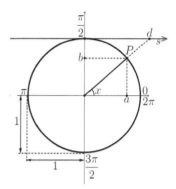

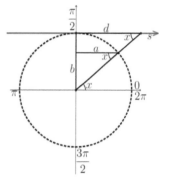

Se $x \in (0, \frac{\pi}{2})$, torna-se fácil de compreender a justificativa para que a cotangente seja definida como o número d.

De fato, pode-se destacar dois triângulos retângulos na figura ao lado.

Lembrando que o raio do ciclo trigonométrico é igual a 1, e utilizando semelhança de triângulos, obtém-se:

$$\frac{a}{b} = \frac{d}{1} \implies \frac{a}{b} = d \implies \cot x = d.$$

Observações. Podemos facilmente notar que:

(a) A cotangente se repete com uma periodicidade π, ou seja,

$$\cdots = \cot(x - 2\pi) = \cot(x - \pi) = \cot x = \cot(x + \pi) = \cot(x + 2\pi) = \ldots$$

Desta forma,

$$\cot x = \cot(x + k\pi), \forall x \in \mathbb{R}, \forall k \in \mathbb{Z}.$$

(b) Considerando todos os arcos do intervalo $[0, 2\pi)$, percebe-se que a cotangente se anula somente em $x = \frac{\pi}{2}$ e $x = \frac{3\pi}{2}$.

Dada a periodicidade da cotangente, tem-se que esta se anula somente em arcos da forma

$$x \in \left\{ \ldots, -\frac{5\pi}{2}, -\frac{3\pi}{2}, -\frac{\pi}{2}, \frac{\pi}{2}, \frac{3\pi}{2}, \frac{5\pi}{2}, \ldots \right\}$$

Escreve-se este fato da seguinte maneira, via expressão geral:

$$\cot x = 0 \iff x = \frac{\pi}{2} + k\pi, \forall k \in \mathbb{Z}.$$

(c) O sinal de $\cot x$ varia de acordo com o sinal do quociente $\frac{a}{b}$, isto é, a cotangente é positiva no primeiro e no terceiro quadrantes e negativa no segundo e quarto quadrantes.

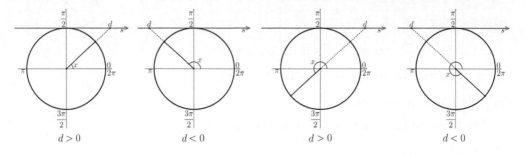

Em resumo, o sinal da cotangente pode ser representado pela figura abaixo.

Dada a periodicidade da cotangente, tem-se

$$\cot x > 0 \text{ se } x \in \left(k\pi, \frac{\pi}{2} + k\pi \right), \forall k \in \mathbb{Z}$$

e

$$\cot x < 0 \text{ se } x \in \left(\frac{\pi}{2} + k\pi, \pi + k\pi \right), \forall k \in \mathbb{Z}.$$

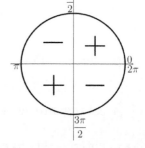

(d) Como

$$\cot x = \frac{\cos x}{\operatorname{sen} x} = \frac{a}{b},$$

pode-se constatar que a cotangente não existe para os arcos nos quais o seno se anula. Portanto, no intervalo $[0, 2\pi)$, a tangente não existe em $x = 0$ e $x = \pi$.

Dada a periodicidade da cotangente, tem-se que esta não está definida para arcos da forma

$$x \in \{\ldots, -3\pi, -2\pi, -\pi, 0, \pi, 2\pi, 3\pi, \ldots\}$$

ou seja, a cotangente está definida apenas no conjunto

$$A := \{x \in \mathbb{R} \mid x \neq k\pi, \quad \text{onde} \quad k \in \mathbb{Z}\}.$$

Por exemplo, para determinar a expressão geral, em radianos, dos arcos côngruos ao arco x tais que

$$\cot\left(\frac{\pi + x}{\pi - x}\right)$$

não exista, basta observar que, como não pode haver divisão por zero,

$$\pi - x \neq 0 \Leftrightarrow x \neq \pi,$$

e, pela definição de cotangente, temos também que

$$\frac{\pi + x}{\pi - x} \neq k\pi, \ \forall k \in \mathbb{Z},$$

e então, isolando o x, vamos obter

$$x \neq \frac{\pi(k\pi - 1)}{k\pi + 1}, \ \forall k \in \mathbb{Z}.$$

(e) Ao se considerar a cotangente de todos os arcos do conjunto A acima definido, tem-se que esta percorre todo o conjunto dos reais.

(f) Ao percorrer os arcos do primeiro quadrante no sentido positivo, a razão cotangente decresce, ou seja, dados $x_1, x_2 \in (0, \frac{\pi}{2})$ tais que $x_1 < x_2$, tem-se

$$\cot(x_1) > \cot(x_2).$$

Ao percorrer os arcos do segundo quadrante no sentido positivo, a razão cotangente decresce, ou seja, dados $x_1, x_2 \in (\frac{\pi}{2}, \pi)$ tais que $x_1 < x_2$, tem-se

$$\cot(x_1) > \cot(x_2).$$

Ao percorrer os arcos do terceiro quadrante no sentido positivo, a razão cotangente decresce, ou seja, dados $x_1, x_2 \in (\pi, \frac{3\pi}{2})$ tais que $x_1 < x_2$, tem-se

$$\cot(x_1) > \cot(x_2).$$

Ao percorrer os arcos do quarto quadrante no sentido positivo, a razão cotangente decresce, ou seja, dados $x_1, x_2 \in (\frac{3\pi}{2}, 2\pi)$ tais que $x_1 < x_2$, tem-se

$$\cot(x_1) > \cot(x_2).$$

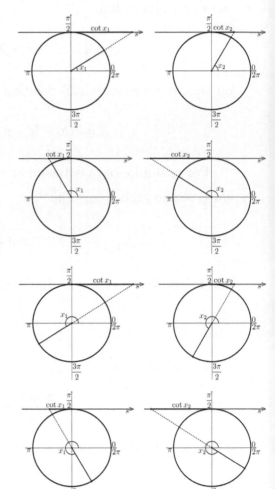

(g) Para cada $x \neq k\pi$, $k \in \mathbb{Z}$, tem-se

$$\cot(-x) = -\cot(x).$$

De fato, basta notar que

$$\cot(-x) = \frac{\cos(-x)}{\operatorname{sen}(-x)} = \frac{\cos x}{-\operatorname{sen} x} = -\frac{\cos x}{\operatorname{sen} x} = -\cot x.$$

1.6.5   Secante

Definição 1.43

Dado um número real x, seja $P(a,b)$ a imagem de x no ciclo trigonométrico. Seja r a reta tangente ao ciclo trigonométrico passando pelo ponto P, conforme a figura ao lado. Seja m a interseção da reta r no eixo x. A *secante* do arco x, denotada por $\sec x$, corresponde ao número m determinado no eixo x, ou seja,

$$\sec x = m.$$

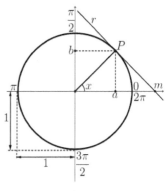

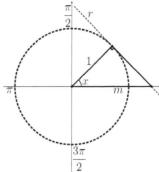

Note que o *eixo das secantes* coincide com o eixo dos cossenos.

Se $x \in (0, \frac{\pi}{2})$, torna-se fácil de compreender a justificativa para que a secante do arco x seja definida como o número m.

$$\cos x = \frac{1}{m} \implies \frac{1}{\cos x} = m \implies \sec x = m.$$

Observe também que, neste caso, m corresponde à distância da origem ao ponto m. De fato, pode-se destacar o triângulo retângulo na figura acima.

Lembrando que o raio do ciclo trigonométrico é igual a 1, obtém-se:

$$\cos x = \frac{1}{m} \implies \frac{1}{\cos x} = m \implies \sec x = m.$$

Observações. Uma vez que $\sec x = \dfrac{1}{\cos x}$, podemos facilmente notar que:

(a) A secante se repete com uma periodicidade 2π, ou seja,

$$\cdots = \sec(x - 4\pi) = \sec(x - 2\pi) = \sec x = \sec(x + 2\pi) = \sec(x + 4\pi) = \ldots$$

Desta forma,

$$\sec x = \sec(x + 2k\pi), \forall x \in \mathbb{R}, \forall k \in \mathbb{Z}.$$

(b) A secante nunca se anula.

(c) O sinal de $\sec x$ varia de acordo com o sinal do $\cos x$, isto é, a secante possui o mesmo sinal do cosseno, sendo positiva no primeiro e no quarto quadrantes e negativa no segundo e no terceiro quadrantes.

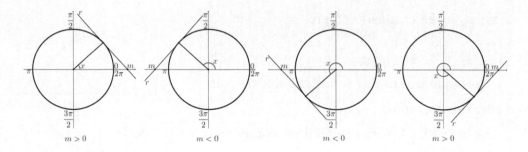

Mais precisamente, se a imagem de x pertence ao primeiro ou ao quarto quadrante, então $\sec x \geq 1$ e, se a imagem de x pertence ao segundo ou ao terceiro quadrante, então $\sec x \leq -1$.

Em resumo, o sinal da secante pode ser representado pela figura abaixo.

Dada a periodicidade da secante, tem-se

$$\sec x > 0 \text{ se } x \in \left(-\frac{\pi}{2} + 2k\pi, \frac{\pi}{2} + 2k\pi\right), \forall k \in \mathbb{Z}$$

e

$$\sec x < 0 \text{ se } x \in \left(\frac{\pi}{2} + 2k\pi, \frac{3\pi}{2} + 2k\pi\right), \forall k \in \mathbb{Z}.$$

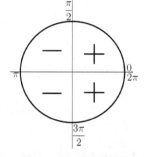

(d) Como

$$\sec x = \frac{1}{\cos x} = \frac{1}{a},$$

pode-se constatar que a secante não existe para os arcos nos quais o cosseno se anula. Portanto, no intervalo $[0, 2\pi)$, a secante não existe em $x = \frac{\pi}{2}$ e $x = \frac{3\pi}{2}$.

Dada a periodicidade da secante, tem-se que esta não está definida para arcos da forma

$$x \in \left\{ \ldots, -\frac{5\pi}{2}, -\frac{3\pi}{2}, -\frac{\pi}{2}, \frac{\pi}{2}, \frac{3\pi}{2}, \frac{5\pi}{2}, \ldots \right\}$$

ou seja, a secante está definida apenas no conjunto

$$A := \left\{ x \in \mathbb{R} \mid x \neq \frac{\pi}{2} + k\pi, \quad \text{onde} \ k \in \mathbb{Z} \right\}.$$

Como um bom exercício, convidamos o leitor a determinar a expressão geral, em radianos, para os arcos côngruos ao arco x, para os quais

$$\sec\left(\frac{x}{\pi + x}\right) = \not\exists.$$

A resposta será $x \neq -\pi$ e $x \neq \dfrac{\pi\left(k\pi + \dfrac{\pi}{2}\right)}{1 - k\pi - \dfrac{\pi}{2}}$, $\forall k \in \mathbb{Z}$.

(e) Ao se considerar a secante de todos os arcos do conjunto A acima definido, tem-se que esta percorre o conjunto

$$(-\infty, -1] \cup [1, +\infty) = \mathbb{R} - (-1, 1).$$

(f) Ao percorrer os arcos do primeiro quadrante no sentido positivo, a razão secante cresce, ou seja, dados $x_1, x_2 \in (0, \frac{\pi}{2})$ tais que $x_1 < x_2$, tem-se

$$\sec(x_1) < \sec(x_2).$$

Ao percorrer os arcos do segundo quadrante no sentido positivo, a razão secante cresce, ou seja, dados $x_1, x_2 \in (\frac{\pi}{2}, \pi)$ tais que $x_1 < x_2$, tem-se

$$\sec(x_1) < \sec(x_2).$$

Ao percorrer os arcos do terceiro quadrante no sentido positivo, a razão secante decresce, ou seja, dados $x_1, x_2 \in (\pi, \frac{3\pi}{2})$ tais que $x_1 < x_2$, tem-se

$$\sec(x_1) > \sec(x_2).$$

Ao percorrer os arcos do quarto quadrante no sentido positivo, a razão secante decresce, ou seja, dados $x_1, x_2 \in (\frac{3\pi}{2}, 2\pi)$ tais que $x_1 < x_2$, tem-se

$$\sec(x_1) > \sec(x_2).$$

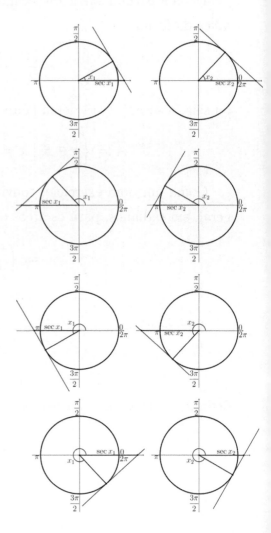

(g) Para cada $x \neq \frac{\pi}{2} + k\pi$, $k \in \mathbb{Z}$, tem-se $\sec(-x) = \sec(x)$.

De fato, basta notar que

$$\sec(-x) = \frac{1}{\cos(-x)} = \frac{1}{\cos x} = \sec x.$$

1.6.6   Cossecante

Definição 1.44

Dado um número real x, seja $P(a, b)$ a imagem de x no ciclo trigonométrico. Seja r a reta tangente ao ciclo trigonométrico passando pelo ponto P, conforme a figura ao lado. Seja n a interseção da reta r no eixo y. A *cossecante* do arco x, denotada por $\csc x$, corresponde ao número n determinado no eixo y, ou seja,

$$\csc x = n.$$

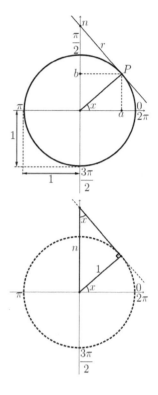

Note que o *eixo das cossecantes* coincide com o eixo dos senos.

Se $x \in (0, \frac{\pi}{2})$, torna-se fácil de compreender a justificativa para que a cossecante do arco x seja definida como o número n.

Observe também que, neste caso, n corresponde à distância da origem ao ponto n. De fato, pode-se destacar o triângulo retângulo na figura acima.

Lembrando que o raio do ciclo trigonométrico é igual a 1, obtém-se:

$$\operatorname{sen} x = \frac{1}{n} \implies \frac{1}{\operatorname{sen} x} = n \implies \csc x = n.$$

Observações. Uma vez que $\csc x = \dfrac{1}{\operatorname{sen} x}$, podemos facilmente notar que:

(a) A cossecante se repete com uma periodicidade 2π, ou seja,

$$\cdots = \csc(x - 4\pi) = \csc(x - 2\pi) = \csc x = \csc(x + 2\pi) = \csc(x + 4\pi) = \ldots$$

Desta forma,

$$\csc x = \csc(x + 2k\pi), \forall x \in \mathbb{R}, \forall k \in \mathbb{Z}.$$

(b) A cossecante nunca se anula.

(c) O sinal de csc x varia de acordo com o sinal do sen x, isto é, a cossecante possui o mesmo sinal do seno, sendo positiva no primeiro e no segundo quadrantes e negativa no terceiro e no quarto quadrantes.

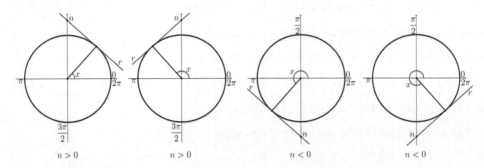

Mais precisamente, se a imagem de x pertence ao primeiro ou ao segundo quadrante, então csc $x \geq 1$ e, se a imagem de x pertence ao terceiro ou ao quarto quadrante, então csc $x \leq -1$.

Em resumo, o sinal da cossecante pode ser representado pela figura ao lado.

Dada a periodicidade da cossecante, tem-se

$$\csc x > 0 \text{ se } x \in (2k\pi, \pi + 2k\pi), \forall k \in \mathbb{Z}$$

e

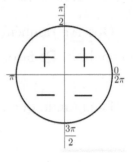

$$\csc x < 0 \text{ se } x \in (\pi + 2k\pi, 2\pi + 2k\pi), \forall k \in \mathbb{Z}.$$

(d) Como csc $x = \dfrac{1}{\text{sen } x} = \dfrac{1}{b}$, pode-se constatar que a cossecante não existe para os arcos nos quais o seno se anula. Portanto, no intervalo $[0, 2\pi)$, a cossecante não existe em $x = 0$ e $x = \pi$.

Dada a periodicidade da cossecante, tem-se que esta não está definida para arcos da forma $x \in \{\ldots, -3\pi, -2\pi, -\pi, 0, \pi, 2\pi, 3\pi, \ldots\}$, ou seja, a cossecante está definida apenas no conjunto

$$A := \{x \in \mathbb{R} \mid x \neq k\pi, \text{ onde } k \in \mathbb{Z}\}.$$

(e) Ao se considerar a cossecante de todos os arcos do conjunto A, tem-se que esta percorre o conjunto $(-\infty, -1] \cup [1, +\infty) = \mathbb{R} - (-1, 1)$.

(f) Ao percorrer os arcos do primeiro quadrante no sentido positivo, a razão cossecante decresce, ou seja, dados $x_1, x_2 \in (0, \frac{\pi}{2})$ tais que $x_1 < x_2$, tem-se

$$\csc(x_1) > \csc(x_2).$$

Ao percorrer os arcos do segundo quadrante no sentido positivo, a razão cossecante cresce, ou seja, dados $x_1, x_2 \in (\frac{\pi}{2}, \pi)$ tais que $x_1 < x_2$, tem-se

$$\csc(x_1) < \csc(x_2).$$

Ao percorrer os arcos do terceiro quadrante no sentido positivo, a razão cossecante cresce, ou seja, dados $x_1, x_2 \in (\pi, \frac{3\pi}{2})$ tais que $x_1 < x_2$, tem-se

$$\csc(x_1) < \csc(x_2).$$

Ao percorrer os arcos do quarto quadrante no sentido positivo, a razão cossecante decresce, ou seja, dados $x_1, x_2 \in (\frac{3\pi}{2}, 2\pi)$ tais que $x_1 < x_2$, tem-se

$$\csc(x_1) > \csc(x_2).$$

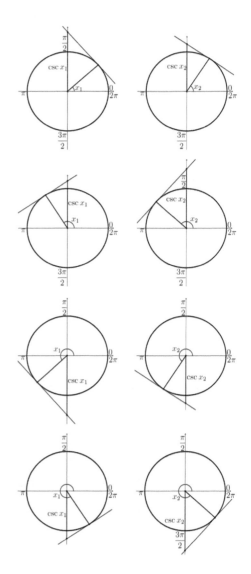

(g) Para cada $x \neq \frac{\pi}{2} + k\pi$, $k \in \mathbb{Z}$, tem-se

$$\csc(-x) = -\csc(x).$$

De fato, basta notar que

$$\csc(-x) = \frac{1}{\operatorname{sen}(-x)} = -\frac{1}{\operatorname{sen} x} = -\csc x.$$

1.7   Redução ao primeiro quadrante

O objetivo principal desta seção será determinar valores para as razões trigonométricas de um arco x (cuja imagem pode estar no segundo, terceiro ou quarto quadrante) em função de valores correspondentes no primeiro quadrante.

Cada ponto $P(a, b)$ do primeiro quadrante possui três pontos *simétricos* associados a ele:

$Q(-a, b)$: Simétrico de P em relação ao eixo vertical;

$R(-a, -b)$: Simétrico de P em relação à origem;

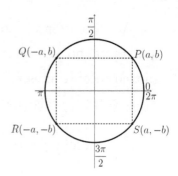

$S(a, -b)$: Simétrico de P em relação ao eixo horizontal.

Note que estes pontos são todos simétricos entre si.

Com base nestas simetrias, será possivel determinar facilmente o valor do seno e do cosseno de uma arco cuja imagem pertença ao segundo, terceiro ou quarto quadrante, uma vez que se conheçam as coordenadas do simétrico deste ponto no primeiro quadrante.

Redução do segundo ao primeiro quadrante

Se a imagem de um arco x pertence ao segundo quadrante, então ela é simétrica à imagem do arco $\pi - x$ em relação ao eixo vertical.

De fato, denotando por Q a imagem do arco x e por P a imagem do arco $\pi - x$, segue da semelhança de triângulos que os pontos P e Q possuem ordenadas iguais e abscissas simétricas e, portanto, são simétricos em relação ao eixo vertical.

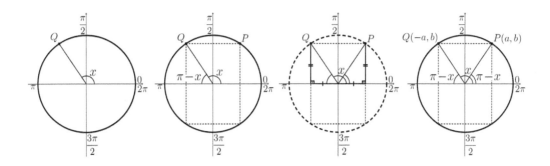

Como Q e P são simétricos em relação ao eixo vertical, temos:

$$\text{sen}\,(x) = b \quad \text{sen}\,(\pi - x) = b \quad \cos(x) = -a \quad \text{e} \quad \cos(\pi - x) = a.$$

Portanto,

$$\text{sen}\,(x) = \text{sen}\,(\pi - x) \quad \text{e} \quad \cos(x) = -\cos(\pi - x).$$

Consequentemente,

$$\tan(\pi - x) = \frac{\text{sen}\,(\pi - x)}{\cos(\pi - x)} = \frac{\text{sen}\,(x)}{-\cos(x)} = -\frac{\text{sen}\,(x)}{\cos(x)} = -\tan x.$$

$$\cot(\pi - x) = \frac{1}{\tan(\pi - x)} = \frac{1}{-\tan(x)} = -\frac{1}{\tan(x)} = -\cot x.$$

$$\sec(\pi - x) = \frac{1}{\cos(\pi - x)} = \frac{1}{-\cos(x)} = -\frac{1}{\cos(x)} = -\sec x.$$

$$\csc(\pi - x) = \frac{1}{\text{sen}\,(\pi - x)} = \frac{1}{\text{sen}\,(x)} = \frac{1}{\text{sen}\,(x)} = \csc x.$$

Nas figuras abaixo, é possível visualizar graficamente as relações dadas acima, na mesma ordem em que foram elencadas.

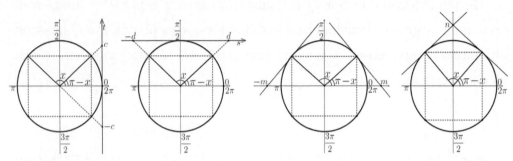

Lembre que $\pi \leftrightarrow 180°$ e esta relação pode ser utilizada se a medida utilizada for o grau.

Exemplo 1.45 Utilizando as fórmulas de Redução do segundo ao primeiro quadrante, calcule:

(a) $\operatorname{sen}\left(\frac{3\pi}{4}\right)$ (c) $\tan\left(\frac{5\pi}{6}\right)$ (e) $\sec\left(\frac{2\pi}{3}\right)$

(b) $\cos(120°)$ (d) $\cot(135°)$ (f) $\csc(150°)$

Solução.

(a) Como $\frac{3\pi}{4}$ pertence ao segundo quadrante, tem-se:

$$\operatorname{sen}\left(\frac{3\pi}{4}\right) = \operatorname{sen}\left(\pi - \frac{3\pi}{4}\right) = \operatorname{sen}\left(\frac{4\pi - 3\pi}{4}\right) = \operatorname{sen}\left(\frac{\pi}{4}\right) = \frac{\sqrt{2}}{2}.$$

(b) Como $120°$ pertence ao segundo quadrante, tem-se:

$$\cos(120°) = -\cos(180° - 120°) = -\cos(60°) = -\frac{1}{2}.$$

(c) Como $\frac{5\pi}{6}$ pertence ao segundo quadrante, tem-se:

$$\tan\left(\frac{5\pi}{6}\right) = -\tan\left(\pi - \frac{5\pi}{6}\right) = -\tan\left(\frac{6\pi - 5\pi}{6}\right) = -\tan\left(\frac{\pi}{6}\right) = -\frac{\sqrt{3}}{3}.$$

(d) Como $135°$ pertence ao segundo quadrante, tem-se:

$$\cot(135°) = -\cot(180° - 135°) = -\cot(45°) = -1.$$

(e) Como $\frac{2\pi}{3}$ pertence ao segundo quadrante, tem-se:

$$\sec\left(\frac{2\pi}{3}\right) = -\sec\left(\pi - \frac{2\pi}{3}\right) = -\sec\left(\frac{3\pi - 2\pi}{3}\right) = -\sec\left(\frac{\pi}{3}\right) = -2.$$

(f) Como $150°$ pertence ao segundo quadrante, tem-se:

$$\csc(150°) = \csc(180° - 150°) = \csc(30°) = 2.$$

Redução do terceiro ao primeiro quadrante

Se a imagem de um arco x pertence ao terceiro quadrante, então ela é simétrica à imagem do arco $x - \pi$ em relação à origem.

De fato, denotando por R a imagem do arco x e por P a imagem do arco $x - \pi$, segue da semelhança de triângulos que os pontos P e R possuem as respectivas ordenadas e abscissas simétricas e, portanto, são simétricos em relação à origem.

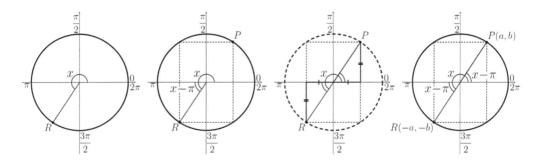

Como R e P são simétricos em relação à origem, temos:

$$\operatorname{sen}(x) = -b \quad \operatorname{sen}(x - \pi) = b \quad \cos(x) = -a \quad \text{e} \quad \cos(x - \pi) = a.$$

Portanto,

$$\operatorname{sen}(x) = -\operatorname{sen}(x - \pi) \quad \text{e} \quad \cos(x) = -\cos(x - \pi).$$

Consequentemente,

$$\tan(x - \pi) = \frac{\operatorname{sen}(x - \pi)}{\cos(x - \pi)} = \frac{-\operatorname{sen}(x)}{-\cos(x)} = \frac{\operatorname{sen}(x)}{\cos(x)} = \tan x.$$

$$\cot(x - \pi) = \frac{1}{\tan(x - \pi)} = \frac{1}{\tan(x)} = \frac{1}{\tan(x)} = \cot x.$$

$$\sec(x - \pi) = \frac{1}{\cos(x - \pi)} = \frac{1}{-\cos(x)} = -\frac{1}{\cos(x)} = -\sec x.$$

$$\csc(x - \pi) = \frac{1}{\operatorname{sen}(x - \pi)} = \frac{1}{-\operatorname{sen}(x)} = -\frac{1}{\operatorname{sen}(x)} = -\csc x.$$

Nas figuras abaixo, é possível visualizar graficamente as relações dadas acima, na mesma ordem em que foram elencadas.

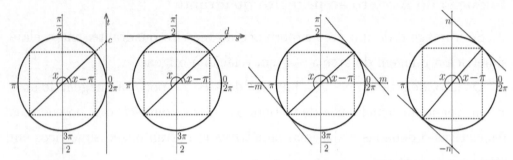

Lembre que $\pi \leftrightarrow 180°$ e esta relação pode ser utilizada se a medida utilizada for o grau.

Exemplo 1.46 Utilizando as fórmulas de Redução do terceiro ao primeiro quadrante, calcule:

(a) $\operatorname{sen}\left(\frac{7\pi}{6}\right)$ (c) $\tan\left(\frac{5\pi}{4}\right)$ (e) $\sec\left(\frac{4\pi}{3}\right)$

(b) $\cos(240°)$ (d) $\cot(210°)$ (f) $\csc(225°)$

Solução.

(a) Como $\frac{7\pi}{6}$ pertence ao terceiro quadrante, tem-se:

$$\operatorname{sen}\left(\frac{7\pi}{6}\right) = -\operatorname{sen}\left(\frac{7\pi}{6} - \pi\right) = -\operatorname{sen}\left(\frac{7\pi - 6\pi}{6}\right) = -\operatorname{sen}\left(\frac{\pi}{6}\right) = -\frac{1}{2}.$$

(b) Como $240°$ pertence ao terceiro quadrante, tem-se:

$$\cos(248°) = -\cos(240° - 180°) = -\cos(60°) = -\frac{1}{2}.$$

(c) Como $\frac{5\pi}{4}$ pertence ao terceiro quadrante, tem-se:

$$\tan\left(\frac{5\pi}{4}\right) = \tan\left(\frac{5\pi}{4} - \pi\right) = \tan\left(\frac{5\pi - \pi}{4}\right) = \tan\left(\frac{\pi}{4}\right) = 1.$$

(d) Como $210°$ pertence ao terceiro quadrante, tem-se:

$$\cot(210°) = \cot(210° - 180°) = \cot(30°) = \frac{\sqrt{3}}{3}.$$

(e) Como $\frac{4\pi}{3}$ pertence ao terceiro quadrante, tem-se:

$$\sec\left(\frac{4\pi}{3}\right) = -\sec\left(\frac{4\pi}{3} - \pi\right) = -\sec\left(\frac{4\pi - 3\pi}{3}\right) = -\sec\left(\frac{\pi}{3}\right) = -2.$$

(f) Como $225°$ pertence ao terceiro quadrante, tem-se:

$$\csc(225°) = -\csc(225° - 180°) = -\csc(45°) = -\sqrt{2}.$$

Redução do quarto ao primeiro quadrante

Se a imagem de um arco x pertence ao quarto quadrante, então ela é simétrica à imagem do arco $2\pi - x$ em relação ao eixo horizontal.

De fato, denotando por S a imagem do arco x e por P a imagem do arco $2\pi - x$, segue da semelhança de triângulos que os pontos P e S possuem abscissas iguais e ordenadas simétricas e, portanto, são simétricos em relação ao eixo horizontal.

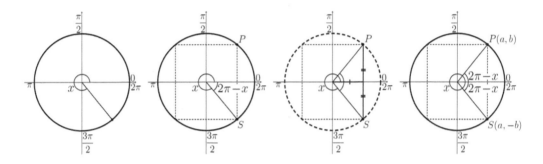

Como R e P são simétricos em relação ao eixo horizontal, temos:

$$\operatorname{sen}(x) = -b \quad \operatorname{sen}(2\pi - x) = b \quad \cos(x) = a \ \text{ e } \ \cos(2\pi - x) = a.$$

Portanto,

$$\operatorname{sen}(x) = -\operatorname{sen}(2\pi - x) \ \text{ e } \ \cos(x) = \cos(2\pi - x).$$

Consequentemente,

$$\tan(2\pi - x) = \frac{\operatorname{sen}(2\pi - x)}{\cos(2\pi - x)} = \frac{-\operatorname{sen}(x)}{\cos(x)} = -\frac{\operatorname{sen}(x)}{\cos(x)} = -\tan x.$$

$$\cot(2\pi - x) = \frac{1}{\tan(2\pi - x)} = \frac{1}{-\tan(x)} = -\frac{1}{\tan(x)} = -\cot x.$$

$$\sec(2\pi - x) = \frac{1}{\cos(2\pi - x)} = \frac{1}{\cos(x)} = \frac{1}{\cos(x)} = \sec x.$$

$$\csc(2\pi - x) = \frac{1}{\operatorname{sen}(2\pi - x)} = \frac{1}{-\operatorname{sen}(x)} = -\frac{1}{\operatorname{sen}(x)} = -\csc x.$$

Nas figuras abaixo, é possível visualizar graficamente as relações dadas acima, na mesma ordem em que foram elencadas.

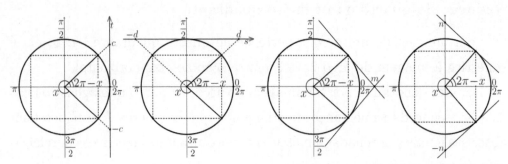

Lembre que $\pi \leftrightarrow 180°$ e esta relação pode ser utilizada se a medida utilizada for o grau.

Exemplo 1.47 Utilizando as fórmulas de Redução do quarto ao primeiro quadrante, calcule:

(a) $\operatorname{sen}\left(\frac{5\pi}{3}\right)$

(c) $\tan\left(\frac{5\pi}{3}\right)$

(e) $\sec\left(\frac{5\pi}{3}\right)$

(b) $\cos\left(\frac{7\pi}{4}\right)$

(d) $\cot(315°)$

(f) $\csc(315°)$

Solução.

(a) Como $\frac{5\pi}{3}$ pertence ao quarto quadrante, tem-se:

$$\operatorname{sen}\left(\frac{5\pi}{3}\right) = -\operatorname{sen}\left(2\pi - \frac{5\pi}{3}\right) = -\operatorname{sen}\left(\frac{\pi}{3}\right) = -\frac{\sqrt{3}}{2}.$$

(b) Como $\frac{7\pi}{4}$ pertence ao quarto quadrante, tem-se:

$$\cos\left(\frac{7\pi}{4}\right) = \cos\left(2\pi - \frac{7\pi}{4}\right) = \cos\left(\frac{\pi}{4}\right) = \frac{\sqrt{2}}{2}.$$

(c) Como $\frac{5\pi}{3}$ pertence ao quarto quadrante, tem-se:

$$\tan\left(\frac{5\pi}{3}\right) = -\tan\left(2\pi - \frac{5\pi}{3}\right) = -\tan\left(\frac{\pi}{3}\right) = -\sqrt{3}.$$

(d) Como $315°$ pertence ao quarto quadrante, tem-se:

$$\cot(315°) = -\cot(360° - 315°) = -\cot(45°) = -1.$$

(e) Como $\frac{5\pi}{3}$ pertence ao quarto quadrante, tem-se:

$$\sec\left(\frac{5\pi}{3}\right) = \sec\left(2\pi - \frac{5\pi}{3}\right) = \sec\left(\frac{\pi}{3}\right) = 2.$$

(f) Como $315°$ pertence ao quarto quadrante, tem-se:

$$\csc(315°) = -\csc(360° - 315°) = -\csc(45°) = -\sqrt{2}.$$

Com as fórmulas de Redução ao primeiro quadrante, podemos determinar facilmente os valores correspondentes aos arcos especiais $\left(\frac{\pi}{6}, \frac{\pi}{4} \text{ e } \frac{\pi}{3}\right)$ em cada quadrante:

Lembrando que

$$\text{sen}\left(\tfrac{\pi}{6}\right) = \tfrac{1}{2}, \quad \text{sen}\left(\tfrac{\pi}{4}\right) = \tfrac{\sqrt{2}}{2} \quad \text{e} \quad \text{sen}\left(\tfrac{\pi}{3}\right) = \tfrac{\sqrt{3}}{2}$$

pode-se concluir que:

$$\text{sen}\left(\tfrac{5\pi}{6}\right) = \tfrac{1}{2} \qquad\qquad \text{sen}\left(\tfrac{3\pi}{4}\right) = \tfrac{\sqrt{2}}{2} \qquad\qquad \text{sen}\left(\tfrac{2\pi}{3}\right) = \tfrac{\sqrt{3}}{2}$$

$$\text{sen}\left(\tfrac{7\pi}{6}\right) = -\tfrac{1}{2} \qquad\qquad \text{sen}\left(\tfrac{5\pi}{4}\right) = -\tfrac{\sqrt{2}}{2} \qquad\qquad \text{sen}\left(\tfrac{4\pi}{3}\right) = -\tfrac{\sqrt{3}}{2}$$

$$\text{sen}\left(\tfrac{11\pi}{6}\right) = -\tfrac{1}{2} \qquad\qquad \text{sen}\left(\tfrac{7\pi}{4}\right) = -\tfrac{\sqrt{2}}{2} \qquad\qquad \text{sen}\left(\tfrac{5\pi}{3}\right) = -\tfrac{\sqrt{3}}{2}$$

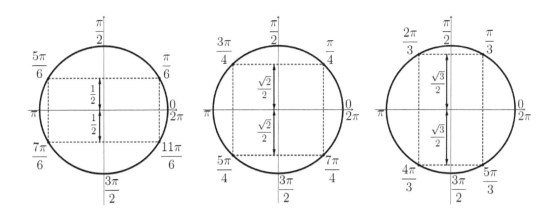

Lembrando que

$$\cos\left(\tfrac{\pi}{6}\right) = \tfrac{\sqrt{3}}{2}, \quad \text{sen}\left(\tfrac{\pi}{4}\right) = \tfrac{\sqrt{2}}{2} \quad \text{e} \quad \cos\left(\tfrac{\pi}{3}\right) = \tfrac{1}{2}$$

pode-se concluir que:

$$\cos\left(\tfrac{5\pi}{6}\right) = -\tfrac{\sqrt{3}}{2} \qquad\qquad \cos\left(\tfrac{3\pi}{4}\right) = -\tfrac{\sqrt{2}}{2} \qquad\qquad \cos\left(\tfrac{2\pi}{3}\right) = -\tfrac{1}{2}$$

$$\cos\left(\tfrac{7\pi}{6}\right) = -\tfrac{\sqrt{3}}{2} \qquad\qquad \cos\left(\tfrac{5\pi}{4}\right) = -\tfrac{\sqrt{2}}{2} \qquad\qquad \cos\left(\tfrac{4\pi}{3}\right) = -\tfrac{1}{2}$$

$$\cos\left(\tfrac{11\pi}{6}\right) = \tfrac{\sqrt{3}}{2} \qquad\qquad \cos\left(\tfrac{7\pi}{4}\right) = \tfrac{\sqrt{2}}{2} \qquad\qquad \cos\left(\tfrac{5\pi}{3}\right) = \tfrac{1}{2}$$

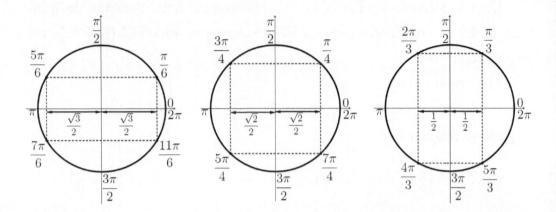

Lembrando que

$$\tan\left(\tfrac{\pi}{6}\right) = \tfrac{\sqrt{3}}{3}, \quad \tan\left(\tfrac{\pi}{4}\right) = 1 \quad \text{e} \quad \tan\left(\tfrac{\pi}{3}\right) = \sqrt{3}.$$

pode-se concluir que:

$$\tan\left(\tfrac{5\pi}{6}\right) = -\tfrac{\sqrt{3}}{3} \qquad \tan\left(\tfrac{3\pi}{4}\right) = -1 \qquad \tan\left(\tfrac{2\pi}{3}\right) = -\sqrt{3}$$

$$\tan\left(\tfrac{7\pi}{6}\right) = \tfrac{\sqrt{3}}{3} \qquad \tan\left(\tfrac{5\pi}{4}\right) = 1 \qquad \tan\left(\tfrac{4\pi}{3}\right) = \sqrt{3}$$

$$\tan\left(\tfrac{11\pi}{6}\right) = -\tfrac{\sqrt{3}}{3} \qquad \tan\left(\tfrac{7\pi}{4}\right) = -1 \qquad \tan\left(\tfrac{5\pi}{3}\right) = -\sqrt{3}$$

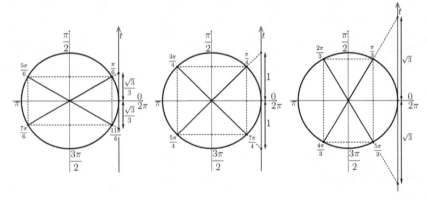

Lembrando que

$$\cot\left(\tfrac{\pi}{6}\right) = \sqrt{3}, \quad \cot\left(\tfrac{\pi}{4}\right) = 1 \quad \text{e} \quad \cot\left(\tfrac{\pi}{3}\right) = \tfrac{\sqrt{3}}{3}.$$

pode-se concluir que:

$$\cot\left(\tfrac{5\pi}{6}\right) = -\sqrt{3} \qquad \cot\left(\tfrac{3\pi}{4}\right) = -1 \qquad \cot\left(\tfrac{2\pi}{3}\right) = -\tfrac{\sqrt{3}}{3}$$

$$\cot\left(\tfrac{7\pi}{6}\right) = \sqrt{3} \qquad \cot\left(\tfrac{5\pi}{4}\right) = 1 \qquad \cot\left(\tfrac{4\pi}{3}\right) = \tfrac{\sqrt{3}}{3}$$

$$\cot\left(\tfrac{11\pi}{6}\right) = -\sqrt{3} \qquad \cot\left(\tfrac{7\pi}{4}\right) = -1 \qquad \cot\left(\tfrac{5\pi}{3}\right) = -\tfrac{\sqrt{3}}{3}$$

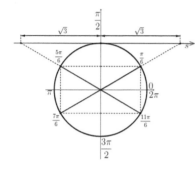 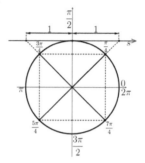 

Lembrando que

$$\sec\left(\tfrac{\pi}{6}\right) = \tfrac{2\sqrt{3}}{3}, \quad \sec\left(\tfrac{\pi}{4}\right) = \sqrt{2} \ \ \text{e} \ \ \sec\left(\tfrac{\pi}{3}\right) = 2$$

pode-se concluir que:

$$\sec\left(\tfrac{5\pi}{6}\right) = -\tfrac{2\sqrt{3}}{3} \qquad \sec\left(\tfrac{3\pi}{4}\right) = -\sqrt{2} \qquad \sec\left(\tfrac{2\pi}{3}\right) = 2$$

$$\sec\left(\tfrac{7\pi}{6}\right) = -\tfrac{2\sqrt{3}}{3} \qquad \sec\left(\tfrac{5\pi}{4}\right) = -\sqrt{2} \qquad \sec\left(\tfrac{4\pi}{3}\right) = -2$$

$$\sec\left(\tfrac{11\pi}{6}\right) = \tfrac{2\sqrt{3}}{3} \qquad \sec\left(\tfrac{7\pi}{4}\right) = \sqrt{2} \qquad \sec\left(\tfrac{5\pi}{3}\right) = -2$$

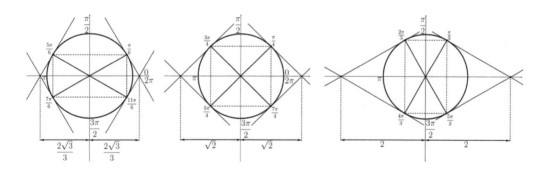

Lembrando que

$$\csc\left(\tfrac{\pi}{6}\right) = 2, \quad \csc\left(\tfrac{\pi}{4}\right) = \sqrt{2} \ \ \text{e} \ \ \csc\left(\tfrac{\pi}{3}\right) = \tfrac{2\sqrt{3}}{3}$$

pode-se concluir que:

$$\csc\left(\tfrac{5\pi}{6}\right) = 2 \qquad \csc\left(\tfrac{3\pi}{4}\right) = \sqrt{2} \qquad \csc\left(\tfrac{2\pi}{3}\right) = \tfrac{2\sqrt{3}}{3}$$

$$\csc\left(\tfrac{7\pi}{6}\right) = -2 \qquad \csc\left(\tfrac{5\pi}{4}\right) = -\sqrt{2} \qquad \csc\left(\tfrac{4\pi}{3}\right) = -\tfrac{2\sqrt{3}}{3}$$

$$\csc\left(\tfrac{11\pi}{6}\right) = -2 \qquad \csc\left(\tfrac{7\pi}{4}\right) = -\sqrt{2} \qquad \csc\left(\tfrac{5\pi}{3}\right) = -\tfrac{2\sqrt{3}}{3}$$

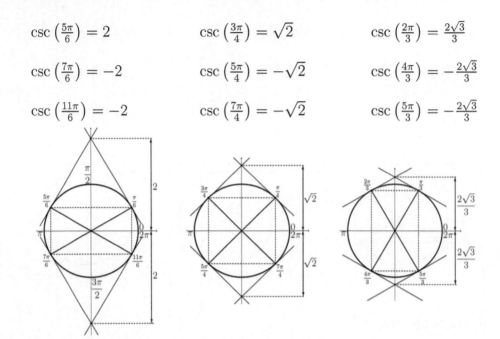

1.8 Fórmulas e operações com arcos

Nesta seção apresentamos importantes fórmulas envolvendo operações com arcos, tais como adição de arcos, subtração de arcos, arcos duplos e arcos metade, além de outras fórmulas que serão muito úteis em estudos futuros, tanto na própria trigonometria quanto em disciplinas dos mais diversos cursos de graduação universitária.

Proposição 1.48

Valem as fórmulas do cosseno da soma e da diferença entre dois arcos

(i) $\cos(\theta_1 + \theta_2) = \cos\theta_1\cos\theta_2 - \operatorname{sen}\theta_1\operatorname{sen}\theta_2,$

(ii) $\cos(\theta_1 - \theta_2) = \cos\theta_1\cos\theta_2 + \operatorname{sen}\theta_1\operatorname{sen}\theta_2.$

Demonstração.

(i) Considere dois arcos θ_1 e θ_2 no ciclo trigonométrico e sejam P, Q e R as imagens dos arcos $\theta_1 + \theta_2$, θ_1 e $-\theta_2$, respectivamente. Fixe também o ponto $A(1,0)$.

Note que as coordenadas das imagens destes arcos são dadas por

$$P(\cos\theta_1, \operatorname{sen}\theta_1)$$

$$Q(\cos(\theta_1+\theta_2), \operatorname{sen}(\theta_1+\theta_2))$$

$$R(\cos(-\theta_2), \operatorname{sen}(-\theta_2)) = R(\cos\theta_2, -\operatorname{sen}\theta_2)$$

Agora note que os arcos AOQ e ROP têm medidas iguais e, portanto, a distância $d(Q, A)$ (distância entre Q e A) e $d(P, R)$ (distância entre P e R) são iguais, ou seja,

$$d(Q, A) = d(P, R).$$

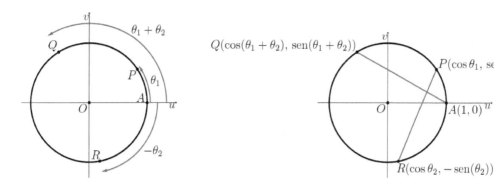

Lembrando da fórmula de distância entre dois pontos, tem-se:

$$d(Q, A) = \sqrt{(x_Q - x_A)^2 + (y_Q - y_A)^2}$$

$$= \sqrt{(\cos(\theta_1+\theta_2) - 1)^2 + (\operatorname{sen}(\theta_1+\theta_2) - 0)^2}$$

$$= \sqrt{\cos^2(\theta_1+\theta_2) - 2\cos(\theta_1+\theta_2) + 1 + \operatorname{sen}^2(\theta_1+\theta_2)}$$

$$= \sqrt{2 - 2\cos(\theta_1+\theta_2)}.$$

e

$$d(P, R) = \sqrt{(x_P - x_R)^2 + (y_P - y_R)^2}$$

$$= \sqrt{(\cos\theta_1 - \cos\theta_2)^2 + (\operatorname{sen}\theta_1 - (-\operatorname{sen}\theta_2))^2}$$

$$= \sqrt{\cos^2\theta_1 - 2\cos\theta_1\cos\theta_2 + \cos^2\theta_2 + \operatorname{sen}^2\theta_1 + 2\operatorname{sen}\theta_1\operatorname{sen}\theta_2 + \operatorname{sen}^2\theta_2}$$

$$= \sqrt{2 - 2\cos\theta_1 \cos\theta_2 + 2\text{sen}\,\theta_1 \text{sen}\,\theta_2}.$$

Portanto,

$$2 - 2\cos(\theta_1 + \theta_2) = 2 - 2\cos\theta_1 \cos\theta_2 + 2\text{sen}\,\theta_1\text{sen}\,\theta_2.$$

Ou seja,

$$2\cos(\theta_1 + \theta_2) = 2(\cos\theta_1 \cos\theta_2 - \text{sen}\,\theta_1\text{sen}\,\theta_2).$$

Consequentemente,

$$\cos(\theta_1 + \theta_2) = \cos\theta_1 \cos\theta_2 - \text{sen}\,\theta_1\text{sen}\,\theta_2.$$

(ii) Utilizando a fórmula obtida no item (i) com $-\theta_2$ no lugar de θ_2 temos:

$$\cos(\theta_1 - \theta_2) = \cos(\theta_1 + (-\theta_2)) = \cos\theta_1 \cos(-\theta_2) - \text{sen}\,\theta_1\text{sen}\,(-\theta_2)$$

$$= \cos\theta_1 \cos\theta_2 + \text{sen}\,\theta_1\text{sen}\,\theta_2.$$

$\square$

Exemplo 1.49 Calcule:

(a) $\cos 75°$ (b) $\cos 15°$

Solução. Utilizando a tabela com as razões trigonométricas especiais e as fórmulas do seno e cosseno da soma, temos:

(a) $\cos 75° = \cos(30° + 45°) = \cos 30° \cos 45° - \text{sen}\,30°\text{sen}\,45° = \frac{\sqrt{6}-\sqrt{2}}{4}$.

(b) $\cos 15° = \cos(60° - 45°) = \cos 60° \cos 45° + \text{sen}\,60°\text{sen}\,45° = \frac{\sqrt{2}+\sqrt{6}}{4}$.

Exemplo 1.50 Prove que valem as fórmulas de simetria do seno e do cosseno de ângulos complementares:

(a) $\cos\left(\frac{\pi}{2} - \theta\right) = \text{sen}\,\theta$ (b) $\text{sen}\left(\frac{\pi}{2} - \theta\right) = \cos\theta$

Solução.

(a) Utilizando a fórmula do cosseno da diferença, temos:

$$\cos\left(\frac{\pi}{2} - \theta\right) = \cos\frac{\pi}{2}\cos\theta + \text{sen}\,\frac{\pi}{2}\text{sen}\,\theta = 0 \cdot \cos\theta + (1) \cdot \text{sen}\,\theta = \text{sen}\,\theta.$$

(b) Utilizando o item (a), temos:

$$\text{sen}\left(\frac{\pi}{2} - \theta\right) = \cos\left(\frac{\pi}{2} - \left(\frac{\pi}{2} - \theta\right)\right) = \cos\left(\frac{\pi}{2} - \frac{\pi}{2} + \theta\right) = \cos\theta.$$

Proposição 1.51

Valem as fórmulas do seno da soma e da diferença entre dois arcos

(i) $\operatorname{sen}(\theta_1 + \theta_2) = \operatorname{sen}\theta_1 \cos\theta_2 + \operatorname{sen}\theta_2 \cos\theta_1,$

(ii) $\operatorname{sen}(\theta_1 - \theta_2) = \operatorname{sen}\theta_1 \cos\theta_2 - \operatorname{sen}\theta_2 \cos\theta_1.$

Demonstração. (i) Utilizando o exemplo 1.50, a fórmula do cosseno da diferença e a relação de arcos complementares, obtemos:

$$\operatorname{sen}(\theta_1 + \theta_2) = \cos\left(\frac{\pi}{2} - (\theta_1 + \theta_2)\right) = \cos\left(\left(\frac{\pi}{2} - \theta_1\right) - \theta_2\right)$$

$$= \cos\left(\frac{\pi}{2} - \theta_1\right)\cos\theta_2 + \operatorname{sen}\left(\frac{\pi}{2} - \theta_1\right)\operatorname{sen}\theta_2 = \operatorname{sen}\theta_1\cos\theta_2 + \operatorname{sen}\theta_2\cos\theta_1.$$

(ii) Utilizando a fórmula obtida no item (i) com $-\theta_2$ no lugar de θ_2, temos:

$$\operatorname{sen}(\theta_1 - \theta_2) = \operatorname{sen}(\theta_1 + (-\theta_2)) = \operatorname{sen}\theta_1\cos(-\theta_2) + \operatorname{sen}(-\theta_2)\cos\theta_1$$

$$= \operatorname{sen}\theta_1\cos\theta_2 + (-\operatorname{sen}\theta_2)\cos\theta_1 = \operatorname{sen}\theta_1\cos\theta_2 - \operatorname{sen}\theta_2\cos\theta_1.$$

$$\square$$

Observação: uma aplicação importante é estender as fórmulas das Proposições 1.18, 1.19, 1.20 para arcos maiores que $\pi/2$. Apenas a título de ilustração, vamos mostrar que, para $\theta \in 2^{\underline{0}}$ quadrante, também vale a fórmula $1 + \tan^2\theta = \sec^2\theta$. De fato, para $\theta \in 2^{\underline{0}}$ quadrante, por simetria, existe um $\beta \in 1^{\underline{0}}$ quadrante, tal que $\pi - \theta = \beta$, e então $\theta = \pi - \beta$. Assim, reduzindo

$$1 + \tan^2\theta = 1 + \tan^2(\pi - \beta) = 1 + (-\tan\beta)^2 = 1 + \tan^2\beta = \sec^2\beta =$$

$$= \sec^2(\pi - \theta) = \frac{1}{\cos^2(\pi - \theta)} = \frac{1}{(\cos\pi\cos\theta + \operatorname{sen}\pi\operatorname{sen}\theta)^2} =$$

$$= \frac{1}{((-1)\cos\theta + 0)^2} = \frac{1}{\cos^2\theta} = \sec^2\theta.$$

Exemplo 1.52 Calcule $\operatorname{sen} 210°$ utilizando

(a) a fórmula do seno da soma;

(b) a fórmula do seno da diferença.

Solução.

(a) Utilizando a fórmula do seno da soma, temos:

$$\operatorname{sen} 210° = \operatorname{sen}(180° + 30°) = \operatorname{sen} 180° \cos 30° + \operatorname{sen} 30° \cos 180°$$

$$(0) \cdot \tfrac{\sqrt{3}}{2} + \tfrac{1}{2} \cdot (-1) = -\tfrac{1}{2}.$$

(b) Utilizando a fórmula do seno da diferença, temos:

$$\operatorname{sen} 210° = \operatorname{sen}(270° - 60°) = \operatorname{sen} 270° \cos 60° - \operatorname{sen} 60° \cos 270°$$

$$(-1) \cdot \tfrac{1}{2} - \tfrac{1}{2} \cdot (0) = -\tfrac{1}{2}.$$

Exemplo 1.53 Calcule

$$\operatorname{sen}\left(\frac{7\pi}{12}\right)$$

decompondo $\frac{7\pi}{12} = \frac{\pi}{3} + \frac{\pi}{4}$ e utilizando a fórmula do seno da soma.

Solução. Utilizando a fórmula do seno da soma temos:

$$\operatorname{sen}\left(\tfrac{7\pi}{12}\right) = \operatorname{sen}\left(\tfrac{\pi}{3} + \tfrac{\pi}{4}\right) = \operatorname{sen}\tfrac{\pi}{3}\cos\tfrac{\pi}{4} + \operatorname{sen}\tfrac{\pi}{4}\cos\tfrac{\pi}{3} = \tfrac{\sqrt{3}}{2}\tfrac{\sqrt{2}}{2} + \tfrac{\sqrt{2}}{2}\tfrac{1}{2} = \tfrac{\sqrt{6}+\sqrt{2}}{4}.$$

Exemplo 1.54 Calcule

$$\operatorname{sen}\left(\frac{7\pi}{12}\right)$$

decompondo $\frac{7\pi}{12} = \frac{\pi}{3} + \frac{\pi}{4}$ e utilizando a fórmula do seno da soma.

Solução. Utilizando a fórmula do seno da soma temos:

$$\operatorname{sen}\left(\tfrac{7\pi}{12}\right) = \operatorname{sen}\left(\tfrac{\pi}{3} + \tfrac{\pi}{4}\right) = \operatorname{sen}\tfrac{\pi}{3}\cos\tfrac{\pi}{4} + \operatorname{sen}\tfrac{\pi}{4}\cos\tfrac{\pi}{3} = \tfrac{\sqrt{3}}{2}\tfrac{\sqrt{2}}{2} + \tfrac{\sqrt{2}}{2}\tfrac{1}{2} = \tfrac{\sqrt{6}+\sqrt{2}}{4}.$$

Exemplo 1.55 Prove que

$$\operatorname{sen}\left(\frac{2\pi}{3}\right) = \frac{\sqrt{3}}{2}$$

decompondo $\frac{2\pi}{3} = \frac{\pi}{3} + \frac{\pi}{3}$ e utilizando a fórmula do seno da soma.

Solução. Utilizando a fórmula do seno da soma temos:

$\text{sen}\left(\frac{2\pi}{3}\right) = \text{sen}\left(\frac{\pi}{3} + \frac{\pi}{3}\right) = \text{sen}\,\frac{\pi}{3}\cos\frac{\pi}{3}+\text{sen}\,\frac{\pi}{3}\cos\frac{\pi}{3} = \frac{\sqrt{3}}{2}\frac{1}{2}+\frac{\sqrt{3}}{2}\frac{1}{2} = \frac{\sqrt{3}}{4}+\frac{\sqrt{3}}{4} = \frac{\sqrt{3}}{2}.$

Proposição 1.56

Valem as fórmulas da seno do arco duplo e do cosseno do arco duplo

(i) $\text{sen}\,2\theta = 2\text{sen}\,\theta\cos\theta,$ (ii) $\cos 2\theta = \cos^2\theta - \text{sen}^2\theta.$

Demonstração. Utilizando as fórmulas do seno e cosseno da soma temos:

(i) $\text{sen}\,2\theta = \text{sen}\,(\theta + \theta) = \text{sen}\,\theta\cos\theta + \text{sen}\,\theta\cos\theta = 2\text{sen}\,\theta\cos\theta$

(ii) $\cos 2\theta = \cos(\theta + \theta) = \cos\theta\cos\theta - \text{sen}\,\theta\text{sen}\,\theta = \cos^2\theta - \text{sen}^2\theta.$ □

Observação: no que segue, apresentamos várias fórmulas importantes. O leitor deve estar atento a alguns cuidados, pois para certos arcos as fórmulas apresentadas não têm sentido, por exemplo, no caso em que o denominador se torna nulo para valores de θ_1 e θ_2, bem como evitar arcos múltiplos de $\pi/2$, quando envolver a tangente. Um bom exercício, que deixamos para o leitor, é examinar estas "singularidades".

Proposição 1.57

Valem as seguintes fórmulas, conhecidas por fórmulas da tangente da soma e da diferença entre dois arcos

(i) $\tan(\theta_1 + \theta_2) = \dfrac{\tan\theta_1 + \tan\theta_2}{1 - \tan\theta_1\tan\theta_2},$

(ii) $\tan(\theta_1 - \theta_2) = \dfrac{\tan\theta_1 - \tan\theta_2}{1 + \tan\theta_1\tan\theta_2}.$

Demonstração.

(i) Utilizando as fórmulas do seno e cosseno da soma temos:

$$\tan(\theta_1 + \theta_2) = \frac{\text{sen}\,(\theta_1 + \theta_2)}{\cos(\theta_1 + \theta_2)} = \frac{\text{sen}\,\theta_1\cos\theta_2 + \text{sen}\,\theta_2\cos\theta_1}{\cos\theta_1\cos\theta_2 - \text{sen}\,\theta_1\text{sen}\,\theta_2}$$

$$= \frac{\dfrac{\text{sen}\,\theta_1\cos\theta_2 + \text{sen}\,\theta_2\cos\theta_1}{\cos\theta_1\cos\theta_2}}{\dfrac{\cos\theta_1\cos\theta_2 - \text{sen}\,\theta_1\text{sen}\,\theta_2}{\cos\theta_1\cos\theta_2}} = \frac{\dfrac{\text{sen}\,\theta_1\cos\theta_2}{\cos\theta_1\cos\theta_2} + \dfrac{\text{sen}\,\theta_2\cos\theta_1}{\cos\theta_1\cos\theta_2}}{\dfrac{\cos\theta_1\cos\theta_2}{\cos\theta_1\cos\theta_2} - \dfrac{\text{sen}\,\theta_1\text{sen}\,\theta_2}{\cos\theta_1\cos\theta_2}}$$

$$= \dfrac{\dfrac{\operatorname{sen}\theta_1}{\cos\theta_1} + \dfrac{\operatorname{sen}\theta_2}{\cos\theta_2}}{1 - \dfrac{\operatorname{sen}\theta_1\operatorname{sen}\theta_2}{\cos\theta_1\cos\theta_2}} = \dfrac{\tan\theta_1 + \tan\theta_2}{1 - \tan\theta_1\tan\theta_2}$$

(ii) Basta observar que $\tan(\theta_1 - \theta_2) = \tan(\theta_1 + (-\theta_2))$, usar a fórmula anterior e a relação $\tan(-\theta_2) = -\tan\theta_2$. Sugerimos como exercício.

Proposição 1.58

Valem as fórmulas da cotangente da soma e da diferença entre dois arcos

(i) $\cot(\theta_1 + \theta_2) = \dfrac{\cot\theta_1\cot\theta_2 - 1}{\cot\theta_1 + \cot\theta_2}$,

(ii) $\cot(\theta_1 - \theta_2) = \dfrac{\cot\theta_1\cot\theta_2 + 1}{\cot\theta_2 - \cot\theta_1}$.

Demonstração.

(i) Utilizando a fórmula da tangente da soma, temos:

$$\cot(\theta_1 + \theta_2) = \dfrac{1}{\tan(\theta_1 + \theta_2)} = \dfrac{1}{\dfrac{\tan\theta_1 + \tan\theta_2}{1 - \tan\theta_1\tan\theta_2}} = \dfrac{1 - \tan\theta_1\tan\theta_2}{\tan\theta_1 + \tan\theta_2} =$$

$$\dfrac{1 - \dfrac{1}{\cot\theta_1}\dfrac{1}{\cot\theta_2}}{\dfrac{1}{\cot\theta_1} + \dfrac{1}{\cot\theta_2}} = \dfrac{\dfrac{\cot\theta_1\cot\theta_2 - 1}{\cot\theta_1\cot\theta_2}}{\dfrac{\cot\theta_1 + \cot\theta_2}{\cot\theta_1\cot\theta_2}} = \dfrac{\cot\theta_1\cot\theta_2 - 1}{\cot\theta_1 + \cot\theta_2}.$$

(ii) Utilizando a fórmula obtida no item (a) com $-\theta_2$ no lugar de θ_2, e lembrando que $\cot(-\theta_2) = -\cot\theta_2$, temos:

$$\cot(\theta_1 - \theta_2) = \cot(\theta_1 + (-\theta_2)) = \dfrac{\cot\theta_1\cot(-\theta_2) - 1}{\cot\theta_1 + \cot(-\theta_2)}$$

$$= \dfrac{\cot\theta_1(-\cot\theta_2) - 1}{\cot\theta_1 + (-\cot\theta_2)} = \dfrac{-\cot\theta_1\cot\theta_2 - 1}{\cot\theta_1 - \cot\theta_2} = \dfrac{\cot\theta_1\cot\theta_2 + 1}{\cot\theta_2 - \cot\theta_1}.$$

$\square$

Proposição 1.59

Valem as fórmulas da tangente do arco duplo e da cotangente do arco duplo

(i) $\tan 2\theta = \dfrac{2\tan\theta}{1 - \tan^2\theta}$,   (ii) $\cot 2\theta = \dfrac{\cot^2\theta - 1}{2\cot\theta}$.

Demonstração. Sugerimos como exercício.

$\square$

Proposição 1.60

Valem as fórmulas do arco triplo

(i) $\operatorname{sen} 3\theta = 3\cos^2\theta \operatorname{sen}\theta - \operatorname{sen}^3\theta$ (iii) $\tan 3\theta = \dfrac{3\tan\theta - \tan^3\theta}{1 - 3\tan^2\theta}$

(ii) $\cos 3\theta = \cos^3\theta - 3\operatorname{sen}^2\theta\cos\theta$ (iv) $\cot 3\theta = \dfrac{3\cot\theta - \cot^3\theta}{1 - 3\cot^2\theta}$

Demonstração.

(i) Das fórmulas do seno da soma e do seno e cosseno arco duplo, temos:

$$\operatorname{sen}(3\theta) = \operatorname{sen}(2\theta + \theta) = \operatorname{sen} 2\theta\cos\theta + \operatorname{sen}\theta\cos 2\theta$$

$$= (2\operatorname{sen}\theta\cos\theta)\cos\theta + \operatorname{sen}\theta(\cos^2\theta - \operatorname{sen}^2\theta)$$

$$= 2\operatorname{sen}\theta\cos^2\theta + \operatorname{sen}\theta\cos^2\theta - \operatorname{sen}^3\theta = 3\cos^2\theta\operatorname{sen}\theta - \operatorname{sen}^3\theta.$$

(ii) Sugerimos como exercício.

(iii) Utilizando os itens (a) e (b) temos:

$$\tan 3\theta = \frac{\operatorname{sen} 3\theta}{\cos\theta} = \frac{3\cos^2\theta\operatorname{sen}\theta - \operatorname{sen}^3\theta}{\cos^3\theta - 3\operatorname{sen}^2\theta\cos\theta} = \frac{\dfrac{3\cos^2\theta\operatorname{sen}\theta - \operatorname{sen}^3\theta}{\cos^3\theta}}{\dfrac{\cos^3\theta - 3\operatorname{sen}^2\theta\cos\theta}{\cos^3\theta}} =$$

$$= \frac{\dfrac{3\dfrac{\operatorname{sen}\theta}{\cos\theta} - \dfrac{\operatorname{sen}^3\theta}{\cos^3\theta}}{\cos^3\theta}}{\dfrac{\cos^3\theta}{\cos^3\theta} - 3\dfrac{\operatorname{sen}^2\theta}{\cos^2\theta}} = \frac{3\tan\theta - \tan^3\theta}{1 - 3\tan^2\theta}.$$

(iv) Sugerimos como exercício.

Proposição 1.61

Valem as fórmulas de Redução de potência

(i) $\operatorname{sen}^2\theta = \dfrac{1 - \cos 2\theta}{2}$ 　　　　 (ii) $\cos^2\theta = \dfrac{1 + \cos 2\theta}{2}$

Demonstração. Utilizando a Proposição 1.56 (cosseno do arco duplo) temos:

(i) $\cos 2\theta = \cos^2\theta - \operatorname{sen}^2\theta = (1 - \operatorname{sen}^2\theta) - \operatorname{sen}^2\theta = 1 - 2\operatorname{sen}^2\theta$.

　　Portanto,

$$\cos 2\theta = 1 - 2\operatorname{sen}^2\theta \Longrightarrow \operatorname{sen}^2\theta = \frac{1 - \cos 2\theta}{2}.$$

(ii) Da mesma forma, temos:

$$\cos 2\theta = \cos^2\theta - \operatorname{sen}^2\theta = \cos^2\theta - (1 - \cos^2\theta) = 2\cos^2\theta - 1.$$

　　Portanto,

$$\cos 2\theta = 2\cos^2\theta - 1 \Longrightarrow \cos^2\theta = \frac{\cos 2\theta + 1}{2}.$$

$\square$

Proposição 1.62

Valem as seguintes fórmulas do arco metade, também conhecidas como fórmulas da bissecção.

(i) $\operatorname{sen}\left(\dfrac{\theta}{2}\right) = \pm\sqrt{\dfrac{1 - \cos\theta}{2}}$

(ii) $\cos\left(\dfrac{\theta}{2}\right) = \pm\sqrt{\dfrac{1 + \cos\theta}{2}}$

(iii) $\tan\left(\dfrac{\theta}{2}\right) = \pm\sqrt{\dfrac{1 - \cos\theta}{1 + \cos\theta}}$

Demonstração. Da Proposição 1.61 (fórmulas de Redução de potência), temos:

(i) $\operatorname{sen}^2\beta = \dfrac{1 - \cos 2\beta}{2} \implies \operatorname{sen}(\beta) = \pm\sqrt{\dfrac{1 - \cos 2\beta}{2}}$.

então, tomando $\beta = \dfrac{\theta}{2}$, obtemos: $\operatorname{sen}\left(\dfrac{\theta}{2}\right) = \pm\sqrt{\dfrac{1 - \cos\theta}{2}}$.

(ii) $\cos^2\beta = \dfrac{1 + \cos 2\beta}{2} \implies \cos(\beta) = \pm\sqrt{\dfrac{1 + \cos 2\beta}{2}}$.

então, tomando $\beta = \dfrac{\theta}{2}$, obtemos: $\cos\left(\dfrac{\theta}{2}\right) = \pm\sqrt{\dfrac{1 + \cos\theta}{2}}$.

(iii)

$$\tan\left(\frac{\theta}{2}\right) = \frac{\operatorname{sen}\left(\dfrac{\theta}{2}\right)}{\cos\left(\dfrac{\theta}{2}\right)} = \frac{\pm\sqrt{\dfrac{1 - \cos\theta}{2}}}{\pm\sqrt{\dfrac{1 + \cos\theta}{2}}} =$$

$$= \pm\sqrt{\frac{1 - \cos\theta}{2}\frac{2}{1 + \cos\theta}} = \pm\sqrt{\frac{1 - \cos\theta}{1 + \cos\theta}} .$$

$\square$

Proposição 1.63

Valem as fórmulas de transformação do produto em soma

(i) $\operatorname{sen}\theta_1\cos\theta_2 = \dfrac{\operatorname{sen}(\theta_1 + \theta_2) + \operatorname{sen}(\theta_1 - \theta_2)}{2}$

(ii) $\cos\theta_1\operatorname{sen}\theta_2 = \dfrac{\operatorname{sen}(\theta_1 + \theta_2) - \operatorname{sen}(\theta_1 - \theta_2)}{2}$

(iii) $\operatorname{sen}\theta_1\operatorname{sen}\theta_2 = \dfrac{\cos(\theta_1 - \theta_2) - \cos(\theta_1 + \theta_2)}{2}$

(iv) $\cos\theta_1\cos\theta_2 = \dfrac{\cos(\theta_1 - \theta_2) + \cos(\theta_1 + \theta_2)}{2}$

Demonstração.

(i) Pelas fórmulas do seno da soma e do seno da diferença, tem-se:

$$\operatorname{sen}(\theta_1 + \theta_2) = \operatorname{sen}\theta_1\cos\theta_2 + \operatorname{sen}\theta_2\cos\theta_1, \tag{1.12}$$

e

$$\operatorname{sen}(\theta_1 - \theta_2) = \operatorname{sen}\theta_1\cos\theta_2 - \operatorname{sen}\theta_2\cos\theta_1. \tag{1.13}$$

Somando (1.12) e (1.13), obtemos

$$\text{sen}\,(\theta_1 + \theta_2) + \text{sen}\,(\theta_1 - \theta_2) = 2\text{sen}\,\theta_1 \cos \theta_2.$$

e, portanto,

$$\text{sen}\,\theta_1 \cos \theta_2 = \frac{\text{sen}\,(\theta_1 + \theta_2) + \text{sen}\,(\theta_1 - \theta_2)}{2}.$$

(ii) Subtraindo (1.13) de (1.12), obtemos

$$\text{sen}\,(\theta_1 + \theta_2) - \text{sen}\,(\theta_1 - \theta_2) = 2\text{sen}\,\theta_2 \cos \theta_1,$$

e, portanto,

$$\text{sen}\,\theta_2 \cos \theta_1 = \frac{\text{sen}\,(\theta_1 + \theta_2) - \text{sen}\,(\theta_1 - \theta_2)}{2}.$$

(iii) Pelas fórmulas do cosseno da soma e do cosseno da diferença, temos:

$$\cos(\theta_1 + \theta_2) = \cos \theta_1 \cos \theta_2 - \text{sen}\,\theta_1 \text{sen}\,\theta_2, \qquad (1.14)$$

e

$$\cos(\theta_1 - \theta_2) = \cos \theta_1 \cos \theta_2 + \text{sen}\,\theta_1 \text{sen}\,\theta_2. \qquad (1.15)$$

Subtraindo (1.15) de (1.14), obtemos

$$\cos(\theta_1 + \theta_2) - \cos(\theta_1 - \theta_2) = -2\text{sen}\,\theta_1 \text{sen}\,\theta_2,$$

e, portanto,

$$\text{sen}\,\theta_1 \text{sen}\,\theta_2 = \frac{\cos(\theta_1 - \theta_2) - \cos(\theta_1 + \theta_2)}{2}.$$

(iv) Somando (1.14) e (1.15), obtemos

$$\cos(\theta_1 + \theta_2) + \cos(\theta_1 - \theta_2) = 2\cos \theta_1 \cos \theta_2,$$

e, portanto,

$$\cos \theta_1 \cos \theta_2 = \frac{\cos(\theta_1 - \theta_2) + \cos(\theta_1 + \theta_2)}{2}.$$

$\square$

Proposição 1.64

Valem as fórmulas de transformação da soma em produto

(i) $\operatorname{sen}\theta_1 + \operatorname{sen}\theta_2 = 2\operatorname{sen}\left(\dfrac{\theta_1 + \theta_2}{2}\right)\cos\left(\dfrac{\theta_1 - \theta_2}{2}\right)$

(ii) $\operatorname{sen}\theta_1 - \operatorname{sen}\theta_2 = 2\cos\left(\dfrac{\theta_1 + \theta_2}{2}\right)\operatorname{sen}\left(\dfrac{\theta_1 - \theta_2}{2}\right)$

(iii) $\cos\theta_1 - \cos\theta_2 = -2\operatorname{sen}\left(\dfrac{\theta_1 + \theta_2}{2}\right)\operatorname{sen}\left(\dfrac{\theta_1 - \theta_2}{2}\right)$

(iv) $\cos\theta_1 + \cos\theta_2 = 2\cos\left(\dfrac{\theta_1 + \theta_2}{2}\right)\cos\left(\dfrac{\theta_1 - \theta_2}{2}\right)$

Demonstração. Segue da Proposição 1.63 (fórmulas de transformação do produto) que, para quaisquer p e q reais, tem-se:

$$\operatorname{sen} p \cos q = \frac{\operatorname{sen}(p+q) + \operatorname{sen}(p-q)}{2} \qquad (1.16)$$

$$\cos p \operatorname{sen} q = \frac{\operatorname{sen}(p+q) - \operatorname{sen}(p-q)}{2} \qquad (1.17)$$

$$\operatorname{sen} p \operatorname{sen} q = \frac{\cos(p-q) - \cos(p+q)}{2} \qquad (1.18)$$

$$\cos p \cos q = \frac{\cos(p-q) + \cos(p+q)}{2} \qquad (1.19)$$

Em particular, as expressões acima são válidas para

$$p = \frac{\theta_1 + \theta_2}{2} \qquad e \qquad q = \frac{\theta_1 - \theta_2}{2}.$$

Note que, para estas escolhas convenientes de p e q, teremos

$$p + q = \theta_1 \qquad e \qquad p - q = \theta_2.$$

(i) Utilizando a expressão (1.16), obtém-se

$$\operatorname{sen}(p+q) + \operatorname{sen}(p-q) = 2\operatorname{sen} p \cos q.$$

e, substituindo p e q na igualdade acima, tem-se:

$$\operatorname{sen}\theta_1 + \operatorname{sen}\theta_2 = 2\operatorname{sen}\left(\frac{\theta_1+\theta_2}{2}\right)\cos\left(\frac{\theta_1-\theta_2}{2}\right).$$

(ii) Utilizando a expressão (1.17), obtém-se

$$\operatorname{sen}(p+q) - \operatorname{sen}(p-q) = 2\cos p\operatorname{sen} q.$$

e, substituindo p e q na igualdade acima, tem-se:

$$\operatorname{sen}\theta_1 - \operatorname{sen}\theta_2 = 2\cos\left(\frac{\theta_1+\theta_2}{2}\right)\operatorname{sen}\left(\frac{\theta_1-\theta_2}{2}\right).$$

(iii) Utilizando a expressão (1.18), obtém-se

$$\cos(p-q) - \cos(p+q) = 2\operatorname{sen} p\operatorname{sen} q.$$

e, substituindo p e q na igualdade acima, tem-se:

$$\cos\theta_1 - \cos\theta_2 = -2\operatorname{sen}\left(\frac{\theta_1+\theta_2}{2}\right)\operatorname{sen}\left(\frac{\theta_1-\theta_2}{2}\right).$$

(iv) Utilizando a expressão (1.19), obtém-se

$$\cos(p-q) + \cos(p+q) = 2\cos p\cos q.$$

e, substituindo p e q na igualdade acima, tem-se:

$$\cos\theta_1 + \cos\theta_2 = 2\cos\left(\frac{\theta_1+\theta_2}{2}\right)\cos\left(\frac{\theta_1-\theta_2}{2}\right).$$

$\square$

Exemplo 1.65 Demonstre as fórmulas de transformação de produto em soma para a tangente, dadas por:

(a) $\tan\theta_1 + \tan\theta_2 = \dfrac{\operatorname{sen}(\theta_1+\theta_2)}{\cos\theta_1\cos\theta_2}$
   (b) $\tan\theta_1 - \tan\theta_2 = \dfrac{\operatorname{sen}(\theta_1-\theta_2)}{\cos\theta_1\cos\theta_2}.$

Solução.

(a) Utilizando a fórmula para o seno da soma, tem-se

$$\tan\theta_1 + \tan\theta_2 = \frac{\operatorname{sen}\theta_1}{\cos\theta_1} + \frac{\operatorname{sen}\theta_2}{\cos\theta_2} = \frac{\operatorname{sen}\theta_1\cos\theta_2 + \operatorname{sen}\theta_2\cos\theta_1}{\cos\theta_1\cos\theta_2} = \frac{\operatorname{sen}(\theta_1+\theta_2)}{\cos\theta_1\cos\theta_2}.$$

(b) Utilizando a fórmula para o seno da diferença, tem-se

$$\tan\theta_1 - \tan\theta_2 = \frac{\operatorname{sen}\theta_1}{\cos\theta_1} - \frac{\operatorname{sen}\theta_2}{\cos\theta_2} = \frac{\operatorname{sen}\theta_1\cos\theta_2 - \operatorname{sen}\theta_2\cos\theta_1}{\cos\theta_1\cos\theta_2} = \frac{\operatorname{sen}(\theta_1-\theta_2)}{\cos\theta_1\cos\theta_2}.$$

Exercícios

1. Utilizando as fórmulas do seno e cosseno da soma/diferença, prove que:

   (a) $\operatorname{sen}\left(\theta - \frac{\pi}{2}\right) = -\cos\theta$

   (b) $\operatorname{sen}\left(\theta + \frac{\pi}{2}\right) = \cos\theta$

   (c) $\cos\left(\theta - \frac{\pi}{2}\right) = \operatorname{sen}\theta$

   (d) $\cos\left(\theta + \frac{\pi}{2}\right) = -\operatorname{sen}\theta$

   (e) $\operatorname{sen}\left(\theta - \pi\right) = -\operatorname{sen}\theta$

   (f) $\cos(\theta - \pi) = -\cos\theta$

   (g) $\operatorname{sen}\left(\theta + \pi\right) = -\operatorname{sen}\theta$

   (h) $\cos(\theta + \pi) = -\cos\theta$

   (i) $\operatorname{sen}\left(\theta + 2\pi\right) = \operatorname{sen}\theta$

   (j) $\cos(\theta + 2\pi) = \cos\theta$

2. Prove que valem as fórmulas de simetria da tangente e da cotangente de ângulos complementares.

   (a) $\tan\left(\frac{\pi}{2} - \theta\right) = \cot\theta$

   (b) $\cot\left(\frac{\pi}{2} - \theta\right) = \tan\theta$

3. Prove que

   (a) $\operatorname{sen}3\theta = 3\operatorname{sen}\theta - 4\operatorname{sen}^3\theta$

   (b) $\cos 3\theta = 4\cos^3\theta - 3\cos\theta$

4. Verifique, nas Proposições 1.57 a 1.59, em cada fórmula, os valores de θ_1 e θ_2 em que as respectivas fórmulas não fazem sentido, ou seja, suas singularidades.

5. Mostre que

   (a) $\dfrac{\sec\alpha - \csc\alpha}{\sec\alpha + \csc\alpha} = \dfrac{\tan\alpha - 1}{\tan\alpha + 1}.$

   (b) $\dfrac{\operatorname{sen}x}{1 + \cos x} + \dfrac{1 + \cos x}{\operatorname{sen}x} = 2\csc x.$

   (c) $\dfrac{\cos a \cdot \cot a - \operatorname{sen}a \cdot \tan a}{\csc a - \sec a} = 1 + \operatorname{sen}a \cdot \cos a.$

   (d) $\dfrac{\tan\theta + \sec\theta - 1}{\tan\theta - \sec\theta + 1} = \tan\theta + \sec\theta.$

(e) $\dfrac{1 - 2 \cdot \cos^2 w}{\operatorname{sen} w \cdot \cos w} = \tan w - \cot w.$

6. Sabendo que $x + y = 120°$ e que $\tan x = \dfrac{3}{2}$, onde x é um arco do primeiro quadrante, calcule $\csc y$.

7. Se $\tan(x + y) = 33$ e $\tan x = 3$, obtenha $\tan y$.

8. Sendo $\tan y = 2$ e $x + y = 135°$, calcule o valor de $\tan x$.

9. Demonstre que $(\operatorname{sen} x + \cos x)^2 = 1 + \operatorname{sen} 2x$.

10. Sabendo que $\sec x = -\dfrac{13}{5}$ e que $\pi < x < \dfrac{3\pi}{2}$, calcule o valor de $\operatorname{sen} 2x$.

11. Calcule o valor de $\cos 15°$ de duas formas:

    (a) escrevendo $\cos 15° = \cos(45° - 30°)$;

    (b) escrevendo $\cos 15° = \cos\left(\frac{30°}{2}\right)$.

    Aparentemente, os resultados obtidos em (a) e em (b) parecem ser diferentes. No entanto, representam o mesmo valor, ou seja, são iguais. Como você mostraria isso?

12. Mostre que

    (a) $\operatorname{sen} 40° + \operatorname{sen} 20° = \cos 10°$.   (c) $\cos 130° + \cos 110° + \cos 10° = 0$.

    (b) $\operatorname{sen} 105° + \operatorname{sen} 15° = \frac{\sqrt{6}}{2}$.   (d) $\cos 220° + \cos 100° + \cos 20° = 0$.

13. Prove que $\dfrac{\operatorname{sen}(x + y)}{\cos(x - y)} = \dfrac{\tan x + \tan y}{1 + \tan x \cdot \tan y}.$

14. Sejam α, β e γ, com $\alpha, \beta, \gamma > 0$ e tais que $\alpha + \beta + \gamma = \frac{\pi}{2}$. Mostre que

$$\tan \alpha \cdot \tan \beta + \tan \beta \cdot \tan \gamma + \tan \gamma \cdot \tan \alpha = 1.$$

15. Se $0 < \alpha < \pi$, mostre que $\sqrt{\frac{1}{1+\cos \alpha} + \frac{1}{1-\cos \alpha}} \cdot \operatorname{sen} \alpha = \sqrt{2}.$

16. Para medir a altura de uma torre, um observador, distante da base da torre, vê o seu topo sob um ângulo de 75°. Afastando-se mais $12m$ da torre, passa a ver o topo sob um ângulo de 15°. Determine a altura da torre.

17. Sabendo que $x + y = 240°$, onde $\csc x = \dfrac{5}{3}$, com $x \in 2^{\underline{o}}$ quadrante, determine o valor de $\cot y$.

18. Para que valores de $t \in \mathbb{R}$ o sistema

$$\begin{cases} x + y = \pi \\ \operatorname{sen} x + \operatorname{sen} y = \log_{10} t^2 \end{cases}$$

admite solução?

19. O estudo de simetria desempenha um papel vital em análise da estrutura, ligação e espectroscopia da molécula. Uma operação de simetria é definida como uma operação realizada em uma molécula que a deixa aparentemente inalterada. Por exemplo, se uma molécula de água é girada em 180° em torno de uma linha perpendicular ao plano molecular e passando pelo átomo central de oxigênio, a estrutura resultante é indistinguível da original. Considere um caso geral de uma rotação de uma molécula de θ graus em torno do eixo z. Se um dado átomo tem coordenadas iniciais (x_1, y_1, z_1), após girar θ graus em torno do eixo z, mostra-se que ele terá coordenadas (x_2, y_2, z_2), onde

$$x_2 = x_1 \cos \theta - y_1 \operatorname{sen} \theta$$

$$y_2 = x_1 \operatorname{sen} \theta + y_1 \cos \theta$$

$$z_2 = z_1,$$

ou, matricialmente,

$$\begin{bmatrix} x_2 \\ y_2 \\ z_2 \end{bmatrix} = \begin{bmatrix} \cos \theta & -\operatorname{sen} \theta & 0 \\ \operatorname{sen} \theta & \cos \theta & 0 \\ 0 & 0 & 1 \end{bmatrix} \begin{bmatrix} x_1 \\ y_1 \\ z_1 \end{bmatrix}$$

(a) Com a matriz de rotação acima, se uma molécula da água girar 180°, identificando um dos seus átomos pelo ponto $A(x_1, x_2, x_3)$, após a rotação o mesmo átomo ocupará qual ponto no espaço?

(b) Se a molécula da água girar α graus e depois girar β graus, seria equivalente a girar $\alpha + \beta$ graus? Justifique como interpretar isso matricialmente.

Respostas

6. $\csc y = \frac{2\sqrt{13}}{3+2\sqrt{3}}$

7. $\tan y = \frac{3}{10}$

8. $\tan x = 3$

10. $\operatorname{sen} 2x = \frac{120}{169}$

11. (a) $\cos 15° = \frac{\sqrt{6}+\sqrt{2}}{4}$ (b) $\cos 15° = \frac{\sqrt{2-\sqrt{3}}}{2}$

Eleve ambos ao quadrado e observe que resultará em um mesmo valor. Como ambos são positivos, suas raízes quadradas são iguais. Isso mostra que ambos os itens (a) e (b) fornecem a mesma resposta, apenas escrita de forma diferente.

16. $4\sqrt{3}\,m$

17. $\cot y = -\frac{48+25\sqrt{3}}{11}$

18. $t \in [\frac{1}{10}, 10]$

19. (a) Em função do ponto A, teremos $B(-x_1, -y_1, z_1)$.

(b) Sim, e observe que corresponde a fazer o produto matricial $A \cdot B$.

1.9   Trigonometria em triângulos quaisquer

Nesta seção apresentaremos resultados importantes referentes a triângulos que não são retângulos, denominados genericamente de *triângulos quaisquer*.

Lei dos Senos

A **Lei dos Senos** estabelece que, em um triângulo qualquer, a razão entre a medida de um lado e o seno do ângulo oposto é constante. Ou seja, temos o teorema abaixo.

Teorema 1.66

Seja ABC um triângulo de lados a, b e c e ângulos internos θ_A, θ_B e θ_C, relativos, respectivamente, aos vértices A, B e C. Então:

$$\frac{a}{\operatorname{sen}\theta_A} = \frac{b}{\operatorname{sen}\theta_B} = \frac{c}{\operatorname{sen}\theta_C}.$$

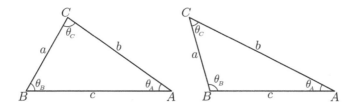

Demonstração.   Será demonstrado o caso em que o triângulo ABC é acutângulo, mas uma demonstração análoga pode ser feita para triângulos obtusângulos.

Considere o triângulo acutângulo ABC representado na figura abaixo.

Sejam h_C a altura relativa ao vértice C e H_C o pé da altura relativa a este vértice.

Do triângulo retângulo $H_C BC$, tem-se

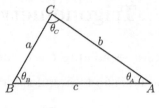

$$\text{sen}\,\theta_B = \frac{h}{a} \Longrightarrow h = a\,\text{sen}\,\theta_B. \qquad (1.20)$$

Do triângulo retângulo $AH_C C$, tem-se

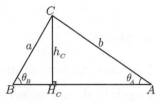

$$\text{sen}\,\theta_A = \frac{h}{b} \Longrightarrow h = b\,\text{sen}\,\theta_A. \qquad (1.21)$$

De (1.20) e (1.21), tem-se

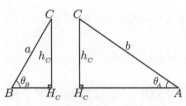

$$a\,\text{sen}\,\theta_B = b\,\text{sen}\,\theta_A \Longrightarrow \frac{a}{\text{sen}\,\theta_A} = \frac{b}{\text{sen}\,\theta_B}.$$

De maneira análoga se prova que

$$\frac{b}{\text{sen}\,\theta_B} = \frac{c}{\text{sen}\,\theta_C}.$$

Portanto,

$$\frac{a}{\text{sen}\,\theta_A} = \frac{b}{\text{sen}\,\theta_B} = \frac{c}{\text{sen}\,\theta_C}.$$

$\square$

Exemplo 1.67 Determine o valor de x no triângulo ABC abaixo.

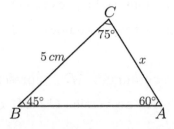

Solução. Utilizando a Lei dos Senos, tem-se:

$$\frac{x}{\text{sen}\,45°} = \frac{5}{\text{sen}\,60°} \Longrightarrow \frac{x}{\frac{\sqrt{2}}{2}} = \frac{5}{\frac{\sqrt{3}}{2}} \Longrightarrow \frac{x\sqrt{3}}{2} = \frac{5\sqrt{2}}{2} \Longrightarrow x = \frac{5\sqrt{2}}{\sqrt{3}} = \frac{5\sqrt{6}}{3}.$$

Exemplo 1.68 Determine o valor de x no triângulo ABC abaixo.

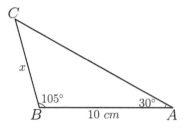

Solução. Denotando por θ o ângulo interno relativo ao vértice C, tem-se

$$\theta + 105° + 30° = 180° \implies \theta = 45°.$$

Portanto, utilizando a Lei dos Senos, tem-se:

$$\frac{x}{\operatorname{sen} 30°} = \frac{10}{\operatorname{sen} 45°} \Rightarrow \frac{x}{\frac{1}{2}} = \frac{10}{\frac{\sqrt{2}}{2}} \implies \frac{x\sqrt{2}}{2} = \frac{10}{2} \implies x = \frac{10}{\sqrt{2}} = \frac{10\sqrt{2}}{2} = 5\sqrt{2}.$$

Lei dos Cossenos

No teorema a seguir enunciaremos a **Lei dos Cossenos**.

Teorema 1.69

Seja ABC um triângulo de lados a, b e c e ângulos internos θ_A, θ_B e θ_C (conforme mostram as figuras abaixo), relativos, respectivamente, aos vértices A, B e C. Então:

$$a^2 = b^2 + c^2 - 2 \cdot b \cdot c \cdot \cos \theta_A$$

$$b^2 = a^2 + c^2 - 2 \cdot a \cdot c \cdot \cos \theta_B$$

$$c^2 = a^2 + b^2 - 2 \cdot a \cdot b \cdot \cos \theta_C$$

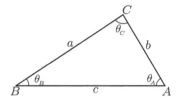
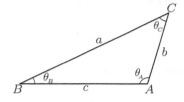

Demonstração. Será demonstrado o caso em que o triângulo ABC é acutângulo, mas uma demonstração análoga pode ser feita para triângulos obtusângulos.

Considere o triângulo acutângulo ABC representado na figura abaixo.

Sejam h_C a altura relativa ao vértice C, H_C o pé da altura relativa a este vértice e x conforme a figura ao lado.

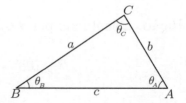

Do triângulo retângulo $H_C BC$, tem-se

$$a^2 = h_C^2 + (c-x)^2 \Longrightarrow h_C^2 = a^2 - (c-x)^2$$

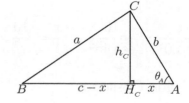

$$\Longrightarrow h_C^2 = a^2 - c^2 + 2 \cdot x \cdot c - x^2. \quad (1.22)$$

Do triângulo retângulo $AH_C C$, tem-se

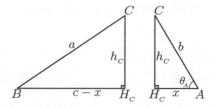

$$b^2 = h_C^2 + x^2 \Longrightarrow h_C^2 = b^2 - x^2. \quad (1.23)$$

De (1.22) e (1.23) segue que

$$a^2 - c^2 + 2 \cdot x \cdot c - x^2 = b^2 - x^2 \Longrightarrow a^2 = b^2 + c^2 - 2 \cdot x \cdot c. \quad (1.24)$$

Por outro lado, do triângulo $AH_C C$ tem-se

$$\cos \theta_A = \frac{b}{x} \Longrightarrow x = b \cdot \cos \theta_A. \quad (1.25)$$

De (1.24) e (1.25) segue que

$$a^2 = b^2 + c^2 - 2 \cdot b \cdot c \cdot \cos \theta_A.$$

De maneira análoga se prova que

$$b^2 = a^2 + c^2 - 2 \cdot a \cdot c \cdot \cos \theta_B \quad \text{e} \quad c^2 = a^2 + b^2 - 2 \cdot a \cdot b \cdot \cos \theta_C. \qquad \square$$

Exemplo 1.70 Determine o valor de x no triângulo ABC abaixo.

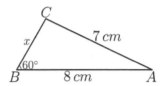

Solução: Utilizando a Lei dos Cossenos, tem-se:

$$7^2 = 8^2 + x^2 - 2 \cdot 8 \cdot x \cdot \cos 60° \implies 49 = 64 + x^2 - 16 \cdot x \cdot \frac{1}{2}$$

$$\implies 49 = 64 + x^2 - 8 \cdot x \implies x^2 - 8 \cdot x + 15 = 0 \implies x = 3 \text{ ou } x = 5.$$

Exemplo 1.71 Determine um valor aproximado para o ângulo θ no triângulo ABC abaixo.

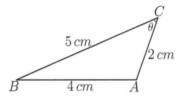

Resolução: Utilizando a Lei dos Cossenos, tem-se:

$$4^2 = 5^2 + 2^2 - 2 \cdot 5 \cdot 2 \cdot \cos \theta \implies 16 = 25 + 4 - 20 \cdot \cos \theta$$

$$\implies 20 \cos \theta = 13 \implies \cos \theta = \frac{13}{20} \implies \cos \theta = 0,65.$$

Utilizando a Tabela e o fato de que $\cos \theta = 0,65$, tem-se que θ é um ângulo entre $49°$ e $50°$.

Teorema da área

Teorema 1.72

A área A de um triângulo qualquer ABC, de lados a, b e c, e ângulos internos θ_A, θ_B e θ_C, relativos aos vértices A, B e C, respectivamente, é dada por

$$A = \frac{1}{2} \cdot b \cdot c \cdot \operatorname{sen} \theta_A.$$

Demonstração. Faremos a prova considerando um triângulo obtusângulo. Seja ABC um triângulo qualquer, conforme esquema ao lado. Neste triângulo, h é a altura relativa ao vértice B.

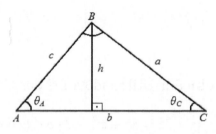

Então a área será

$$A = \frac{\overline{AC}.h}{2} = \frac{b.h}{2}.$$

Como $\operatorname{sen}\theta_A = \dfrac{h}{c}$, de onde $h = c.\operatorname{sen}\theta_A$, obtemos

$$A = \frac{b.h}{2} = \frac{b.c.\operatorname{sen}\theta_A}{2} = \frac{1}{2}.b.c.\operatorname{sen}\theta_A$$

$\square$

Observações.

1) Do mesmo modo se mostra que a área A pode ser determinada pelas fórmulas

$$A = \frac{1}{2}.a.c.\operatorname{sen}\theta_B \quad \text{ou} \quad A = \frac{1}{2}.a.b.\operatorname{sen}\theta_C.$$

2) De forma similar se prova o teorema da área para triângulos acutângulos. Deixamos esta demonstração para o leitor.

Lei das Tangentes

A **Lei das Tangentes** estabelece a relação entre as tangentes de dois ângulos de um triângulo e os comprimentos de seus lados opostos. O teorema que segue estabelece a Lei das Tangentes.

Teorema 1.73

Seja um triângulo ABC, de lados a, b e c, e ângulos internos $\widehat{A}$, $\widehat{B}$ e $\widehat{C}$, relativos aos vértices A, B e C, respectivamente. Então valem as seguintes relações:

$$\frac{a-b}{a+b} = \frac{\tan[\frac{1}{2}(\widehat{A}-\widehat{B})]}{\tan[\frac{1}{2}(\widehat{A}+\widehat{B})]}, \qquad \frac{a-c}{a+c} = \frac{\tan[\frac{1}{2}(\widehat{A}-\widehat{C})]}{\tan[\frac{1}{2}(\widehat{A}+\widehat{C})]},$$

$$\frac{b-c}{b+c} = \frac{\tan[\frac{1}{2}(\widehat{B}-\widehat{C})]}{\tan[\frac{1}{2}(\widehat{B}+\widehat{C})]}.$$

Demonstração. Faremos apenas a prova da primeira igualdade, visto que a prova das demais é idêntica. Seja ABC um triângulo qualquer, conforme indicado na figura ao lado. Considere o quociente

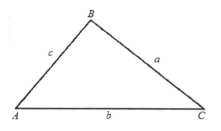

$$\frac{a-b}{a+b}.$$

Dividindo-se o numerador e o denominador por $\operatorname{sen}\widehat{A} \neq 0$, obtemos

$$\frac{a-b}{a+b} = \frac{\dfrac{a-b}{\operatorname{sen}\widehat{A}}}{\dfrac{a+b}{\operatorname{sen}\widehat{A}}} = \frac{\dfrac{a}{\operatorname{sen}\widehat{A}} - \dfrac{b}{\operatorname{sen}\widehat{A}}}{\dfrac{a}{\operatorname{sen}\widehat{A}} + \dfrac{b}{\operatorname{sen}\widehat{A}}}. \tag{1.26}$$

Pela Lei dos Senos, temos que

$$\frac{a}{\operatorname{sen}\widehat{A}} = \frac{b}{\operatorname{sen}\widehat{B}},$$

e então, substituindo esta igualdade em (1.26), vem

$$\frac{a-b}{a+b} = \frac{\dfrac{b}{\operatorname{sen}\widehat{B}} - \dfrac{b}{\operatorname{sen}\widehat{A}}}{\dfrac{b}{\operatorname{sen}\widehat{B}} + \dfrac{b}{\operatorname{sen}\widehat{A}}} = \frac{b\left(\dfrac{1}{\operatorname{sen}\widehat{B}} - \dfrac{1}{\operatorname{sen}\widehat{A}}\right)}{b\left(\dfrac{1}{\operatorname{sen}\widehat{B}} + \dfrac{1}{\operatorname{sen}\widehat{A}}\right)} = \frac{\dfrac{\operatorname{sen}\widehat{A} - \operatorname{sen}\widehat{B}}{\operatorname{sen}\widehat{A} \cdot \operatorname{sen}\widehat{B}}}{\dfrac{\operatorname{sen}\widehat{A} + \operatorname{sen}\widehat{B}}{\operatorname{sen}\widehat{A} \cdot \operatorname{sen}\widehat{B}}} =$$

$$= \frac{\operatorname{sen}\widehat{A} - \operatorname{sen}\widehat{B}}{\operatorname{sen}\widehat{A} + \operatorname{sen}\widehat{B}},$$

o que, transformando em produto, leva a

$$\frac{a-b}{a+b} = \frac{\operatorname{sen}\widehat{A} - \operatorname{sen}\widehat{B}}{\operatorname{sen}\widehat{A} + \operatorname{sen}\widehat{B}} = \frac{2\operatorname{sen}\frac{\widehat{A}-\widehat{B}}{2}\cdot\cos\frac{\widehat{A}+\widehat{B}}{2}}{2\operatorname{sen}\frac{\widehat{A}+\widehat{B}}{2}\cdot\cos\frac{\widehat{A}-\widehat{B}}{2}},$$

ou seja,

$$\frac{a-b}{a+b} = \frac{\tan[\frac{1}{2}(\widehat{A} - \widehat{B})]}{\tan[\frac{1}{2}(\widehat{A} + \widehat{B})]}$$

□

Exemplo 1.74 Dado o triângulo ABC, com $a = 10$, $b = 5\sqrt{3}$ e $\widehat{C} = 30°$, use a Lei das Tangentes para obter os ângulos $\widehat{A}$ e $\widehat{B}$.

Solução. Primeiramente, como $\widehat{A} + \widehat{B} + \widehat{C} = 180°$ e sendo $\widehat{C} = 30°$, temos que

$$\widehat{A} + \widehat{B} = 180° - 30° = 150°. \tag{1.27}$$

Pela Lei das Tangentes, vem:

$$\frac{a-b}{a+b} = \frac{\tan\dfrac{\widehat{A} - \widehat{B}}{2}}{\tan\dfrac{\widehat{A} + \widehat{B}}{2}} = \frac{\tan\dfrac{\widehat{A} - \widehat{B}}{2}}{\tan\dfrac{150°}{2}} = \frac{\tan\dfrac{\widehat{A} - \widehat{B}}{2}}{\tan 75°},$$

e como

$$\tan 75° = \tan(30° + 45°) = \frac{\tan 30° + \tan 45°}{1 - \tan 30°\cdot\tan 45°} = \frac{3 + \sqrt{3}}{3 - \sqrt{3}},$$

pelos valores de a e b dados, vamos obter

$$\frac{10 - 5\sqrt{3}}{10 + 5\sqrt{3}} = \frac{3 - \sqrt{3}}{3 + \sqrt{3}}\cdot\tan\frac{\widehat{A} - \widehat{B}}{2}$$

Efetuando as devidas manipulações algébricas, vamos encontrar

$$\tan\frac{\widehat{A} - \widehat{B}}{2} = 2 - \sqrt{3}.$$

Como $\tan 15° = 2 - \sqrt{3}$ (verifique!), segue que $\dfrac{\widehat{A} - \widehat{B}}{2} = 15°$, ou seja,

$$\widehat{A} - \widehat{B} = 30°. \tag{1.28}$$

De (1.27) e (1.28), temos o sistema

$$\begin{cases} \widehat{A} + \widehat{B} = 150° \\ \widehat{A} - \widehat{B} = 30°, \end{cases}$$

donde segue que $\widehat{A} = 90°$ e $\widehat{B} = 60°$, ou seja, o triângulo é retângulo.

Exercícios

1. Determine o valor de x no triângulo ao lado.

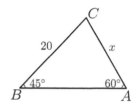

2. Observe que a Lei dos Cossenos é um Teorema de Pitágoras generalizado, ou seja, se um dos ângulos for reto, a Lei dos Cossenos resulta no Teorema de Pitágoras. Aplique a Lei dos Cossenos num triângulo retângulo e verifique esta relação.

3. Em um triângulo de lados $a = 3m$ e $b = 4m$, diminuindo-se em $60°$ o ângulo que esses lados formam, obtém-se uma diminuição de $3m^2$ de sua área. Qual é a área do triângulo inicial?

4. Em um triângulo ABC, prove que

$$a + b + c = (b + c)\cos A + (c + a)\cos B + (a + b)\cos C.$$

5. Em um triângulo ABC, prove que

$$\frac{a - b}{c} = \frac{\operatorname{sen}\dfrac{A - B}{2}}{\cos\dfrac{C}{2}} \quad \text{e} \quad \frac{a + b}{c} = \frac{\cos\dfrac{A - B}{2}}{\operatorname{sen}\dfrac{C}{2}}.$$

Essas fórmulas são chamadas de *equações de Mollweide*.

6. Em um triângulo ABC, prove que

$$\frac{\cos A}{a} + \frac{\cos B}{b} + \frac{\cos C}{c} = \frac{a^2 + b^2 + c^2}{2abc}.$$

7. Os pontos A e B marcados num círculo de raio $12cm$ determinam um setor circular de comprimento $5\pi cm$.

   (a) Determine a medida do ângulo central α subtendido, em radia-nos. Em seguida, obtenha a área do setor circular AOB, onde O corresponde ao centro do círculo.

   (b) Calcule a área do triângulo AOB.

8. Use a Lei das Tangentes para mostrar que em um triângulo qualquer ABC com $\widehat{B} = 3\widehat{A}$, tem-se a seguinte relação entre os respectivos lados a e b:

$$a = \frac{b\,\sec^2 \widehat{A}}{3 - \tan^2 \widehat{A}}$$

9. Dado um triângulo ABC com lados $a = 1 + \sqrt{3}$ e $c = \sqrt{3} - 1$, e ângulo interno $\widehat{B} = 60°$, determine as medidas dos ângulos internos $\widehat{A}$ e $\widehat{C}$.

10. Dado um triângulo ABC com lados $b = 1$ e $c = \sqrt{3}$ e ângulo interno $\widehat{A} = 30°$, determine as medidas dos ângulos internos $\widehat{B}$ e $\widehat{C}$, classificando o triângulo quanto aos lados e quanto aos ângulos.

Respostas

1. $\frac{20\sqrt{2}}{\sqrt{3}}$ 3. $A = 6m^2$

7. (a) $\alpha = \frac{5\pi}{12}$ rad; $A = 30\pi cm^2$ (b) $18\sqrt{2}(1 + \sqrt{3})cm^2$

9. $\widehat{A} = 105°$ e $\widehat{C} = 15°$

10. $\widehat{B} = 30°$ e $\widehat{C} = 120°$, ou seja, o triângulo é obtusângulo e isósceles.

1.10   Aplicações de triângulos quaisquer

1. Dois lados de um terreno triangular são $250m$ e $200m$, e o ângulo interno entre tais lados mede $60°$. Determine o perímetro desse terreno. Determine também a sua área.

2. Uma boia, localizada em um ponto B, está a 6 milhas de distância de um ponto A em uma extremidade de uma ilha e distante 10 milhas de um ponto C na outra extremidade da ilha. Se o ângulo BAC mede $135°$, determine a distância do ponto A ao ponto C.

3. Uma determinada cidade possui abastecimento de água proveniente de um reservatório chamado de Lago A, que se localiza a 4 quilômetros de distância da estação de tratamento de água.

   O lago A, por sua vez, é ligado ao lago B através de um canal retilíneo de 5 quilômetros de comprimento, que forma uma ângulo de $45°$ com o canal que leva a água à estação, conforme a figura abaixo.

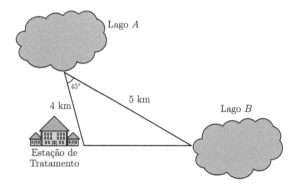

   Por questões estratégicas, a prefeitura pretende fazer um canal ligando diretamente o Lago B com a estação de tratamento. Qual deve ser o comprimento deste canal?

4. Um topógrafo deseja saber a distância através de um córrego de um ponto A ao ponto B. Ele conclui que a distância de A a um ponto C

no mesmo lado da corrente é 600 pés e os ângulos BAC e BCA são, respectivamente, 45° e 75°. Encontrar a distância AB.

5. Duas vias férreas se cortam em um ângulo de 30°. Do ponto de intersecção partem simultaneamente duas máquinas, uma por cada via. Uma delas viaja a uma velocidade de 20 milhas por hora. A que velocidade deve viajar a outra para que depois de 3 horas a distância entre as máquinas seja de 30 milhas?

6. Querendo determinar a área de um lote triangular, seu proprietário, saindo de uma esquina, percorre $215m$ até a próxima esquina de seu terreno, vira $78,4°$ e percorre mais $314m$ até a terceira esquina de seu lote. Qual é a área do lote?

7. Um artista deseja fazer uma placa com a forma de um triângulo isósceles com um ângulo no vértice de 42° e a base de $18m$. Qual será a área da placa?

Respostas

1. área $1250\sqrt{3}\,m^2$ e perímetro aprox. $679,13m$.

2. aprox. $4,8128$ milhas

3. aprox. $11,8036km$

4. $100\sqrt{2}(\sqrt{3}+\sqrt{2})\,m$

5. $10\sqrt{3}\,mi/h$

6. aprox. $33066,40m^2$

7. aprox. $211,74m^2$

Capítulo 2

Funções trigonométricas

Antes de entrar especificamente nas funções trigonométricas, faremos uma breve discussão sobre funções periódicas, cujos conceitos serão utilizados nas seções posteriores.

2.1   Funções periódicas

Definição 2.1

Uma função $f : A \longrightarrow B$ é *periódica* se existe um número $p > 0$ satisfazendo a condição

$$f(x + p) = f(x), \; \forall x \in A. \tag{2.1}$$

O menor valor positivo de p que satisfaz a condição dada em (2.1) é chamado de *período* da função f.

Note que, em (2.1), está subentendido que $(x+p) \in A$ sempre que $x \in A$.

Proposição 2.2

Seja $[x]$ a parte inteira do número real x, então a função $f(x) = x - [x]$, cujo gráfico é representado a seguir, é periódica de período 1.

109

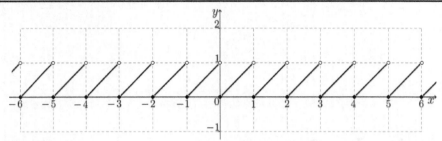

Proposição 2.3

Seja $f : \mathbb{R} \longrightarrow \mathbb{R}$ *uma função periódica de período* P_f,
então a função

$$g(x) = a + b \cdot f(m \cdot x + n) \qquad (2.2)$$

será periódica de período

$$P = \frac{P_f}{|m|}$$

onde $a, b, m, n \in \mathbb{R}$ *e* $m \neq 0$.

Demonstração. Primeiramente note que as constantes a, b e n não interferem no período da função g, tendo em vista que representam apenas deslocamentos verticais e horizontais do gráfico de f.

Portanto, a única constante que interfere no período da função g é a constante m, que representa um alongamento/compressão do gráfico de f.

Podem ocorrer três casos:

(i) Se $0 < |m| < 1$.

Neste caso haverá um alongamento do gráfico de f e, portanto, g será periódica com período maior que o período de f.

(ii) Se $|m| = 1$.

Neste caso não haverá nem compressão nem alongamento e g será periódica com período igual ao período de f.

(iii) Se $|m| > 1$.

Neste caso haverá uma compressão do gráfico de f e, portanto, g será periódica com período menor que o período de f.

Em qualquer dos casos, tem-se que a função g será periódica.

Mais precisamente, a função g percorrerá um ciclo completo do seu período quando "$mx + n$" percorrer o intervalo $[0, P_f]$.

Como

$$mx + n = 0 \implies x = -\frac{n}{m}$$

e

$$mx + n = P_f \implies x = \frac{P_f - n}{m} = \frac{P_f}{m} - \frac{n}{m}$$

tem-se que o período da função g será dado por

$$P = \left| \left(\frac{P_f}{m} - \frac{n}{m} \right) - \left(-\frac{n}{m} \right) \right| = \left| \frac{P_f}{m} - \frac{n}{m} + \frac{n}{m} \right| = \left| \frac{P_f}{m} \right| = \frac{P_f}{|m|}.$$

□

Exemplo 2.4 Considere a função periódica $f : \mathbb{R} \longrightarrow \mathbb{R}$, cujo gráfico é respresentado a seguir.

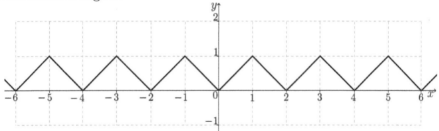

Determine:

(a) o período de f;

(b) os períodos das seguintes funções:

$f_1(x) = f(2x)$	$f_4(x) = f(\frac{x}{2})$	$f_7(x) = f(x - 2)$
$f_2(x) = f(3x)$	$f_5(x) = f(\frac{x}{3})$	$f_8(x) = f(\frac{x}{2}) + 1$
$f_3(x) = 3f(x)$	$f_6(x) = f(x) + 3$	$f_9(x) = f(2x + 3)$

Solução.

(a) $p = 2$.

(b) Denotando por p_i o período da função f_i, para $i = 1, 2, \ldots 9$, temos
$p_1 = 1$, $p_2 = \frac{2}{3}$, $p_3 = 2$, $p_4 = 4$, $p_5 = 6$, $p_6 = 2$, $p_7 = 2$, $p_8 = 4$ e $p_9 = 1$.

2.2   Função seno

Definição 2.5

A *função seno* é a função $f : \mathbb{R} \longrightarrow \mathbb{R}$, que associa a cada $x \in \mathbb{R}$ o número $f(x) = \operatorname{sen} x$.

Observações. Algumas consequências decorrentes do ciclo trigonométrico para a função $f(x) = \operatorname{sen} x$ são as seguintes:

(a) A função seno é periódica, de período 2π.

De fato, basta notar que

$$\operatorname{sen} x = \operatorname{sen}(x + 2k\pi), \forall x \in \mathbb{R}, \forall k \in \mathbb{Z}. \tag{2.3}$$

Como 2π é o menor real positivo que satisfaz a expressão (2.3), tem-se que o período da função seno é igual a 2π.

(b) Os zeros da função seno ocorrem em pontos da forma $x = k\pi, k \in \mathbb{Z}$.

(c) A análise do sinal da função seno, em todo o seu domínio, é:

$$\operatorname{sen} x > 0 \text{ se } x \in (2k\pi, (2k+1)\pi), k \in \mathbb{Z}$$

e

$$\operatorname{sen} x < 0 \text{ se } x \in ((2k+1)\pi, (2k+2)\pi), k \in \mathbb{Z}.$$

(d) $Im(f) = [-1, 1]$.

Em particular, restringindo o contradomínio de f, podemos escrever

$$f : \mathbb{R} \longrightarrow [-1, 1]$$
$$x \longmapsto \operatorname{sen} x.$$

(e) A função seno possui valor máximo $y_M = 1$ e este é atingido em pontos da forma $x_k = \dfrac{\pi}{2} + 2k\pi$, onde $k \in \mathbb{Z}$.

A função seno possui valor mínimo $y_m = -1$ e este é atingido em pontos da forma $x_k = \dfrac{3\pi}{2} + 2k\pi$, onde $k \in \mathbb{Z}$.

(f) A função seno é crescente em intervalos da forma

$$\left[-\frac{\pi}{2} + 2k\pi, \frac{\pi}{2} + 2k\pi \right], k \in \mathbb{Z},$$

e decrescente em intervalos da forma

$$\left[\frac{\pi}{2} + 2k\pi, \frac{3\pi}{2} + 2k\pi\right], k \in \mathbb{Z}.$$

(g) A função seno é ímpar.

De fato, basta notar que

$$f(-x) = \operatorname{sen}(-x) = -\operatorname{sen} x = -f(x), \ \forall x \in \mathbb{R}.$$

Consequentemente, o gráfico da função seno é simétrico em relação à origem.

Com o objetivo de destacar alguns pontos do gráfico da função $y = \operatorname{sen} x$ no intervalo $[0, 2\pi]$, considere a tabela que segue, onde constam os valores do seno para os arcos fundamentais.

x	y	Ponto	x	y	Ponto
0	0	A	$\frac{7\pi}{6}$	$-\frac{1}{2}$	J
$\frac{\pi}{6}$	$\frac{1}{2}$	B	$\frac{5\pi}{4}$	$-\frac{\sqrt{2}}{2}$	K
$\frac{\pi}{4}$	$\frac{\sqrt{2}}{2}$	C	$\frac{4\pi}{3}$	$-\frac{\sqrt{3}}{2}$	L
$\frac{\pi}{3}$	$\frac{\sqrt{3}}{2}$	D	$\frac{3\pi}{2}$	-1	M
$\frac{\pi}{2}$	1	E	$\frac{5\pi}{3}$	$-\frac{\sqrt{3}}{2}$	N
$\frac{2\pi}{3}$	$\frac{\sqrt{3}}{2}$	F	$\frac{7\pi}{4}$	$-\frac{\sqrt{2}}{2}$	O
$\frac{3\pi}{4}$	$\frac{\sqrt{2}}{2}$	G	$\frac{11\pi}{6}$	$-\frac{1}{2}$	P
$\frac{5\pi}{6}$	$\frac{1}{2}$	H	2π	0	Q
π	0	I			

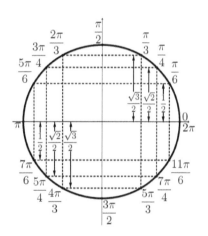

O gráfico da função seno no intervalo $[0, 2\pi]$ é dado por:

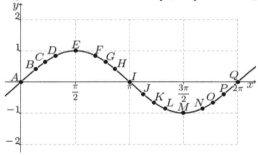

Como a função seno tem período 2π, obtém-se o gráfico da função seno, representado abaixo, chamado de *senoide*.

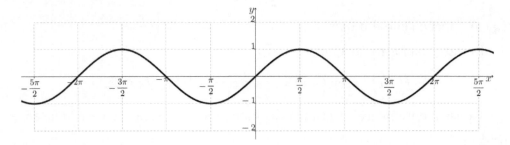

Exemplo 2.6 Em cada caso, determine o período e a imagem da função dada.

(a) $f(x) = 2 + \operatorname{sen}\left(x - \frac{\pi}{2}\right)$

(b) $f(x) = -3\operatorname{sen}\left(\pi - 5x\right)$

(c) $f(x) = 2 - 3\operatorname{sen}\left(\frac{x}{2}\right)$

Solução. Note que não é necessário esboçar o gráfico da função para determinar o período e o conjunto imagem.

Em cada caso, vamos organizar em uma tabela cada transformação ocorrida na função seno (translações, alongamentos/compressões, reflexões, ...) a partir da função $y = \operatorname{sen} x$.

Para determinar o período, estamos utilizando a Proposição 2.3.

(a)

	$y = \operatorname{sen} x$	$y = \operatorname{sen}\left(x - \frac{\pi}{2}\right)$	$y = 2 + \operatorname{sen}\left(x - \frac{\pi}{2}\right)$
P	2π	2π	2π
$Im(f)$	$[-1,1]$	$[-1,1]$	$[1,3]$

(b)

	$y = \operatorname{sen} x$	$y = \operatorname{sen}\left(\pi - 5x\right)$	$y = -3\operatorname{sen}\left(\pi - 5x\right)$
P	2π	$\frac{2\pi}{5}$	$\frac{2\pi}{5}$
$Im(f)$	$[-1,1]$	$[-1,1]$	$[-3,3]$

(c)

	$y = \operatorname{sen} x$	$y = \operatorname{sen}\left(\frac{x}{2}\right)$	$y = -3\operatorname{sen}\left(\frac{x}{2}\right)$	$y = 2 - 3\operatorname{sen}\left(\frac{x}{2}\right)$
P	2π	4π	4π	4π
$Im(f)$	$[-1,1]$	$[-1,1]$	$[-3,3]$	$[-1,5]$

Exemplo 2.7 Esboce o gráfico da função $f(x) = 1 + \operatorname{sen} 2x$.

Solução. Vamos proceder utilizando cada transformação ocorrida na função seno.

$y = \operatorname{sen} x$

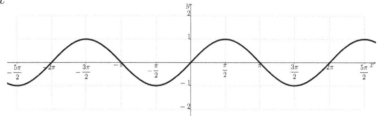

$y = \operatorname{sen} 2x$ (compressão horizontal pelo fator 2)

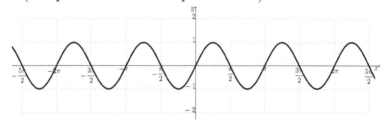

$y = 1 + \operatorname{sen} 2x$ (deslocamento vertical de 1 unidade para cima)

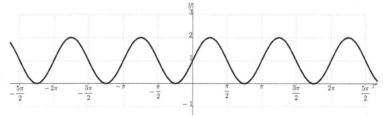

Exemplo 2.8 Esboce o gráfico da função $f(x) = 2\operatorname{sen}\left(\dfrac{\pi}{4} - \dfrac{x}{2}\right)$.

Solução. Primeiramente, note que

$$2\operatorname{sen}\left(\frac{\pi}{4} - \frac{x}{2}\right) = 2\operatorname{sen}\left(-\left(\frac{x}{2} - \frac{\pi}{4}\right)\right) = -2\operatorname{sen}\left(\frac{x}{2} - \frac{\pi}{4}\right) =$$

$$= -2\,\mathrm{sen}\left(\frac{1}{2}\left(x - \frac{\pi}{2}\right)\right),$$

onde estamos utilizando o fato de a função seno ser uma função ímpar.

Portanto, pode-se reescrever a função f da seguinte forma:

$$f(x) = -2\mathrm{sen}\left(\frac{1}{2}\left(x - \frac{\pi}{2}\right)\right).$$

Vamos proceder utilizando cada transformação ocorrida na função seno.

$y = \mathrm{sen}\,x$

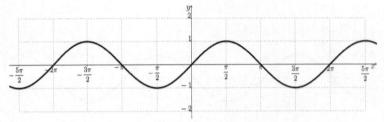

$y = \mathrm{sen}\,\frac{x}{2}$ (alongamento horizontal pelo fator 2)

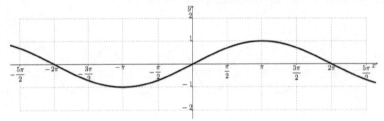

$y = \mathrm{sen}\left(\frac{1}{2}\left(x - \frac{\pi}{2}\right)\right)$ (deslocamento horizontal de $\frac{\pi}{2}$ unidades para a direita)

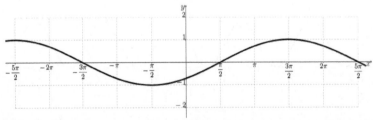

$y = 2\mathrm{sen}\left(\frac{1}{2}\left(x - \frac{\pi}{2}\right)\right)$ (alongamento vertical pelo fator 2)

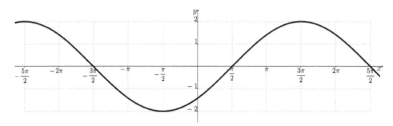

$y = -2\mathrm{sen}\left(\frac{1}{2}\left(x - \frac{\pi}{2}\right)\right)$ (reflexão em relação ao eixo horizontal)

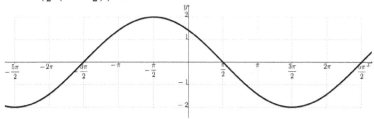

Exercícios

1. Em cada caso, utilize translações, alongamentos, compressões e reflexões para esboçar o gráfico da função dada, utilizando como referência
   o gráfico da função seno.

   (a) $f(x) = -\mathrm{sen}\,x$.

   (b) $f(x) = 2\mathrm{sen}\,x$.

   (c) $f(x) = -2\mathrm{sen}\,x$.

   (d) $f(x) = \mathrm{sen}\,x + 1$.

   (e) $f(x) = \mathrm{sen}\,x - 1$.

   (f) $f(x) = \mathrm{sen}\,(x - \pi)$.

   (g) $f(x) = \mathrm{sen}\,(\pi - x)$.

   (h) $f(x) = \mathrm{sen}\left(x + \frac{\pi}{2}\right)$.

   (i) $f(x) = \mathrm{sen}\,(-x)$.

   (j) $f(x) = -\mathrm{sen}\,(-x)$.

   (k) $f(x) = \mathrm{sen}\,(3x)$.

   (l) $f(x) = \mathrm{sen}\left(\frac{x}{3}\right)$.

   (m) $f(x) = \mathrm{sen}\left(x + \frac{\pi}{3}\right)$.

   (n) $f(x) = \mathrm{sen}\left(2x - \frac{\pi}{2}\right)$.

   (o) $f(x) = \mathrm{sen}\,(x + 1)$.

   (p) $f(x) = 2\mathrm{sen}\,(2x - 4)$.

2. Em cada caso, esboce o gráfico da função dada utilizando como referência o gráfico da função seno e aplicando as transformações ocasionadas pelo módulo.

(a) $f(x) = \operatorname{sen}|x|$.

(d) $f(x) = -|2\operatorname{sen}x|$.

(b) $f(x) = |\operatorname{sen}x|$.

(e) $f(x) = \operatorname{sen}\left|x - \frac{\pi}{2}\right|$.

(c) $f(x) = |\operatorname{sen}|x||$.

(f) $f(x) = 1 - \operatorname{sen}|2x|$.

3. Em cada caso, determine o conjunto imagem e o período da função dada, sem esboçar o gráfico.

(a) $f(x) = 5\operatorname{sen}(x + \pi)$

(e) $f(x) = 2 + \operatorname{sen}\left(\frac{3x}{4} - \pi\right)$

(b) $f(x) = 3\operatorname{sen}\left(\frac{x}{2} - \frac{\pi}{3}\right)$

(f) $f(x) = -2 + 3\operatorname{sen}\left(2x - \frac{\pi}{3}\right)$

(c) $f(x) = \operatorname{sen}5x$

(g) $f(x) = 3 - 2\operatorname{sen}\left(\frac{\pi}{6} - 2x\right)$

(d) $f(x) = 2\operatorname{sen}(x - 5\pi)$

(h) $f(x) = 3\operatorname{sen}\left(\frac{x}{4} - \frac{\pi}{2}\right) - 5$

4. Determine o período e a imagem da função $f : \mathbb{R} \longrightarrow \mathbb{R}$ dada por

$$f(x) = 5 + 4\operatorname{sen}(\pi - 6x).$$

5. Determine o período e a imagem da função $f : \mathbb{R} \longrightarrow \mathbb{R}$ dada por

$$f(x) = \left|2 - 6\operatorname{sen}\left(\frac{2x}{3} + \frac{\pi}{2}\right)\right| - 3.$$

6. Sem esboçar o gráfico, determine o valor mínimo da função $f : \mathbb{R} \longrightarrow \mathbb{R}$ dada por

$$f(x) = -3\operatorname{sen}x + 5.$$

7. Sem esboçar o gráfico, determine o valor máximo da função $f : \mathbb{R} \longrightarrow \mathbb{R}$ dada por

$$f(x) = |2 - 4\operatorname{sen}(x - \pi)|.$$

8. Qual das seguintes funções melhor representa o gráfico dado na figura abaixo?

(a) $f(x) = 2\operatorname{sen} x$ (d) $f(x) = -1 + 2\operatorname{sen} 2x$

(b) $f(x) = -3 + 2\operatorname{sen} x$ (e) $f(x) = -1 + 2\operatorname{sen} 3x$

(c) $f(x) = -3 + 2\operatorname{sen} \frac{x}{3}$ (f) $f(x) = 1 - 2\operatorname{sen} \frac{x}{2}$

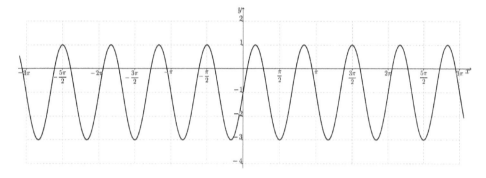

9. Dadas $f(x) = \operatorname{sen} x$ e $g(x) = x^2$, determine a lei de formação das seguintes funções:

   (a) $f \circ g$ (b) $g \circ f$ (c) $f \circ f$ (d) $g \circ g$ (e) $f \circ f \circ g$ (f) $g \circ f \circ g$

10. Em cada caso, expresse a função dada como uma composta de duas funções, isto é, encontre f_1 e f_2 distintas da função identidade tais que $f = f_2 \circ f_1$.

   (a) $f(x) = \operatorname{sen}(2x + \pi)$ (b) $f(x) = \sqrt{\operatorname{sen} x}$ (c) $f(x) = \operatorname{sen} \sqrt{x}$

11. Em cada caso, expresse a função dada como uma composta de três funções, isto é, encontre f_1, f_2 e f_3 distintas da função identidade tais que $f = f_3 \circ f_2 \circ f_1$.

   (a) $f(x) = \operatorname{sen}^3(x - \pi)$ (b) $f(x) = 2^{\operatorname{sen} x} + 1$

Respostas

1. gráficos

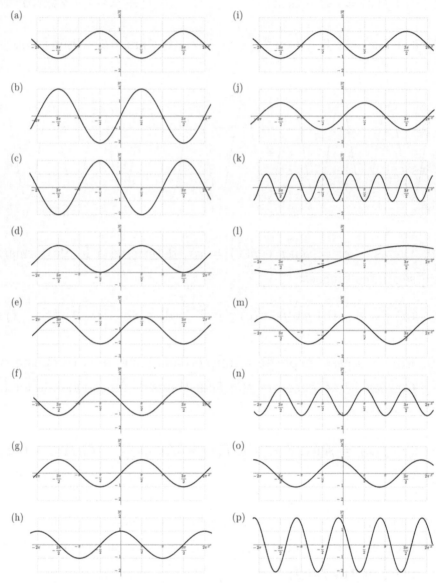

(a)

(i)

(b)

(j)

(c)

(k)

(d)

(l)

(e)

(m)

(f)

(n)

(g)

(o)

(h)

(p)

2. gráficos

(a)

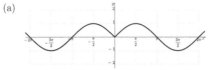

(d)

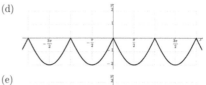

(b)

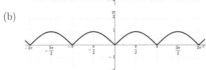

(e)

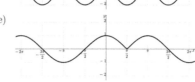

(c)

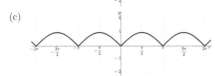

(f)

3. (a) $Im(f) = [-5, 5]$ e $P = 2\pi$.

   (b) $Im(f) = [-3, 3]$ e $P = 4\pi$.

   (c) $Im(f) = [-1, 1]$ e $P = \frac{2\pi}{5}$.

   (d) $Im(f) = [-2, 2]$ e $P = 2\pi$.

   (e) $Im(f) = [1, 3]$ e $P = \frac{8\pi}{3}$.

   (f) $Im(f) = [-5, 1]$ e $P = \pi$.

   (g) $Im(f) = [1, 5]$ e $P = \pi$.

   (h) $Im(f) = [-8, -2]$ e $P = 8\pi$.

4. $\frac{\pi}{3}$ e $[1, 9]$.

5. 3π e $[-3, 5]$.

6. 2.

7. 6.

8. (e).

9. (a) $(f \circ g)(x) = \operatorname{sen}(x^2)$

   (b) $(g \circ f)(x) = \operatorname{sen}^2(x)$

   (c) $(f \circ f)(x) = \operatorname{sen}(\operatorname{sen}(x))$

   (d) $(g \circ g)(x) = x^4$

   (e) $(f \circ f \circ g)(x) = \operatorname{sen}(\operatorname{sen}(x^2))$

   (f) $(g \circ f \circ g)(x) = \operatorname{sen}^2(x^2)$

10. (a) $f_1(x) = 2x + \pi$ e $f_2(x) = \operatorname{sen} x$
    (b) $f_1(x) = \operatorname{sen} x$ e $f_2(x) = \sqrt{x}$
    (c) $f_1(x) = \sqrt{x}$ e $f_2(x) = \operatorname{sen} x$

11. (a) $f_1(x) = x - \pi$, $f_2(x) = \operatorname{sen} x$ e $f_3(x) = x^3$
    (b) $f_1(x) = \operatorname{sen} x$, $f_2(x) = 2^x$ e $f_3(x) = x + 1$

2.3   Função cosseno

Definição 2.9

A *função cosseno* é a função $f : \mathbb{R} \longrightarrow \mathbb{R}$ que associa a cada $x \in \mathbb{R}$ o número $f(x) = \cos x$.

Observações. Algumas consequências decorrentes do ciclo trigonométrico para a função $f(x) = \cos x$ são as seguintes:

(a) A função cosseno é periódica, de período 2π.

De fato, basta notar que

$$\cos x = \cos(x + 2k\pi), \forall x \in \mathbb{R}, \forall k \in \mathbb{Z}. \tag{2.4}$$

Como 2π é o menor real positivo que satisfaz a expressão (2.4), tem-se que o período da função cosseno é igual a 2π.

(b) Os zeros da função cosseno ocorrem em pontos da forma $x = \frac{\pi}{2} + k\pi, k \in \mathbb{Z}$.

(c) A análise do sinal da função cosseno, em todo o seu domínio, é a seguinte:

$$\cos x > 0 \text{ se } x \in \left((4k - 1)\frac{\pi}{2}, (4k + 1)\frac{\pi}{2} \right), k \in \mathbb{Z}$$

e

$$\cos x < 0 \text{ se } x \in \left((4k + 1)\frac{\pi}{2}, (4k + 3)\frac{\pi}{2} \right), k \in \mathbb{Z}.$$

(d) $Im(f) = [-1, 1]$.

Em particular, restringindo o contradomínio de f, podemos escrever

$$f : \mathbb{R} \longrightarrow [-1, 1]$$
$$x \longmapsto \cos x.$$

(e) A função cosseno possui valor máximo $y_M = 1$ e este é atingido em pontos da forma $x_k = 2k\pi$, onde $k \in \mathbb{Z}$.

A função cosseno possui valor mínimo $y_m = -1$ e este é atingido em pontos da forma $x_k = \pi + 2k\pi$, onde $k \in \mathbb{Z}$.

(f) A função cosseno é crescente em intervalos da forma

$$[-\pi + 2k\pi, 2k\pi], k \in \mathbb{Z},$$

e decrescente em intervalos da forma

$$[2k\pi, 2k\pi + \pi], k \in \mathbb{Z}.$$

(g) A função cosseno é par.

De fato, basta notar que

$$f(-x) = \cos(-x) = \cos x = f(x), \ \forall x \in \mathbb{R}.$$

Consequentemente, o gráfico da função cosseno é simétrico em relação ao eixo y.

Com o objetivo de destacar alguns pontos do gráfico da função $y = \cos x$ no intervalo $[0, 2\pi]$, considere a tabela abaixo, onde constam os valores do cosseno para os arcos fundamentais.

x	y	Ponto	x	y	Ponto
0	1	A	$\frac{7\pi}{6}$	$-\frac{\sqrt{3}}{2}$	J
$\frac{\pi}{6}$	$\frac{\sqrt{3}}{2}$	B	$\frac{5\pi}{4}$	$-\frac{\sqrt{2}}{2}$	K
$\frac{\pi}{4}$	$\frac{\sqrt{2}}{2}$	C	$\frac{4\pi}{3}$	$-\frac{1}{2}$	L
$\frac{\pi}{3}$	$\frac{1}{2}$	D	$\frac{3\pi}{2}$	0	M
$\frac{\pi}{2}$	0	E	$\frac{5\pi}{3}$	$\frac{1}{2}$	N
$\frac{2\pi}{3}$	$-\frac{1}{2}$	F	$\frac{7\pi}{4}$	$\frac{\sqrt{2}}{2}$	O
$\frac{3\pi}{4}$	$-\frac{\sqrt{2}}{2}$	G	$\frac{11\pi}{6}$	$\frac{\sqrt{3}}{2}$	P
$\frac{5\pi}{6}$	$-\frac{\sqrt{3}}{2}$	H	2π	1	Q
π	-1	I			

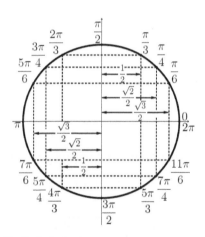

O gráfico da função cosseno no intervalo $[0, 2\pi]$ é dado por:

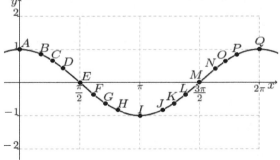

Como a função cosseno tem período 2π, obtém-se o gráfico da função cosseno, representado no que segue, chamado de *cossenoide*.

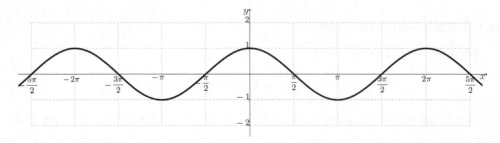

Exemplo 2.10 Em cada caso, determine o período e a imagem da função dada.

(a) $f(x) = \cos(\frac{2x}{3}) - 4$

(b) $f(x) = 3\cos(\frac{7\pi}{6} - 2x)$

(c) $f(x) = -5 - \cos(x + \frac{2\pi}{3})$

Solução. Note que não é necessário esboçar o gráfico da função para determinar o período e o conjunto imagem.

Em cada caso, vamos organizar em uma tabela cada transformação ocorrida na função cosseno (translações, alongamentos/compressões, reflexões, ...) a partir da função $y = \cos x$.

Para determinar o período, estamos utilizando a Proposição 2.3.

(a)

	$y = \cos x$	$y = \cos(\frac{2x}{3})$	$y = \cos(\frac{2x}{3}) - 4$
P	2π	3π	3π
$Im(f)$	$[-1, 1]$	$[-1, 1]$	$[-5, -3]$

(b)

	$y = \cos x$	$y = \cos(\frac{7\pi}{6} - 2x)$	$y = 3\cos(\frac{7\pi}{6} - 2x)$
P	2π	π	π
$Im(f)$	$[-1, 1]$	$[-1, 1]$	$[-3, 3]$

(c)

	$y = \cos x$	$y = \cos(x + \frac{2\pi}{3})$	$y = -\cos(x + \frac{2\pi}{3})$	$y = -5 - \cos(x + \frac{2\pi}{3})$
P	2π	2π	2π	2π
$Im(f)$	$[-1, 1]$	$[-1, 1]$	$[-1, 1]$	$[-6, -4]$

Exemplo 2.11 Esboce o gráfico da função $f(x) = |1 + 2\cos x| - 2$.

Solução. Vamos proceder utilizando cada transformação ocorrida na função cosseno.

$y = \cos x$

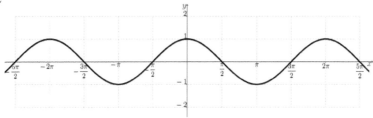

$y = 2\cos x$ (alongamento vertical pelo fator 2)

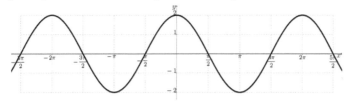

$y = 1 + 2\cos x$ (deslocamento vertical de 1 unidade para cima)

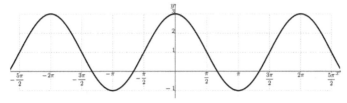

$y = |1 + 2\cos x|$ (rebatimento vertical ocasionado pelo módulo)

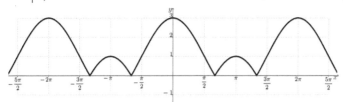

$y = |1 + 2\cos x| - 2$ (deslocamento vertical de duas unidades para baixo)

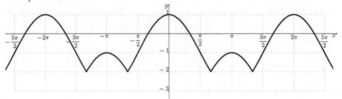

Exemplo 2.12 Esboce o gráfico da função $f(x) = \cos\left(\dfrac{\pi}{2} - 2x\right) + \dfrac{5}{4}$.

Solução. Primeiramente, note que

$$\cos\left(\frac{\pi}{2} - 2x\right) = \cos\left(-\left(2x - \frac{\pi}{2}\right)\right) = \cos\left(2x - \frac{\pi}{2}\right) = \cos\left(2\left(x - \frac{\pi}{4}\right)\right),$$

onde estamos utilizando o fato de a função cosseno ser uma função par.

Portanto, pode-se reescrever a função f da seguinte forma:

$$f(x) = \cos\left(2\left(x - \frac{\pi}{4}\right)\right) + \frac{5}{4}.$$

Vamos proceder utilizando cada transformação ocorrida na função seno.

$y = \cos x$

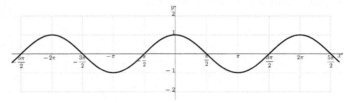

$y = \cos 2x$ (compressão horizontal pelo fator 2)

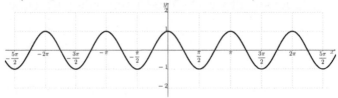

$y = \cos\left(2\left(x - \frac{\pi}{4}\right)\right)$ (deslocamento horizontal de $\frac{\pi}{4}$ unidades para a direita)

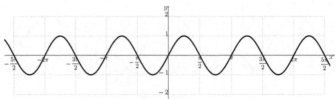

$y = \cos\left(2\left(x - \frac{\pi}{4}\right)\right) + \frac{5}{4}$ (deslocamento vertical de $\frac{5}{4}$ unidades para cima)

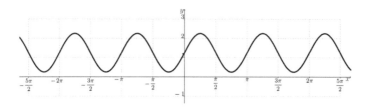

Exercícios

1. Em cada caso, utilize translações, alongamentos, compressões e reflexões para esboçar o gráfico da função dada, utilizando como referência o gráfico da função cosseno.

(a) $f(x) = \cos(-x)$.

(b) $f(x) = -\cos(-x)$.

(c) $f(x) = \cos(4x)$.

(d) $f(x) = \cos(\pi x)$.

(e) $f(x) = \cos\left(\frac{x}{2}\right)$.

(f) $f(x) = 2\cos(3x)$.

(g) $f(x) = 1 + \frac{1}{2}\cos(2x)$.

(h) $f(x) = 1 - \cos(2\pi - x)$

(i) $f(x) = \frac{3}{2}\cos(\pi - x)$.

(j) $f(x) = 1 + \cos(x + \frac{\pi}{2})$.

(k) $f(x) = \cos x - 1$.

(l) $f(x) = \cos(x - \frac{\pi}{6})$.

(m) $f(x) = \cos\left(\frac{x}{2} + \pi\right)$.

(n) $f(x) = \cos(x - 1)$.

(o) $f(x) = 1 + \cos(2x + 1)$.

(p) $f(x) = -2\cos\left(\frac{3x}{2} - 2\right)$.

2. Em cada caso, esboce o gráfico da função dada utilizando como referência o gráfico da função cosseno e aplicando as transformações ocasionadas pelo módulo.

(a) $f(x) = \cos|x|$.

(b) $f(x) = |\cos x|$.

(c) $f(x) = |\cos|x||$.

(d) $f(x) = |1 - 2\cos x|$.

(e) $f(x) = 2\cos|x + \frac{3\pi}{2}|$.

(f) $f(x) = 1 - 2\cos|x + \frac{\pi}{4}|$.

3. Em cada caso, determine o conjunto imagem e o período da função dada, sem esboçar o gráfico.

(a) $f(x) = -5\cos\left(\frac{x}{3}\right)$

(e) $f(x) = \pi\cos 2\pi x$

(b) $f(x) = 2\cos \pi x$

(f) $f(x) = 2\pi - 3\cos\frac{x-3}{2\pi}$

(c) $f(x) = 2\cos(x + \pi)$

(g) $f(x) = -2 + \cos\left(\frac{2x}{5} + \pi\right)$

(d) $f(x) = -\cos\left(\frac{x}{3} - \frac{\pi}{4}\right)$

(h) $f(x) = 3 - 2\cos\left(\frac{\pi}{4} - 3x\right)$

4. Determine o período e a imagem da função $f : \mathbb{R} \longrightarrow \mathbb{R}$ dada por

$$f(x) = -2 - 2\cos(\pi x).$$

5. Determine o período e a imagem da função $f : \mathbb{R} \longrightarrow \mathbb{R}$ dada por

$$f(x) = 1 + |1 - 3\cos(2x + \pi)|.$$

6. Sem esboçar o gráfico, determine o valor mínimo da função $f : \mathbb{R} \longrightarrow \mathbb{R}$ dada por
$$f(x) = 6 - 4\cos x.$$

7. Sem esboçar o gráfico, determine o valor máximo da função $f : \mathbb{R} \longrightarrow \mathbb{R}$ dada por
$$f(x) = |2\cos x + 3| + 1.$$

8. Na figura abaixo está representado o gráfico de uma função $f : \mathbb{R} \longrightarrow \mathbb{R}$ dada por
$$f(x) = a + b\cos(mx + n).$$

Os valores de a, b, m e n, respectivamente, são:

(a) $3, 1, 1$ e π

(d) $1, 2, 1$ e π

(b) $2, 1, \pi$ e 1

(e) $1, 2, 1$ e 0

(c) $1, 2, 1$ e 0

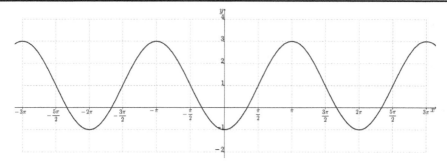

9. Dadas $f(x) = \cos x$ e $g(x) = \sqrt[3]{x+1}$, determine a lei de formação das seguintes funções:

(a) $f \circ g$ (b) $g \circ f$ (c) $f \circ f$ (d) $g \circ g$ (e) $g \circ g \circ f$ (f) $g \circ f \circ g$

10. Em cada caso, expresse a função dada como uma composta de duas funções, isto é, encontre f_1 e f_2 distintas da função identidade tais que $f = f_2 \circ f_1$.

(a) $f(x) = 2 + \cos(x)$ (b) $f(x) = \cos^2 x$ (c) $f(x) = \cos(\operatorname{sen} x)$

11. Em cada caso, expresse a função dada como uma composta de três funções, isto é, encontre f_1, f_2 e f_3 distintas da função identidade tais que $f = f_3 \circ f_2 \circ f_1$.

(a) $f(x) = \left| \cos^2 x - 2\cos x + 5 \right|$ (b) $f(x) = \dfrac{2}{\cos(3x+1)}$

Respostas

1. gráficos.

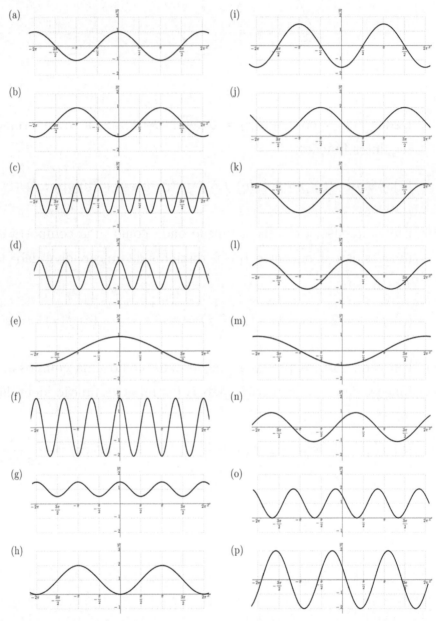

(a)

(b)

(c)

(d)

(e)

(f)

(g)

(h)

(i)

(j)

(k)

(l)

(m)

(n)

(o)

(p)

2. gráficos

(a)

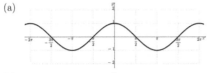

(b)

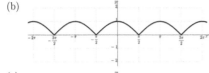

(c)

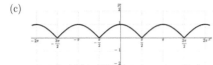

(d)

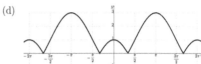

(e)

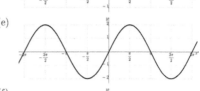

(f)

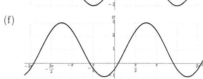

3. (a) $Im(f) = [-5, 5]$ e $P = 6\pi$.

(e) $Im(f) = [-\pi, \pi]$ e $P = 1$.

(b) $Im(f) = [-2, 2]$ e $P = 2$.

(f) $Im(f) = [2\pi - 3, 2\pi + 3]$ e $P = 4\pi^2$.

(c) $Im(f) = [-2, 2]$ e $P = 2\pi$.

(g) $Im(f) = [-3, -1]$ e $P = 5\pi$.

(d) $Im(f) = [-1, 1]$ e $P = 6\pi$.

(h) $Im(f) = [1, 5]$ e $P = \frac{2\pi}{3}$.

4. 2 e $[-4, 0]$.

5. π e $[1, 5]$.

6. 2.

7. 6.

8. (d).

9. (a) $(f \circ g)(x) = \cos(\sqrt[3]{x + 1})$

(d) $(g \circ g)(x) = \sqrt[3]{\sqrt[3]{x + 1} + 1}$

(b) $(g \circ f)(x) = \sqrt[3]{\cos x + 1}$

(e) $(g \circ g \circ f)(x) = \sqrt[3]{\sqrt[3]{\cos x + 1} + 1}$

(c) $(f \circ f)(x) = \cos(\cos(x))$

(f) $(g \circ f \circ g)(x) = \sqrt[3]{\cos(\sqrt[3]{x + 1}) + 1}$

10. (a) $f_1(x) = \cos x$ e $f_2(x) = 2 + x$

(b) $f_1(x) = \cos x$ e $f_2(x) = x^2$

(c) $f_1(x) = \mathrm{sen}\, x$ e $f_2(x) = \cos x$

11. (a) $f_1(x) = \cos x$, $f_2(x) = x^2 - 2x + 5$ e $f_3(x) = |x|$

(b) $f_1(x) = 3x + 1$, $f_2(x) = \cos x$ e $f_3(x) = \frac{2}{x}$

2.4   Função tangente

Definição 2.13

A *função tangente* é a função $f : A \longrightarrow \mathbb{R}$ que associa a cada x pertencente ao conjunto $A = \{x \in \mathbb{R} \mid x \neq \frac{\pi}{2} + k\pi, \ \text{onde } k \in \mathbb{Z}\}$ o número $\tan x$.

Observações. As seguintes considerações sobre a função $f(x) = \tan x$ seguem diretamente do ciclo trigonométrico.

(a) f é uma função periódica, de período π.

De fato, basta notar que

$$\tan x = \tan(x + k\pi), \forall x \in D(f), \forall k \in \mathbb{Z}. \tag{2.5}$$

Como π é o menor real positivo que satisfaz a expressão (2.5), tem-se que o período da função tangente é igual a π.

(b) Os zeros da função tangente ocorrem em pontos da forma $x = k\pi, \forall k \in \mathbb{Z}$.

(c) A análise do sinal da função tangente, em todo o seu domínio, é:

$$\tan x > 0 \text{ se } x \in \left(k\pi, \frac{\pi}{2} + k\pi\right), \forall k \in \mathbb{Z}$$

e

$$\tan x < 0 \text{ se } x \in \left(\frac{\pi}{2} + k\pi, \pi + k\pi\right), \forall k \in \mathbb{Z}.$$

(d) $D(f) = A$ e $Im(f) = \mathbb{R}$.

Em particular, a função tangente não possui valores máximos ou mínimos.

(e) A função tangente é crescente em todos os intervalos da forma

$$\left(-\frac{\pi}{2} + k\pi, \frac{\pi}{2} + k\pi\right), k \in \mathbb{Z}.$$

(f) Quando os valores de x se aproximam de $\frac{\pi}{2}$ pela direita, isto é, por valores maiores que $\frac{\pi}{2}$, os valores de $f(x)$ aumentam indefinidamente.

Neste caso, diz-se que $f(x)$ "tende a mais infinito" quando x "tende a $\frac{\pi}{2}$ pela direita".

Da mesma forma, quando os valores de x se aproximam de $\frac{\pi}{2}$ pela esquerda, isto é, por valores menores que $\frac{\pi}{2}$, os valores de $f(x)$ diminuem indefinidamente.

Neste caso, diz-se que $f(x)$ "tende a menos infinito" quando x "tende a $\frac{\pi}{2}$ pela esquerda".

Por este motivo, a reta $x = \frac{\pi}{2}$ é chamada de *assíntota vertical* do gráfico de f.

Dada a periodicidade da função f, pode-se concluir que o gráfico da função tangente possui assíntotas verticais em todas as retas da forma

$$x = \frac{\pi}{2} + k\pi, \quad \text{onde } k \in \mathbb{Z}.$$

(g) A função tangente é uma função ímpar.

De fato, basta notar que

$$f(-x) = \tan(-x) = -\tan x = -f(x), \ \forall x \in D(f).$$

Consequentemente, o gráfico da função tangente é simétrico em relação à origem.

Com o objetivo de destacar alguns pontos do gráfico da função $y = \tan x$, considere a tabela abaixo, que estabelece o comportamento da tangente para os arcos fundamentais.

x	$\tan x$	Ponto
0	0	A
$\frac{\pi}{6}$	$\frac{\sqrt{3}}{3}$	B
$\frac{\pi}{4}$	1	C
$\frac{\pi}{3}$	$\sqrt{3}$	D
$\frac{\pi}{2}$	$\sharp$	
$\frac{2\pi}{3}$	$-\sqrt{3}$	E
$\frac{3\pi}{4}$	-1	F
$\frac{5\pi}{6}$	$-\frac{\sqrt{3}}{3}$	G
π	0	H
$\frac{7\pi}{6}$	$\frac{\sqrt{3}}{3}$	I
$\frac{5\pi}{4}$	1	J
$\frac{4\pi}{3}$	$\sqrt{3}$	K
$\frac{3\pi}{2}$	$\sharp$	
$\frac{5\pi}{3}$	$-\sqrt{3}$	L
$\frac{7\pi}{4}$	-1	M
$\frac{11\pi}{6}$	$-\frac{\sqrt{3}}{3}$	N
2π	0	O

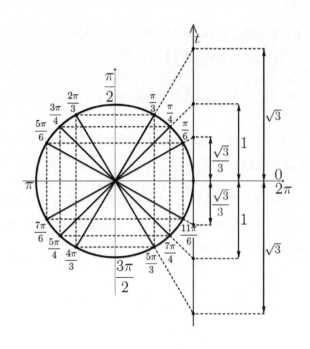

Representando os pontos da tabela acima no gráfico da função tangente tem-se:

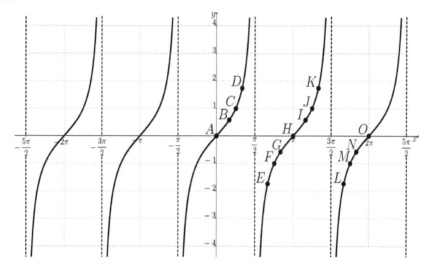

Exemplo 2.14 Em cada caso, determine o período, o domínio e as equações das assíntotas da função dada.

(a) $f(x) = \tan(2x + \frac{\pi}{2})$ (b) $f(x) = 3\tan\left(\frac{x}{5} - \frac{\pi}{4}\right)$

Solução. Lembre que, para a função $y = \tan x$, temos:

período	domínio	Eq. das assíntotas
π	$\{x \in \mathbb{R} \mid x \neq \frac{\pi}{2} + k\pi, k \in \mathbb{Z}\}$	$x = \frac{\pi}{2} + k\pi, k \in \mathbb{Z}$

(a) De acordo com a Proposição 2.3, a função $f(x) = \tan(2x + \frac{\pi}{2})$ terá período

$$P = \frac{P_{\tan}}{2} = \frac{\pi}{2}.$$

Para determinar o domínio, basta lembrar que a função tangente não está definida para números da forma $\frac{\pi}{2} + k\pi$ $(k \in \mathbb{Z})$ e, por isso, deve-se ter

$$2x + \frac{\pi}{2} \neq \frac{\pi}{2} + k\pi \implies 2x \neq k\pi \implies x \neq \frac{k\pi}{2}.$$

Consequentemente, as assíntotas serão retas da forma $x = \frac{k\pi}{2}$, onde $k \in \mathbb{Z}$.

Resumindo as informações em uma tabela, teremos:

período	domínio	Eq. das assíntotas
$\frac{\pi}{2}$	$\{x \in \mathbb{R} \mid x \neq \frac{k\pi}{2}, k \in \mathbb{Z}\}$	$x = \frac{k\pi}{2}, k \in \mathbb{Z}$

(b) De acordo com a Proposição 2.3, a função $f(x) = 3\tan\left(\frac{x}{5} - \frac{\pi}{4}\right)$ terá período

$$P = \frac{P_{\tan}}{\frac{1}{5}} = \frac{\pi}{\frac{1}{5}} = 5\pi.$$

Da mesma forma como no item anterior, para o domínio temos:

$$\frac{x}{5} - \frac{\pi}{4} \neq \frac{\pi}{2} + k\pi \implies \frac{x}{5} \neq \frac{\pi}{2} + \frac{\pi}{4} + k\pi \implies \frac{x}{5} \neq \frac{3\pi}{4} + k\pi \implies x \neq \frac{15\pi}{4} + 5k\pi.$$

Assim, as assíntotas serão retas da forma $x = \frac{15\pi}{4} + 5k\pi$, onde $k \in \mathbb{Z}$.

Resumindo as informações em uma tabela, teremos:

período	domínio	Eq. das assíntotas
5π	$\{x \in \mathbb{R} \mid x \neq \frac{15\pi}{4} + 5k\pi, k \in \mathbb{Z}\}$	$x = \frac{15\pi}{4} + 5k\pi, k \in \mathbb{Z}$

Exemplo 2.15 Esboce o gráfico da função $f(x) = 1 + \tan\left(\frac{x}{2}\right)$.

Solução. Vamos analisar cada transformação ocorrida na função tangente.

$y = \tan x$

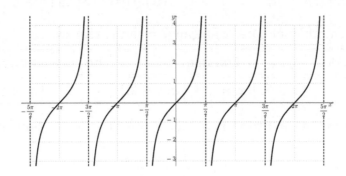

$y = \tan\left(\frac{x}{2}\right)$ (alongamento horizontal pelo fator 2)

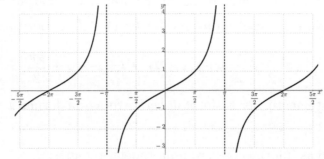

$y = 1 + \tan(\frac{x}{2})$ (deslocamento vertical de 1 unidade para cima)

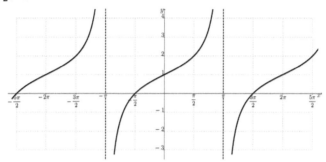

Exemplo 2.16 Esboce o gráfico da função $f(x) = |\tan(x+1)| + \pi$.

Solução. Vamos analisar cada transformação ocorrida na função tangente.

$y = \tan x$

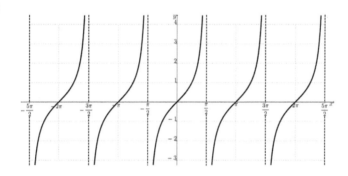

$y = \tan(x+1)$ (deslocamento horizontal de 1 unidade para a esquerda)

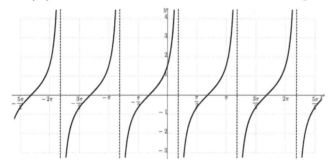

$y = \left|\tan(x+1)\right|$ (rebatimento vertical ocasionado pelo módulo)

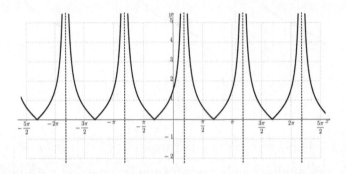

$y = \left|\tan(x+1)\right| + \pi$ (deslocamento vertical de π unidades para cima)

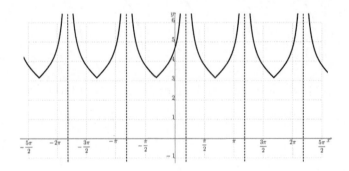

Exercícios

1. Em cada caso, esboce o gráfico da função dada utilizando como referência o gráfico da função tangente e aplicando as transformações
   apropriadas.

(a) $f(x) = \tan(x - \frac{\pi}{2})$

(j) $f(x) = \tan(1 - x)$

(b) $f(x) = \tan\left(\frac{x}{2}\right)$

(k) $f(x) = -\tan x$

(c) $f(x) = \tan(x + \pi)$

(l) $f(x) = \tan(-x)$

(d) $f(x) = \tan(x - 10\pi)$

(m) $f(x) = \tan(2x + \frac{\pi}{2})$

(e) $f(x) = \tan(x + \frac{\pi}{2}) + 1$

(n) $f(x) = \tan(\frac{3\pi}{2} - x)$

(f) $f(x) = 2\tan x$

(o) $f(x) = |\tan x|$

(g) $f(x) = \frac{1}{3}\tan 2x$

(p) $f(x) = \tan|x|$

(h) $f(x) = -\tan(x + \frac{\pi}{4}) + 2$

(q) $f(x) = |\tan x| - 2$

(i) $f(x) = \tan(x + 2)$

(r) $f(x) = |\tan x - 2|$

2. Sem esboçar o gráfico, determine o período, o domínio e as equações das assíntotas das funções:

(a) $f(x) = -5\tan x$

(e) $f(x) = \tan(-\frac{x}{4})$

(b) $f(x) = \tan\left(x - \frac{\pi}{6}\right)$

(f) $f(x) = -3\tan(x - 5\pi)$

(c) $f(x) = 2\tan(\frac{x}{\pi})$

(g) $f(x) = 5 - \tan(6x + 1)$

(d) $f(x) = 4\tan\left(\pi - \frac{2x}{3}\right)$

(h) $f(x) = \frac{1}{3} - \frac{2}{5}\tan(\frac{x}{2} - \pi)$

3. Em cada caso, expresse a função dada como uma composta de três funções, isto é, encontre f_1, f_2 e f_3 distintas da função identidade tais que $f = f_3 \circ f_2 \circ f_1$.

(a) $f(x) = \tan^2 x^2$

(b) $f(x) = \tan(\tan x) + 1$

Respostas

1. gráficos:

(a)

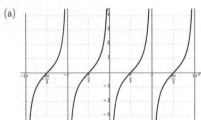

(b)

(c)

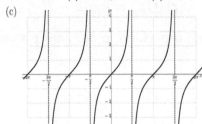

(d)

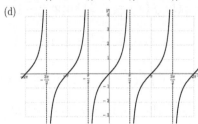

(e)

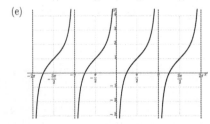

(f)

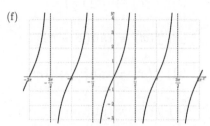

(g)

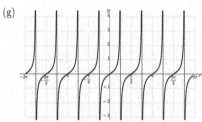

(h)

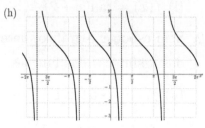

(i)

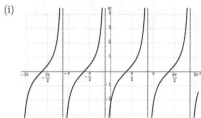

(j)

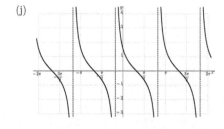

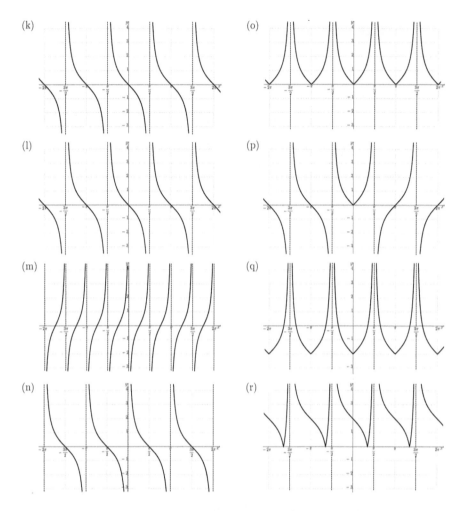

2. As respostas estão representadas na tabela a seguir:

	período	domínio	Eq. das assíntotas
(a)	π	$\left\{x \in \mathbb{R} \mid x \neq \frac{\pi}{2} + k\pi,\, k \in \mathbb{Z}\right\}$	$x = \frac{\pi}{2} + k\pi,\, k \in \mathbb{Z}$
(b)	π	$\left\{x \in \mathbb{R} \mid x \neq \frac{2\pi}{3} + k\pi,\, k \in \mathbb{Z}\right\}$	$x = \frac{2\pi}{3} + k\pi,\, k \in \mathbb{Z}$
(c)	π^2	$\left\{x \in \mathbb{R} \mid x \neq \frac{\pi^2}{2} + k\pi^2,\, k \in \mathbb{Z}\right\}$	$x = \frac{\pi^2}{2} + k\pi^2,\, k \in \mathbb{Z}$
(d)	$\frac{3\pi}{2}$	$\left\{x \in \mathbb{R} \mid x \neq \frac{3\pi}{4} + \frac{3k\pi}{2},\, k \in \mathbb{Z}\right\}$	$x = \frac{3\pi}{4} + \frac{3k\pi}{2},\, k \in \mathbb{Z}$
(e)	4π	$\left\{x \in \mathbb{R} \mid x \neq 2\pi + 4k\pi,\, k \in \mathbb{Z}\right\}$	$x = 2\pi + 4k\pi,\, k \in \mathbb{Z}$
(f)	π	$\left\{x \in \mathbb{R} \mid x \neq \frac{\pi}{2} + k\pi,\, k \in \mathbb{Z}\right\}$	$x = \frac{\pi}{2} + k\pi,\, k \in \mathbb{Z}$
(g)	$\frac{\pi}{6}$	$\left\{x \in \mathbb{R} \mid x \neq \frac{\pi+2}{12} + \frac{k\pi}{6},\, k \in \mathbb{Z}\right\}$	$x = \frac{\pi-1}{12} + \frac{k\pi}{6},\, k \in \mathbb{Z}$
(h)	2π	$\left\{x \in \mathbb{R} \mid x \neq (2k+1)\pi,\, k \in \mathbb{Z}\right\}$	$x = (2k+1)\pi,\, k \in \mathbb{Z}$

3. (a) $f_1(x) = x^2$, $f_2(x) = \tan x$ e $f_3(x) = x^2$

   (b) $f_1(x) = \tan x$, $f_2(x) = \tan x$ e $f_3(x) = x + 1$

2.5   Função cotangente

Definição 2.17

A *função cotangente* é a função $f : A \longrightarrow \mathbb{R}$ que associa a cada x pertencente ao conjunto $A = \{x \in \mathbb{R} \mid x \neq k\pi, \text{ onde } k \in \mathbb{Z}\}$ o número $\cot x$.

Observações. As seguintes considerações sobre a função $f(x) = \cot x$ seguem diretamente do ciclo trigonométrico:

(a) f é uma função periódica, de período π.

De fato, basta notar que

$$\cot x = \cot(x + k\pi), \forall x \in D(f), \forall k \in \mathbb{Z}. \tag{2.6}$$

Como π é o menor real positivo que satisfaz a expressão (2.6), tem-se que o período da função cotangente é igual a π.

(b) Os zeros da função cotangente ocorrem em pontos da forma $x = \frac{\pi}{2} + k\pi, \forall k \in \mathbb{Z}$.

(c) A análise do sinal da função cotangente, em todo o seu domínio, é a seguinte:

$$\cot x > 0 \text{ se } x \in \left(k\pi, \frac{\pi}{2} + k\pi\right), \forall k \in \mathbb{Z}$$

e

$$\cot x < 0 \text{ se } x \in \left(\frac{\pi}{2} + k\pi, \pi + k\pi\right), \forall k \in \mathbb{Z}.$$

(d) $D(f) = A$ e $Im(f) = \mathbb{R}$.

Em particular, a função cotangente não possui valores máximos ou mínimos.

(e) A função cotangente é decrescente em todos os intervalos da forma

$$\left(k\pi, \pi + k\pi\right), k \in \mathbb{Z}.$$

(f) Quando os valores de x se aproximam de zero pela direita, isto é, por valores positivos, os valores de $f(x)$ aumentam indefinidamente.

Neste caso, diz-se que $f(x)$ "tende a mais infinito" quando x "tende a zero pela direita".

Da mesma forma, quando os valores de x se aproximam de zero pela esquerda, isto é, por valores negativos, os valores de $f(x)$ diminuem indefinidamente.

Neste caso, diz-se que $f(x)$ "tende a menos infinito" quando x "tende a zero pela esquerda".

Por este motivo, a reta $x = 0$ é chamada de *assíntota vertical* do gráfico de f.

Dada a periodicidade da função f, pode-se concluir que o gráfico da função cotangente possui assíntotas verticais em todas as retas da forma

$$x = k\pi, \quad \text{onde } k \in \mathbb{Z}.$$

(g) A função cotangente é uma função ímpar.

De fato, basta notar que

$$f(-x) = \cot(-x) = -\cot x = -f(x), \quad \forall x \in D(f).$$

Consequentemente, o gráfico da função cotangente é simétrico em relação à origem.

Com o objetivo de destacar alguns pontos do gráfico da função $y = \cot x$, considere a tabela abaixo, que estabelece o comportamento da tangente para os arcos fundamentais.

x	$f(x)$	ponto
0	$\sharp$	
$\frac{\pi}{6}$	$\sqrt{3}$	A
$\frac{\pi}{4}$	1	B
$\frac{\pi}{3}$	$\frac{\sqrt{3}}{3}$	C
$\frac{\pi}{2}$	0	D
$\frac{2\pi}{3}$	$-\frac{\sqrt{3}}{3}$	E
$\frac{3\pi}{4}$	-1	F
$\frac{5\pi}{6}$	$-\sqrt{3}$	G
π	$\sharp$	
$\frac{7\pi}{6}$	$\sqrt{3}$	H
$\frac{5\pi}{4}$	1	I
$\frac{4\pi}{3}$	$\frac{\sqrt{3}}{3}$	J
$\frac{3\pi}{2}$	0	K
$\frac{5\pi}{3}$	$-\frac{\sqrt{3}}{3}$	L
$\frac{7\pi}{4}$	-1	M
$\frac{11\pi}{6}$	$-\sqrt{3}$	N
2π	$\sharp$	

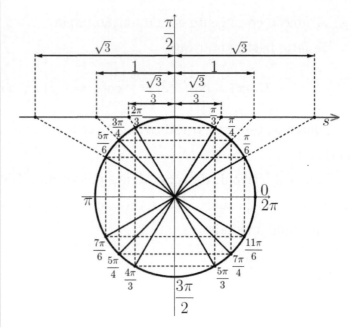

Representando os pontos da tabela acima no gráfico da função cotangente, tem-se:

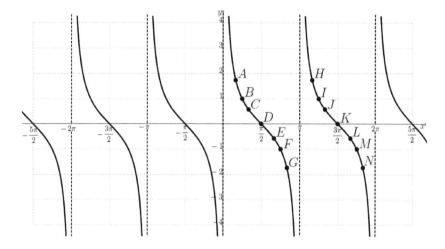

Exemplo 2.18 Em cada caso, determine o período, o domínio e as equações das assíntotas da função dada.

(a) $f(x) = 1 - 2\cot(x + \frac{\pi}{6})$ (b) $f(x) = 3\cot\left(\frac{5x}{6} - 2\right)$

Solução. Lembre que, para a função $y = \cot x$, temos:

período	domínio	Eq. das assíntotas
π	$\{x \in \mathbb{R} \mid x \neq k\pi, k \in \mathbb{Z}\}$	$x = k\pi, k \in \mathbb{Z}$

(a) De acordo com a Proposição 2.3, a função $f(x) = 1 - 2\cot(x + \frac{\pi}{6})$ terá período

$$P = \frac{P_{\cot}}{1} = \frac{\pi}{1} = \pi.$$

Para determinar o domínio, basta lembrar que a função cotangente não está definida para números da forma $k\pi$ ($k \in \mathbb{Z}$) e, por isso, deve-se ter

$$x + \frac{\pi}{6} \neq k\pi \Longrightarrow x \neq -\frac{\pi}{6} + k\pi \Longrightarrow x \neq \frac{11\pi}{6} + k\pi.$$

Consequentemente, as assíntotas serão retas da forma $x = \frac{11\pi}{6} + k\pi$, onde $k \in \mathbb{Z}$.

Resumindo as informações em uma tabela, teremos:

período	domínio	Eq. das assíntotas
$\frac{\pi}{2}$	$\{x \in \mathbb{R} \mid x \neq \frac{11\pi}{6} + k\pi, k \in \mathbb{Z}\}$	$x = \frac{11\pi}{6} + k\pi, k \in \mathbb{Z}$

(b) De acordo com a Proposição 2.3, a função $f(x) = 3\cot\left(\frac{5x}{6} - 2\right)$ terá período

$$P = \frac{P_{\cot}}{\frac{5}{6}} = \frac{\pi}{\frac{5}{6}} = \frac{6\pi}{5}.$$

Da mesma forma como no item anterior, para o domínio temos:

$$\frac{5x}{6} - 2 \neq k\pi \implies \frac{5x}{6} \neq 2 + k\pi \implies 5x \neq 12 + 6k\pi \implies x \neq \frac{12}{5} + \frac{6k\pi}{5}.$$

Assim, as assíntotas serão retas da forma $x = \frac{12}{5} + \frac{6k\pi}{5}$, onde $k \in \mathbb{Z}$.

Resumindo as informações em uma tabela, teremos:

período	domínio	Eq. das assíntotas
5π	$\{x \in \mathbb{R} \mid x \neq \frac{12}{5} + \frac{6k\pi}{5}, k \in \mathbb{Z}\}$	$x = \frac{12}{5} + \frac{6k\pi}{5}, k \in \mathbb{Z}$

Exemplo 2.19 Esboce o gráfico da função $f(x) = \cot|x + \pi|$.

Solução. Vamos analisar cada transformação ocorrida na função cotangente.

$y = \cot x$

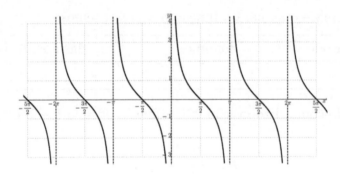

$y = \cot|x|$ (rebatimento horizontal ocasionado pelo módulo)

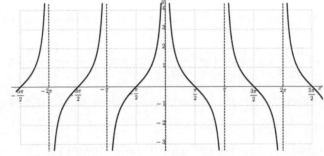

$y = \cot|x + \pi|$ (deslocamento horizontal de π unidades para a esquerda)

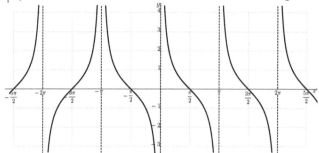

Exemplo 2.20 Esboce o gráfico da função $f(x) = \cot(-\frac{x}{2} - \frac{\pi}{4})$.

Solução. Primeiramente, note que

$$\cot\left(-\frac{x}{2} - \frac{\pi}{4}\right) = \cot\left(-\frac{1}{2}\left(x + \frac{\pi}{2}\right)\right) = -\cot\left(\frac{1}{2}\left(x + \frac{\pi}{2}\right)\right),$$

onde estamos utilizando o fato de a função cotangente ser uma função ímpar.

Portanto, pode-se reescrever a função f da seguinte forma:

$$f(x) = -\cot\left(\frac{1}{2}\left(x + \frac{\pi}{2}\right)\right).$$

Vamos analisar cada transformação ocorrida na função cotangente.

$y = \cot x$

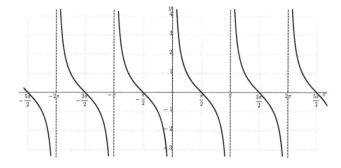

$y = \cot\left(\frac{x}{2}\right)$ (alongamento horizontal pelo fator 2)

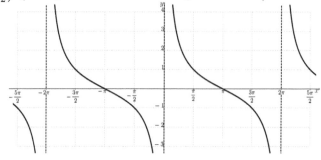

$y = \cot\left(\frac{1}{2}\left(x + \frac{\pi}{2}\right)\right)$ (deslocamento horizontal de $\frac{\pi}{2}$ unidades para a esquerda)

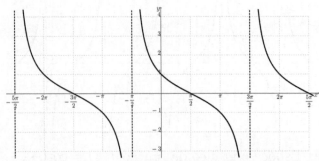

$y = -\cot\left(\frac{1}{2}\left(x + \frac{\pi}{2}\right)\right)$ (reflexão em relação ao eixo horizontal)

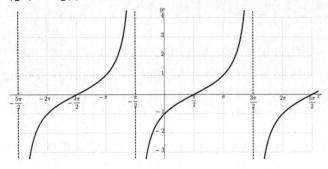

Exercícios

1. Em cada caso, esboce o gráfico da função dada utilizando como referência o gráfico da função cotangente e aplicando as transformações apropriadas.

(a) $f(x) = \cot\left(x - \frac{\pi}{4}\right)$

(b) $f(x) = \cot\left(x + \frac{\pi}{3}\right)$

(c) $f(x) = 2 - \cot x$

(d) $f(x) = 2 + \cot x$

(e) $f(x) = \cot(-x)$

(f) $f(x) = -\cot x$

(g) $f(x) = -\cot(-x)$

(h) $f(x) = -\cot(\pi - x)$

(i) $f(x) = \frac{1}{2}\cot(x - 2)$

(j) $f(x) = \cot\left(\frac{x}{2}\right) + 1$

(k) $f(x) = \cot\left(\frac{2x}{3}\right)$

(l) $f(x) = \cot|x|$

(m) $f(x) = \cot|2x|$

(n) $f(x) = \cot\left|x - \frac{\pi}{2}\right|$

(o) $f(x) = |\cot x|$

(p) $f(x) = |\cot(-x)|$

(q) $f(x) = \left|\cot\left(\frac{x}{2}\right)\right| - 1$

(r) $f(x) = \left|\left|\cot\left(\frac{x}{2}\right)\right| - 1\right|$

2. Em cada caso, determine o período, o domínio e as equações das assíntotas da função dada.

(a) $f(x) = \cot(x + 10\pi)$

(b) $f(x) = \cot\left(\frac{x}{2} + \frac{\pi}{4}\right)$

(c) $f(x) = 3 - \cot 2x$

(d) $f(x) = \cot(2\pi + x)$

(e) $f(x) = 5 - \cot(2x + \pi)$

(f) $f(x) = 2\cot\left(\frac{x}{7}\right) + 1$

(g) $f(x) = \pi + \cot\left(2\pi x - \frac{\pi}{3}\right)$

(h) $f(x) = \frac{1}{4}\cot(2x + 2) - 3$

Respostas

1. gráficos:

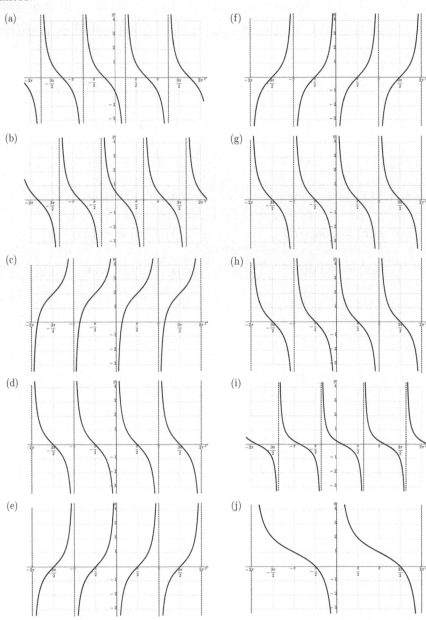

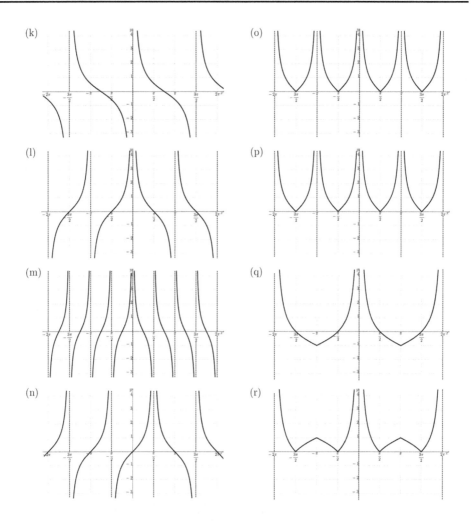

2. Tabela.

	período	domínio	Eq. das assíntotas
(a)	π	$\{x \in \mathbb{R} \mid x \neq k\pi, k \in \mathbb{Z}\}$	$x = k\pi, k \in \mathbb{Z}$
(b)	2π	$\{x \in \mathbb{R} \mid x \neq \frac{3\pi}{2} + 2k\pi, k \in \mathbb{Z}\}$	$x = \frac{3\pi}{2} + 2k\pi, k \in \mathbb{Z}$
(c)	$\frac{\pi}{2}$	$\{x \in \mathbb{R} \mid x \neq \frac{k\pi}{2}, k \in \mathbb{Z}\}$	$x = \frac{k\pi}{2}, k \in \mathbb{Z}$
(d)	$\frac{\pi}{4}$	$\{x \in \mathbb{R} \mid x \neq \frac{k\pi}{4}, k \in \mathbb{Z}\}$	$x = \frac{k\pi}{4}, k \in \mathbb{Z}$
(e)	$\frac{\pi}{2}$	$\{x \in \mathbb{R} \mid x \neq \frac{k\pi}{2}, k \in \mathbb{Z}\}$	$x = \frac{k\pi}{2}, k \in \mathbb{Z}$
(f)	7π	$\{x \in \mathbb{R} \mid x \neq 7k\pi, k \in \mathbb{Z}\}$	$x = 7k\pi, k \in \mathbb{Z}$
(g)	$\frac{1}{2}$	$\{x \in \mathbb{R} \mid x \neq \frac{1}{6} + \frac{k}{2}, k \in \mathbb{Z}\}$	$x = \frac{1}{6} + \frac{k}{2}, k \in \mathbb{Z}$
(h)	$\frac{\pi}{2}$	$\{x \in \mathbb{R} \mid x \neq -1 + \frac{k\pi}{2}, k \in \mathbb{Z}\}$	$x = -1 + \frac{k\pi}{2}, k \in \mathbb{Z}$

2.6   Função secante

Definição 2.21

A *função secante* é a função $f : A \longrightarrow \mathbb{R}$ que associa a cada x pertencente ao conjunto $A = \left\{ x \in \mathbb{R} \mid x \neq \frac{\pi}{2} + k\pi, \text{ onde } k \in \mathbb{Z} \right\}$ o número $\sec x$.

Observações. As considerações sobre a função $f(x) = \sec x$ a seguir derivam diretamente do ciclo trigonométrico.

(a) f é uma função periódica, de período 2π.

De fato, basta notar que

$$\sec x = \sec(x + 2k\pi), \forall x \in D(f), \forall k \in \mathbb{Z}. \tag{2.7}$$

Como 2π é o menor real positivo que satisfaz a expressão (2.7), tem-se que o período da função secante é igual a 2π.

(b) A função secante não possui zeros.

(c) A análise do sinal da função secante, em todo o seu domínio, é a seguinte:

$$\sec x > 0 \text{ se } x \in \left((4k-1)\frac{\pi}{2}, (4k+1)\frac{\pi}{2} \right), k \in \mathbb{Z}$$

e

$$\sec x < 0 \text{ se } x \in \left((4k+1)\frac{\pi}{2}, (4k+3)\frac{\pi}{2} \right), k \in \mathbb{Z}.$$

(d) $D(f) = A$ e $Im(f) = \mathbb{R} - (-1,1)$.

Em particular, a função secante não possui valores máximos ou mínimos.

(e) A função secante é crescente em intervalos da forma

$$[2k\pi, 2k\pi + \pi], k \in \mathbb{Z},$$

e decrescente em intervalos da forma

$$[-\pi + 2k\pi, 2k\pi], k \in \mathbb{Z}.$$

(f) Quando os valores de x se aproximam de $\frac{\pi}{2}$ pela esquerda, isto é, por valores menores que $\frac{\pi}{2}$, os valores de $f(x)$ aumentam indefinidamente.

Neste caso, diz-se que $f(x)$ "tende a mais infinito" quando x "tende a $\frac{\pi}{2}$ pela esquerda".

Da mesma forma, quando os valores de x se aproximam de $\frac{\pi}{2}$ pela direita, isto é, por valores maiores que $\frac{\pi}{2}$, os valores de $f(x)$ diminuem indefinidamente.

Neste caso, diz-se que $f(x)$ "tende a menos infinito" quando x "tende a $\frac{\pi}{2}$ pela direita".

Por este motivo, a reta $x = \frac{\pi}{2}$ é chamada de *assíntota vertical* do gráfico de f.

Quando os valores de x se aproximam de $\frac{3\pi}{2}$ pela esquerda, isto é, por valores menores que $\frac{3\pi}{2}$, os valores de $f(x)$ diminuem indefinidamente.

Neste caso, diz-se que $f(x)$ "tende a menos infinito" quando x "tende a $\frac{3\pi}{2}$ pela esquerda".

Da mesma forma, quando os valores de x se aproximam de $\frac{3\pi}{2}$ pela direita, isto é, por valores maiores que $\frac{\pi}{2}$, os valores de $f(x)$ aumentam indefinidamente.

Neste caso, diz-se que $f(x)$ "tende a mais infinito" quando x "tende a $\frac{3\pi}{2}$ pela direita".

Por este motivo, a reta $x = \frac{3\pi}{2}$ é chamada de *assíntota vertical* do gráfico de f.

Dada a periodicidade da função f, pode-se concluir que o gráfico da função secante possui assíntotas verticais em todas as retas da forma $x = k\pi$, onde $k \in \mathbb{Z}$.

(g) A função secante é uma função par.

De fato, basta notar que $f(-x) = \sec(-x) = \sec x = f(x)$, $\forall x \in D(f)$.

Consequentemente, o gráfico da função secante é simétrico em relação ao eixo y.

Com o objetivo de destacar alguns pontos do gráfico da função $y = \sec x$, considere a tabela abaixo, que estabelece o comportamento da secante para os arcos fundamentais.

x	$f(x)$	ponto
0	1	A
$\frac{\pi}{6}$	$\frac{2\sqrt{3}}{3}$	B
$\frac{\pi}{4}$	$\sqrt{2}$	C
$\frac{\pi}{3}$	2	D
$\frac{\pi}{2}$	$\sharp$	
$\frac{2\pi}{3}$	-2	E
$\frac{3\pi}{4}$	$-\sqrt{2}$	F
$\frac{5\pi}{6}$	$-\frac{2\sqrt{3}}{3}$	G
π	-1	H
$\frac{7\pi}{6}$	$-\frac{2\sqrt{3}}{3}$	I
$\frac{5\pi}{4}$	$-\sqrt{2}$	J
$\frac{4\pi}{3}$	-2	K
$\frac{3\pi}{2}$	$\sharp$	
$\frac{5\pi}{3}$	2	L
$\frac{7\pi}{4}$	$\sqrt{2}$	M
$\frac{11\pi}{6}$	$\frac{2\sqrt{3}}{3}$	N
2π	1	O

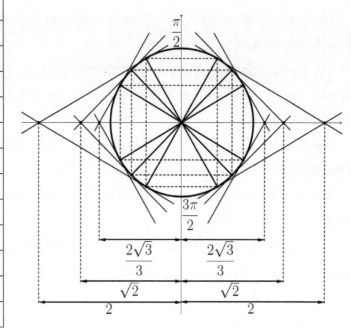

Representando os pontos da tabela acima no gráfico da função secante, tem-se:

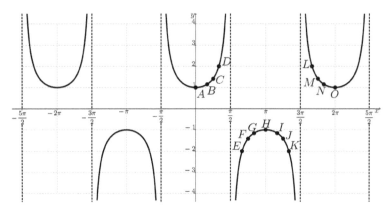

Observação: uma maneira interessante de se construir o gráfico da secante é lembrar que $\sec x = 1/\cos x$. Assim, para esboçar o gráfico de $y = \sec x$ faz-se o gráfico de $y = \cos x$, e depois tomam-se os inversos dos pontos escolhidos (levando em conta que $\frac{1}{\text{valor muito pequeno}} =$ valor muito grande). Veja o comparativo no gráfico a seguir.

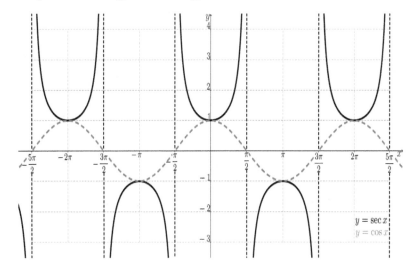

Exemplo 2.22 Em cada caso, determine o período, o domínio, as equações das assíntotas e o conjunto imagem da função dada.

(a) $f(x) = \sec(3x) - 1$ (b) $f(x) = -2\sec\left(\frac{2x}{3} - \pi\right)$

Solução. Lembre que, para a função $y = \sec x$, temos:

período	domínio	Eq. das assíntotas	Imagem
2π	$\{x \in \mathbb{R} \mid x \neq \frac{\pi}{2} + k\pi, k \in \mathbb{Z}\}$	$x = \frac{\pi}{2} + k\pi, k \in \mathbb{Z}$	$\mathbb{R} - (-1, 1)$

(a) De acordo com a Proposição 2.3, a função $f(x) = \sec(3x) - 1$ terá período

$$P = \frac{P_{\sec}}{3} = \frac{2\pi}{3}.$$

Para determinar o domínio, basta lembrar que a função secante não está definida para números da forma $\frac{\pi}{2} + k\pi$ $(k \in \mathbb{Z})$ e, por isso, deve-se ter

$$3x \neq \frac{\pi}{2} + k\pi \implies x \neq \frac{\pi}{6} + \frac{k\pi}{3}.$$

Consequentemente, as assíntotas serão retas da forma $x = \frac{\pi}{6} + \frac{k\pi}{3}$, onde $k \in \mathbb{Z}$.

Como a única modificação vertical que ocorre é um deslocamento de uma unidade para baixo, tem-se $Im(f) = \mathbb{R} - (-2, 0)$.

Resumindo as informações em uma tabela, teremos:

período	domínio	Eq. das assíntotas	Imagem
$\frac{2\pi}{3}$	$\{x \in \mathbb{R} \mid x \neq \frac{\pi}{6} + \frac{k\pi}{3}, k \in \mathbb{Z}\}$	$x = \frac{\pi}{6} + \frac{k\pi}{3}, k \in \mathbb{Z}$	$\mathbb{R} - (-2, 0)$

(b) De acordo com a Proposição 2.3, a função $f(x) = -2\sec\left(\frac{2x}{3} - \pi\right)$ terá período

$$P = \frac{P_{\sec}}{\frac{2}{3}} = \frac{2\pi}{\frac{2}{3}} = 3\pi.$$

Da mesma forma como no item anterior, para o domínio temos:

$$\frac{2x}{3} - \pi \neq \frac{\pi}{2} + k\pi \implies \frac{2x}{3} \neq \frac{3\pi}{2} + k\pi \implies 2x \neq \frac{9\pi}{2} + 3k\pi \implies x \neq \frac{9\pi}{4} + \frac{3k\pi}{2}.$$

Assim, as assíntotas serão retas da forma $x = \frac{9\pi}{4} + \frac{3k\pi}{2}$, onde $k \in \mathbb{Z}$.

Como as modificações verticais que ocorrem são um alongamento vertical pelo fator 2 e uma reflexão em relação ao eixo horizontal, tem-se $Im(f) = \mathbb{R} - (-2, 0)$.

Resumindo as informações em uma tabela, teremos:

período	domínio	Eq. das assíntotas	Imagem
3π	$\{x \in \mathbb{R} \mid x \neq \frac{9\pi}{4} + \frac{3k\pi}{2}, k \in \mathbb{Z}\}$	$x = \frac{9\pi}{4} + \frac{3k\pi}{2}, k \in \mathbb{Z}$	$\mathbb{R} - (-2,2)$

Exemplo 2.23 Esboce o gráfico da função $f(x) = 2\sec(x - 4\pi) + \frac{1}{2}$.

Solução. Vamos analisar cada transformação ocorrida na função secante.

$y = \sec x$

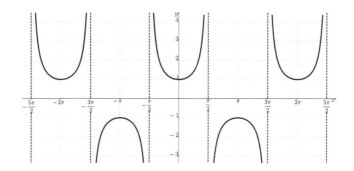

$y = \sec(x - 4\pi)$ (deslocamento horizontal de 4π unidades para a direita)

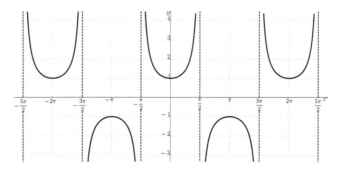

$y = 2\sec(x - 4\pi)$ (alongamento vertical pelo fator 2)

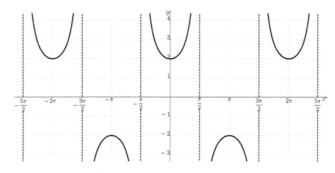

$y = 2\sec(x - 4\pi) + \frac{1}{2}$ (deslocamento vertical de $\frac{1}{2}$ unidade para cima)

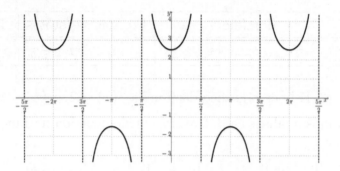

Exemplo 2.24 Esboce o gráfico da função $f(x) = \frac{\sec(2x)}{3} - 1$.

Solução. Vamos analisar cada transformação ocorrida na função secante.

$y = \sec x$

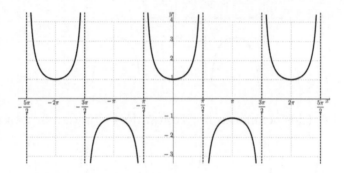

$y = \sec(2x)$ (compressão horizontal pelo fator 2)

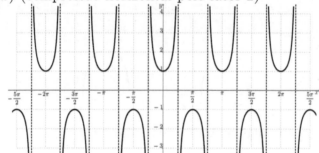

$y = \frac{\sec(2x)}{3}$ (compressão vertical pelo fator $\frac{1}{3}$)

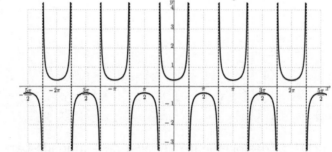

$y = \frac{\sec(2x)}{3} - 1$ (deslocamento vertical de uma unidade para baixo)

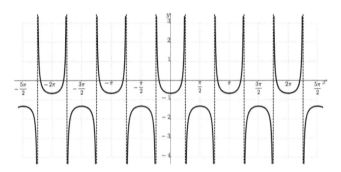

Exercícios

1. Em cada caso, esboce o gráfico da função dada utilizando como referência o gráfico da função secante e aplicando as transformações apropriadas.

(a) $f(x) = 1 + \sec x$

(b) $f(x) = \sec 2x$

(c) $f(x) = \sec\left(x - \frac{\pi}{2}\right)$

(d) $f(x) = \sec(x + \pi)$

(e) $f(x) = 2\sec x$

(f) $f(x) = -2\sec x$

(g) $f(x) = \frac{3}{2}\sec x$

(h) $f(x) = 2 + \frac{1}{2}\sec x$

(i) $f(x) = -1 - \sec(2x - \pi)$

(j) $f(x) = \sec(-x)$

(k) $f(x) = -\sec(x)$

(l) $f(x) = \sec(2x + 1)$

(m) $f(x) = 2\sec(4 - x)$

(n) $f(x) = \sec\left(\pi - \frac{x}{2}\right) + 1$

(o) $f(x) = |\sec x|$

(p) $f(x) = |\sec x| - 3$

(q) $f(x) = \sec|x|$

(r) $f(x) = \left|\sec\left|x + \frac{\pi}{4}\right|\right|$

2. Em cada caso, sem esboçar o gráfico, determine o período, o domínio, as equações das assíntotas e o conjunto imagem da função dada.

(a) $f(x) = -\sec(x - 4\pi)$

(e) $f(x) = 2\sec\left(\frac{\pi}{3} - \frac{x}{6}\right)$

(b) $f(x) = \sec 3x$

(f) $f(x) = \sec x - 1$

(c) $f(x) = \sec\left(2x - \frac{2\pi}{5}\right)$

(g) $f(x) = 1 + \sec\left(\frac{x}{2} + \frac{3}{2}\right)$

(d) $f(x) = 3\sec(\pi x + 2\pi)$

(h) $f(x) = 1 - 4\sec\left(\frac{\pi}{3} - 2x\right)$

Respostas

1. gráficos

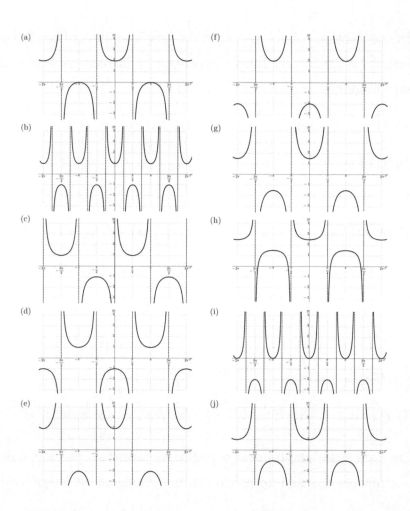

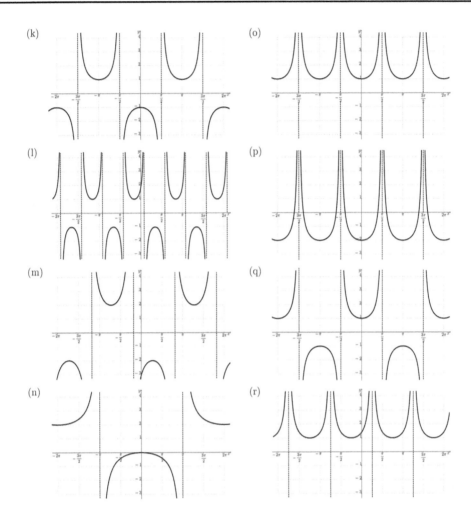

2. Tabela

	P	domínio	Eq. das assíntotas	Imagem
(a)	2π	$\{x \in \mathbb{R} \mid x \neq \frac{\pi}{2} + k\pi, k \in \mathbb{Z}\}$	$x = \frac{\pi}{2} + k\pi, k \in \mathbb{Z}$	$\mathbb{R} - (-1,1)$
(b)	$\frac{2\pi}{3}$	$\{x \in \mathbb{R} \mid x \neq \frac{\pi}{6} + \frac{k\pi}{3}, k \in \mathbb{Z}\}$	$x = \frac{\pi}{6} + \frac{k\pi}{3}, k \in \mathbb{Z}$	$\mathbb{R} - (-1,1)$
(c)	π	$\{x \in \mathbb{R} \mid x \neq \frac{9\pi}{20} + \frac{k\pi}{2}, k \in \mathbb{Z}\}$	$x = \frac{9\pi}{20} + \frac{k\pi}{2}, k \in \mathbb{Z}$	$\mathbb{R} - (-1,1)$
(d)	2	$\{x \in \mathbb{R} \mid x \neq \frac{1}{2} + k, k \in \mathbb{Z}\}$	$x = \frac{1}{2} + k, k \in \mathbb{Z}$	$\mathbb{R} - (-3,3)$
(e)	12π	$\{x \in \mathbb{R} \mid x \neq \pi(6k-1), k \in \mathbb{Z}\}$	$x = \pi(6k-1), k \in \mathbb{Z}$	$\mathbb{R} - (-2,2)$
(f)	2π	$\{x \in \mathbb{R} \mid x \neq \frac{\pi}{2} + k\pi, k \in \mathbb{Z}\}$	$x = \frac{\pi}{2} + k\pi, k \in \mathbb{Z}$	$\mathbb{R} - (-2,0)$
(g)	4π	$\{x \in \mathbb{R} \mid x \neq \pi - 3 + 2k\pi, k \in \mathbb{Z}\}$	$x = \pi - 3 + 2k\pi, k \in \mathbb{Z}$	$\mathbb{R} - (0,2)$
(h)	π	$\{x \in \mathbb{R} \mid x \neq -\frac{\pi}{12} + \frac{k\pi}{2}, k \in \mathbb{Z}\}$	$x = -\frac{\pi}{12} + \frac{k\pi}{2}, k \in \mathbb{Z}$	$\mathbb{R} - (-3,5)$

2.7   Função cossecante

Definição 2.25

A *função cossecante* é a função $f : A \longrightarrow \mathbb{R}$ que associa a cada x pertencente ao conjunto $A = \{x \in \mathbb{R} \mid x \neq k\pi,\ \text{onde}\ k \in \mathbb{Z}\}$ o número $\csc x$.

Observações. As considerações sobre a função $f(x) = \csc x$ a seguir pro-
vêm diretamente do ciclo trigonométrico.

(a) f é uma função periódica, de período 2π.

   De fato, basta notar que

$$\csc x = \csc(x + 2k\pi), \forall x \in D(f), \forall k \in \mathbb{Z}. \tag{2.8}$$

Como 2π é o menor real positivo que satisfaz a expressão (2.8), tem-se que
o período da função cossecante é igual a 2π.

(b) A função cossecante não possui zeros.

(c) A análise do sinal da função cossecante, em todo o seu domínio, é a
seguinte:

$$\csc x > 0 \text{ se } x \in (2k\pi, \pi + 2k\pi), \forall k \in \mathbb{Z}$$

e

$$\csc x < 0 \text{ se } x \in (\pi + 2k\pi, 2\pi + 2k\pi), \forall k \in \mathbb{Z}.$$

(d) $D(f) = A$ e $Im(f) = \mathbb{R} - (-1, 1)$.

   Em particular, a função cossecante não possui valores máximos ou mínimos.

(e) A função cossecante é crescente em intervalos da forma

$$\left[\frac{\pi}{2} + 2k\pi, \frac{3\pi}{2} + 2k\pi\right], k \in \mathbb{Z},$$

e decrescente em intervalos da forma

$$\left[-\frac{\pi}{2} + 2k\pi, \frac{\pi}{2} + 2k\pi\right], k \in \mathbb{Z}.$$

(f) Quando os valores de x se aproximam de 0 pela esquerda, isto é, por valores negativos, os valores de $f(x)$ diminuem indefinidamente. Neste caso, diz-se que $f(x)$ "tende a menos infinito" quando x "tende a 0 pela esquerda".

Da mesma forma, quando os valores de x se aproximam de 0 pela direita, isto é, por valores positivos, os valores de $f(x)$ aumentam indefinidamente. Neste caso, diz-se que $f(x)$ "tende a mais infinito" quando x "tende a 0 pela direita".

Por este motivo, a reta $x = 0$ é chamada de *assíntota vertical* do gráfico de f.

Quando os valores de x se aproximam de π pela esquerda, isto é, por valores menores que π, os valores de $f(x)$ aumentam indefinidamente. Neste caso, diz-se que $f(x)$ "tende a mais infinito" quando x "tende a π pela esquerda".

Da mesma forma, quando os valores de x se aproximam de π pela direita, isto é, por valores maiores que π, os valores de $f(x)$ diminuem indefinidamente. Neste caso, diz-se que $f(x)$ "tende a menos infinito"quando x "tende a π pela direita".

Por este motivo, a reta $x = \pi$ é chamada de *assíntota vertical* do gráfico de f.

Dada a periodicidade da função f, pode-se concluir que o gráfico da função cossecante possui assíntotas verticais em todas as retas da forma

$$x = k\pi, \quad \text{onde } k \in \mathbb{Z}.$$

(g) A função cossecante é uma função ímpar. De fato, basta notar que

$$f(-x) = \csc(-x) = -\csc x = -f(x), \ \forall x \in D(f).$$

Consequentemente, o gráfico da função cossecante é simétrico em relação à origem.

Com o objetivo de destacar alguns pontos do gráfico da função $y = \csc x$, considere a tabela que segue, onde se estabelece o comportamento

da cossecante para os arcos fundamentais. Fazendo uma representação dos
pontos da tabela no gráfico da função cossecante, tem-se:

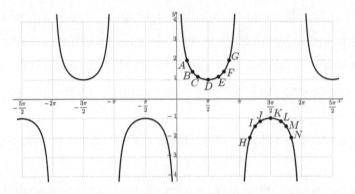

x	$f(x)$	ponto
0	$\nexists$	
$\frac{\pi}{6}$	2	A
$\frac{\pi}{4}$	$\sqrt{2}$	B
$\frac{\pi}{3}$	$\frac{2\sqrt{3}}{3}$	C
$\frac{\pi}{2}$	1	D
$\frac{2\pi}{3}$	$\frac{2\sqrt{3}}{3}$	E
$\frac{3\pi}{4}$	$\sqrt{2}$	F
$\frac{5\pi}{6}$	2	G
π	$\nexists$	
$\frac{7\pi}{6}$	-2	H
$\frac{5\pi}{4}$	$-\sqrt{2}$	I
$\frac{4\pi}{3}$	$-\frac{2\sqrt{3}}{3}$	J
$\frac{3\pi}{2}$	-1	K
$\frac{5\pi}{3}$	$-\frac{2\sqrt{3}}{3}$	L
$\frac{7\pi}{4}$	$-\sqrt{2}$	M
$\frac{11\pi}{6}$	-2	N
2π	$\nexists$	

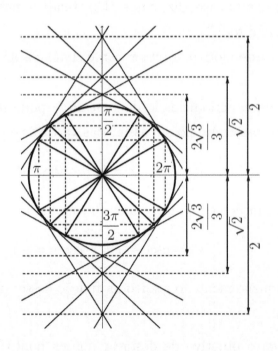

Observação: de forma similar à secante, uma maneira de se construir o gráfico da cossecante é lembrar que $\csc x = 1/\operatorname{sen} x$. Assim, para esboçar o gráfico de $y = \csc x$, faz-se o gráfico de $y = \operatorname{sen} x$ e, depois, tomam-se os inversos dos pontos escolhidos (levando em conta que $\frac{1}{\text{valor muito pequeno}} =$ valor muito grande). Veja o comparativo no gráfico a seguir.

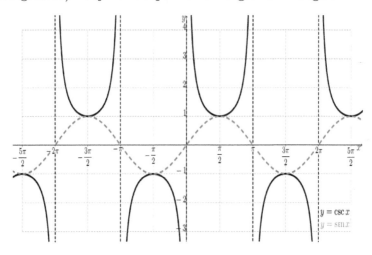

Exemplo 2.26 Em cada caso, determine o período, o domínio, as equações das assíntotas e o conjunto imagem da função dada.

(a) $f(x) = \csc 2x + \pi$

(b) $f(x) = \frac{1}{3} \csc (2 - x) + \frac{4}{3}$

Solução. Lembre que, para a função $y = \csc x$, temos:

período	domínio	Eq. das assíntotas	Imagem
2π	$\{x \in \mathbb{R} \mid x \neq k\pi, k \in \mathbb{Z}\}$	$x = k\pi, k \in \mathbb{Z}$	$\mathbb{R} - (-1,1)$

(a) De acordo com a Proposição 2.3, a função $f(x) = \csc 2x + \pi$ terá período

$$P = \frac{P_{\csc}}{2} = \frac{2\pi}{2} = \pi.$$

Para determinar o domínio, basta lembrar que a função cossecante não está definida para números da forma $k\pi$ ($k \in \mathbb{Z}$) e, por isso, deve-se ter

$$2x \neq k\pi \implies x \neq \frac{k\pi}{2}.$$

Consequentemente, as assíntotas serão retas da forma $x = \frac{k\pi}{2}$, onde $k \in \mathbb{Z}$.

Como a única modificação vertical que ocorre é um deslocamento de π unidades para cima, tem-se $Im(f) = \mathbb{R} - (\pi - 1, \pi + 1)$.

Resumindo as informações em uma tabela, teremos:

período	domínio	Eq. das assíntotas	Imagem
π	$\{x \in \mathbb{R} \mid x \neq \frac{k\pi}{2}, k \in \mathbb{Z}\}$	$x = \frac{k\pi}{2}, k \in \mathbb{Z}$	$\mathbb{R} - (\pi - 1, \pi + 1)$

(b) De acordo com a Proposição 2.3, a função $f(x) = \frac{1}{3}\csc(2 - x) + \frac{4}{3}$ terá período

$$P = \frac{P_{csc}}{1} = \frac{2\pi}{1} = 2\pi.$$

Da mesma forma como no item anterior, para o domínio temos:

$$2 - x \neq k\pi \Longrightarrow -x \neq -2 + k\pi \Longrightarrow x \neq 2 + k\pi.$$

Assim, as assíntotas serão retas da forma $x = 2 + k\pi$, onde $k \in \mathbb{Z}$.

Como as modificações verticais que ocorrem são uma compressão vertical pelo fator $\frac{1}{3}$ e um deslocamento vertical de $\frac{4}{3}$ para cima, tem-se $Im(f) = \mathbb{R} - (1, \frac{5}{3})$.

Resumindo as informações em uma tabela, teremos:

período	domínio	Eq. das assíntotas	Imagem
2π	$\{x \in \mathbb{R} \mid x \neq 2 + k\pi, k \in \mathbb{Z}\}$	$x = 2 + k\pi, k \in \mathbb{Z}$	$\mathbb{R} - (1, \frac{5}{3})$

Exemplo 2.27 Esboce o gráfico da função $f(x) = |\csc x - 2|$.

Solução. Vamos analisar cada transformação ocorrida na função cossecante.

$y = \csc x$

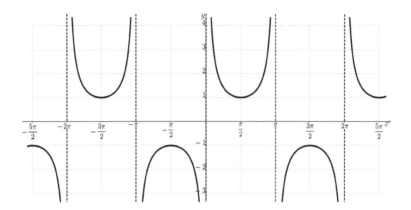

$y = \csc x - 2$ (deslocamento vertical de 2 unidades para baixo)

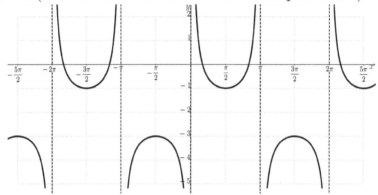

$y = |\csc x - 2|$ (rebatimento vertical ocasionado pelo módulo)

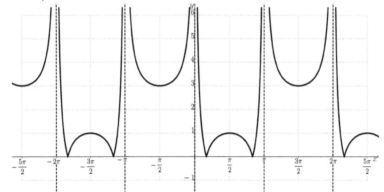

Exemplo 2.28 Esboce o gráfico da função e $f(x) = 2 - \csc(\frac{x}{2} + \pi)$.

Solução. Primeiramente, note que

$$2 - \csc\left(\frac{x}{2} + \pi\right) = 2 - \csc\left(\frac{1}{2}(x + 2\pi)\right),$$

e, portanto, pode-se reescrever a função f da seguinte forma:

$$f(x) = 2 - \csc\left(\frac{1}{2}(x + 2\pi)\right).$$

Vamos analisar cada transformação ocorrida na função cossecante.

$y = \csc x$

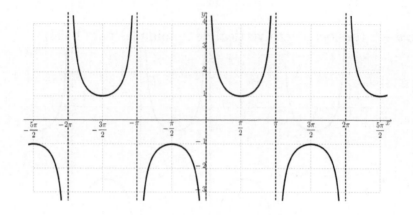

$y = \csc\left(\frac{x}{2}\right)$ (alongamento horizontal pelo fator 2)

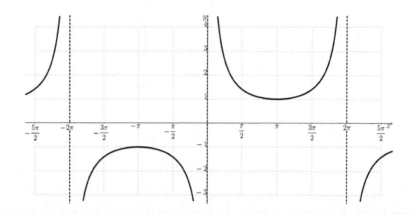

$y = \csc\left(\frac{1}{2}(x + 2\pi)\right)$ (deslocamento horizontal de 2π unidades para a esquerda)

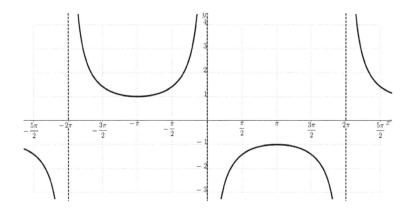

$y = -\csc\left(\frac{1}{2}\left(x + 2\pi\right)\right)$ (reflexão em relação ao eixo horizontal)

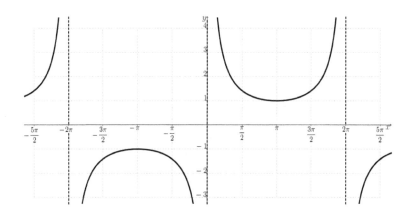

$y = 2 - \csc\left(\frac{1}{2}\left(x + 2\pi\right)\right)$ (deslocamento vertical de duas unidades para cima)

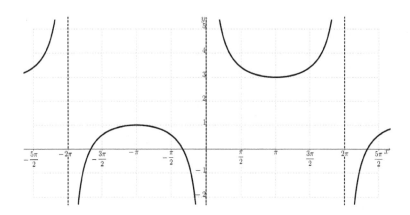

Exercícios

1. Em cada caso, esboce o gráfico da função dada utilizando como referência o gráfico da função cossecante e aplicando as transformações apropriadas.

(a) $f(x) = \csc\left(x + \frac{\pi}{3}\right)$

(b) $f(x) = 1 - \csc x$

(c) $f(x) = -\frac{1}{2}\csc x$

(d) $f(x) = 2 - \csc(x + \pi)$

(e) $f(x) = \csc\left(\frac{x}{2}\right)$

(f) $f(x) = \csc\left(\frac{x}{2} - \frac{\pi}{2}\right)$

(g) $f(x) = \csc(-x)$

(h) $f(x) = -\csc(-x)$

(i) $f(x) = -\csc(\pi - x)$

(j) $f(x) = \csc\left(\frac{5\pi}{4} - x\right)$

(k) $f(x) = -2\csc(1 - x)$

(l) $f(x) = \csc(2x - 1)$

(m) $f(x) = \csc|x|$

(n) $f(x) = \csc|x - \pi|$

(o) $f(x) = \csc\left|\frac{\pi}{2} - x\right|$

(p) $f(x) = |\csc x|$

(q) $f(x) = 2|\csc(x)| - 1$

(r) $f(x) = |\csc|2x| - 1|$

2. Em cada caso, determine o período, o domínio, as equações das assíntotas e o conjunto imagem da função dada.

(a) $f(x) = \csc(x - \pi)$

(b) $f(x) = \pi\csc(x + \frac{\pi}{2})$

(c) $f(x) = \csc\left(\frac{x}{4}\right)$

(d) $f(x) = \csc(\pi x) + 5$

(e) $f(x) = \csc(\pi^2 x)$

(f) $f(x) = \frac{1}{2}\csc(4x - \frac{\pi}{2})$

(g) $f(x) = 3 - \csc(3\pi x - 2)$

(h) $f(x) = -2 - \csc(5x + 2)$

Respostas

1. gráficos:

(a)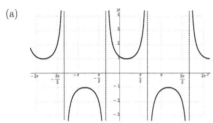

(f)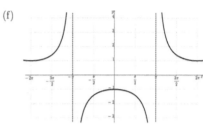

(b)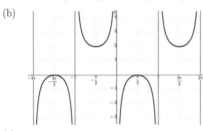

(g)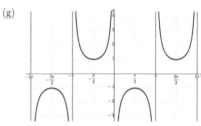

(c)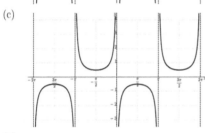

(h)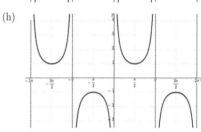

(d)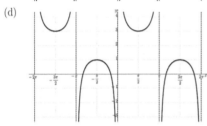

(i)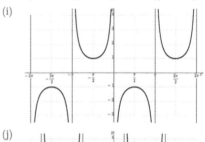

(e)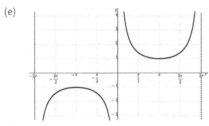

(j)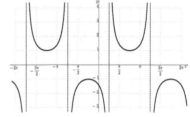

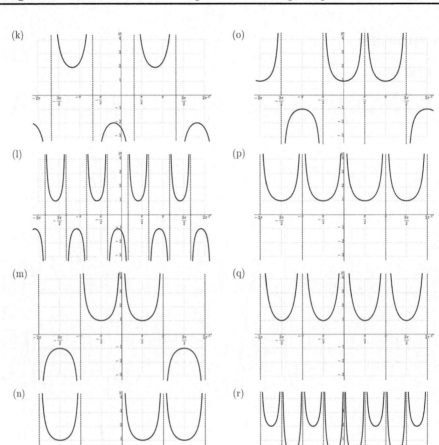

2. Tabela.

	P	domínio	Eq. das assíntotas	Imagem
(a)	2π	$\{x \in \mathbb{R} \mid x \neq k\pi, k \in \mathbb{Z}\}$	$x = k\pi, k \in \mathbb{Z}$	$\mathbb{R} - (-1, 1)$
(b)	2π	$\{x \in \mathbb{R} \mid x \neq \frac{\pi}{2} + k\pi, k \in \mathbb{Z}\}$	$x = \frac{\pi}{2} + k\pi, k \in \mathbb{Z}$	$\mathbb{R} - (-\pi, \pi)$
(c)	8π	$\{x \in \mathbb{R} \mid x \neq 4k\pi, k \in \mathbb{Z}\}$	$x = 4k\pi, k \in \mathbb{Z}$	$\mathbb{R} - (-1, 1)$
(d)	2	$\{x \in \mathbb{R} \mid x \neq k, k \in \mathbb{Z}\}$	$x = k, k \in \mathbb{Z}$	$\mathbb{R} - (4, 6)$
(e)	$\frac{2}{\pi}$	$\{x \in \mathbb{R} \mid x \neq \frac{k}{\pi}, k \in \mathbb{Z}\}$	$x = \frac{k}{\pi}, k \in \mathbb{Z}$	$\mathbb{R} - (-1, 1)$
(f)	$\frac{\pi}{2}$	$\{x \in \mathbb{R} \mid x \neq \frac{\pi}{8} + \frac{k\pi}{4}, k \in \mathbb{Z}\}$	$x = \frac{\pi}{8} + \frac{k\pi}{4}, k \in \mathbb{Z}$	$\mathbb{R} - (-\frac{1}{2}, \frac{1}{2})$
(g)	$\frac{2}{3}$	$\{x \in \mathbb{R} \mid x \neq \frac{2}{3\pi} + \frac{k}{3}, k \in \mathbb{Z}\}$	$x = \frac{2}{3\pi} + \frac{k}{3}, k \in \mathbb{Z}$	$\mathbb{R} - (2, 4)$
(h)	$\frac{2\pi}{5}$	$\{x \in \mathbb{R} \mid x \neq -\frac{2+k\pi}{5}, k \in \mathbb{Z}\}$	$x = -\frac{2+k\pi}{5}, k \in \mathbb{Z}$	$\mathbb{R} - (-3, -1)$

2.8   Funções trigonométricas inversas

Inicialmente, atentamos ao fato de que, para uma função ser inversível (ter uma função inversa), é necessário que ela seja bijetora, ou seja, injetora e sobrejetora simultaneamente.

Em particular, as funções trigonométricas, por serem periódicas, não são bijetoras e, portanto, não são inversíveis.

Nesta seção, consideraremos restrições apropriadas das funções trigonométricas onde seja possível obter uma inversa. As *funções trigonométricas inversas* serão as funções inversas destas restrições.

Função arco-seno

A função $f : \mathbb{R} \longrightarrow \mathbb{R}$, dada por $f(x) = \operatorname{sen} x$, não é injetora, uma vez que $0 \neq 2\pi$, mas $f(0) = f(2\pi)$. Logo, não pode ser bijetora no domínio dado. Uma forma de perceber isto geometricamente consiste na aplicação do "teste da reta hotizontal": *é possível traçar uma reta horizontal, a qual intercepta o gráfico de $f(x) = \operatorname{sen} x$ em mais de um ponto.* A ideia deste teste pode ser observada no gráfico que segue, no qual a reta r intercepta o gráfico da função seno em mais de um ponto.

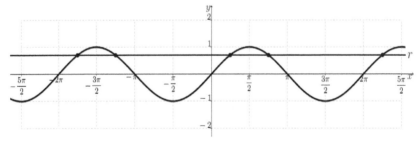

Portanto, a função seno não é inversível.

Considere a função $f : [-\frac{\pi}{2}, \frac{\pi}{2}] \longrightarrow [-1, 1]$ dada pela restrição da função seno ao intervalo $[-\frac{\pi}{2}, \frac{\pi}{2}]$, ou seja,

$$f(x) = \operatorname{sen} x, \ \forall x \in \left[-\frac{\pi}{2}, \frac{\pi}{2}\right].$$

Note que a função f não é igual à função seno, pois estas não possuem os mesmos domínios e contradomínios, mas o gráfico de f (representado ao lado) coincide com o gráfico do seno no intervalo $[-\frac{\pi}{2}, \frac{\pi}{2}]$.

Pelo exposto acima, e com o auxílio do teste da reta horizontal, segue que a função f é bijetora e, portanto, inversível.

Definição 2.29

A função arcsen $: [-1, 1] \longrightarrow [-\frac{\pi}{2}, \frac{\pi}{2}]$, chamada de *função arco-seno*, é a função inversa da função $f : [-\frac{\pi}{2}, \frac{\pi}{2}] \longrightarrow [-1, 1]$, com $f(x) = \operatorname{sen} x, \ \forall x \in [-\frac{\pi}{2}, \frac{\pi}{2}]$.

Assim, a função arcsen associa a cada $x \in [-1, 1]$ o número arcsen(x) ("o arco cujo seno é x") no intervalo $[-\frac{\pi}{2}, \frac{\pi}{2}]$. Ou seja,

$$y = \operatorname{arcsen}(x) \text{ se, e somente se, } x = \operatorname{sen} y \ \text{ e } \ y \in \left[-\frac{\pi}{2}, \frac{\pi}{2}\right].$$

Exemplo 2.30 Calcule:

(a) $\operatorname{arcsen}(0)$

(b) $\operatorname{arcsen}\left(\frac{\sqrt{2}}{2}\right)$

(c) $\operatorname{arcsen}\left(\operatorname{sen}\left(\frac{\pi}{6}\right)\right)$

Solução.

(a) Se $y = \operatorname{arcsen}(0)$, então $\operatorname{sen} y = 0$ para algum $y \in \left[-\frac{\pi}{2}, \frac{\pi}{2}\right]$.

Como o único y que satisfaz as condições acima é $y = 0$, tem-se arcsen$(0) = 0$.

(b) Se $y = \operatorname{arcsen}\left(\frac{\sqrt{2}}{2}\right)$, então $\operatorname{sen} y = \frac{\sqrt{2}}{2}$ para algum $y \in \left[-\frac{\pi}{2}, \frac{\pi}{2}\right]$.

Como o único y que satisfaz as condições acima é $\frac{\pi}{4}$, tem-se $\operatorname{arcsen}\left(\frac{\sqrt{2}}{2}\right) = \frac{\pi}{4}$.

(c) Como
$$\text{arcsen}(\text{sen}\, x) = x, \ \forall x \in \left[-\frac{\pi}{2}, \frac{\pi}{2}\right],$$

tem-se $\text{arcsen}\left(\text{sen}\left(\frac{\pi}{6}\right)\right) = \frac{\pi}{6}$.

Das propriedades de função inversa, temos que

$$\text{arcsen}(\text{sen}\, x) = x, \ \forall x \in \left[-\frac{\pi}{2}, \frac{\pi}{2}\right]$$

e

$$\text{sen}\,(\text{arcsen}\, x) = x, \ \forall x \in [-1, 1].$$

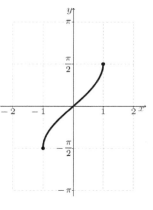

Por se tratar da inversa da função f, o gráfico da função arco-seno (representado ao lado) é a reflexão do gráfico de f em relação à reta $y = x$ (bissetriz dos quadrantes ímpares).

Nos gráficos a seguir é possível perceber a simetria que existe entre o gráfico da função f (restrição da função seno) e o gráfico da função arco-seno em relação à reta $y = x$.

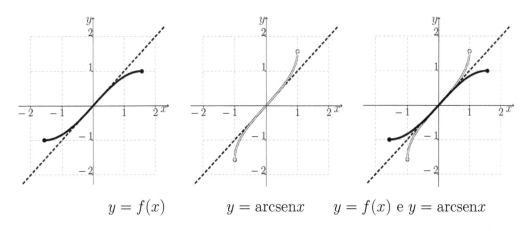

$$y = f(x) \qquad\qquad y = \text{arcsen}\, x \qquad y = f(x) \text{ e } y = \text{arcsen}\, x$$

Exemplo 2.31 Esboce o gráfico da função $f(x) = 2\text{arcsen}(x - 1)$.

Solução. Vamos proceder utilizando cada transformação ocorrida na função arco-seno.

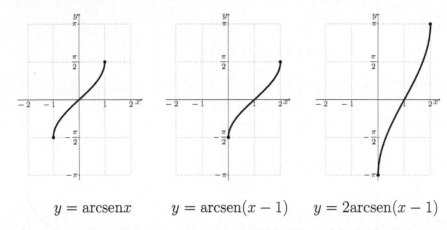

$$y = \operatorname{arcsen} x \qquad y = \operatorname{arcsen}(x-1) \qquad y = 2\operatorname{arcsen}(x-1)$$

Os passos utilizados foram:

(a) $y = \operatorname{arcsen} x$ (função referência);

(b) $y = \operatorname{arcsen}(x-1)$ (deslocamento horizontal de 1 unidade para a direita);

(c) $y = 2\operatorname{arcsen}(x-1)$ (alongamento vertical pelo fator 2).

Exemplo 2.32 Em cada caso, determine o domínio da função dada.

(a) $f(x) = \operatorname{arcsen}(x+1)$ \qquad\qquad (b) $f(x) = \operatorname{arcsen}(x^2 - 8)$

Solução. Lembre primeiramente que o domínio da função arco-seno é dado por

$$D(\operatorname{arcsen}) = [-1, 1].$$

(a) Neste caso devemos ter

$$x + 1 \in [-1, 1] \Longrightarrow -1 \leq x + 1 \leq 1 \Longrightarrow -2 \leq x \leq 0.$$

Portanto, $D(f) = [-2, 0]$.

(b) Neste caso devemos ter

$$x^2 - 8 \in [-1, 1] \Longrightarrow -1 \leq x^2 - 8 \leq 1 \Longrightarrow 7 \leq x^2 \leq 9.$$

Portanto, $D(f) = \left[-3, -\sqrt{7}\right] \cup \left[\sqrt{7}, 3\right]$.

Função arco-cosseno

Considere a função cosseno

$$\cos : \mathbb{R} \longrightarrow [-1, 1]$$
$$x \longmapsto \cos x.$$

Utilizando o teste da reta horizontal percebemos facilmente que a função cosseno não é bijetora (note, no gráfico abaixo, que a reta r intercepta o gráfico da cosseno em mais de um ponto).

Portanto, a função cosseno não é inversível em todo o seu domínio, ou seja, não possui inversa.

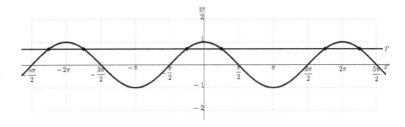

Considere agora a função $f : [0, \pi] \longrightarrow [-1, 1]$ dada pela restrição da função cosseno ao intervalo $[0, \pi]$, ou seja:

$$f : [0, \pi] \longrightarrow [-1, 1]$$
$$x \longmapsto \cos x.$$

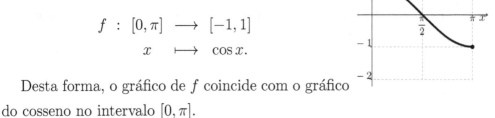

Desta forma, o gráfico de f coincide com o gráfico do cosseno no intervalo $[0, \pi]$.

Utilizando novamente o teste da reta horizontal, constata-se facilmente que a função f é injetora, e, como $Im(f) = [-1, 1]$, f é também sobrejetora. Logo, é bijetora e, portanto, inversível.

Definição 2.33

A função inversa da função f definida acima é chamada de *função arco-cosseno* e é denotada por arccos, ou seja,

$$\arccos\; :\; [-1,1] \longrightarrow [0,\pi]$$
$$x \longmapsto \arccos x$$

onde $\arccos x = y$ se, e somente se, $x = \cos y$ e $y \in [0,\pi]$.

O gráfico da função arco-cosseno está representado ao lado.

Em outras palavras, $\arccos x$ quer dizer "o arco cujo cosseno é x".

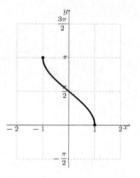

Esta função é interpretada, neste sentido, como uma "função inversa da função cosseno" no intervalo $[0,\pi]$.

A função arccos assim definida é chamada de *função trigonométrica inversa da função cosseno*.

Das propriedades de função inversa, segue que $\arccos(\cos x) = x$, $\forall x \in [0,\pi]$ e $\cos(\arccos x) = x$, $\forall x \in [-1,1]$.

Nos gráficos a seguir é possível perceber a simetria que existe entre os gráficos das duas funções em relação à reta $y = x$.

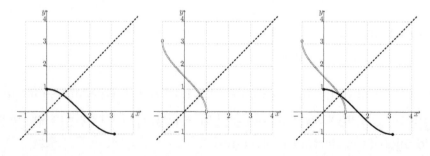

Exemplo 2.34 Calcule:

(a) $\arccos(0)$ (c) $\arccos(-1)$ (e) $\arccos\left(-\frac{1}{2}\right)$ (g) $\arccos(\cos(0))$

(b) $\arccos(1)$ (d) $\arccos\left(\frac{\sqrt{2}}{2}\right)$ (f) $\arccos\left(-\frac{\sqrt{3}}{2}\right)$ (h) $\cos\left(\arccos(\frac{\sqrt{3}}{2})\right)$

Solução.

(a) $\frac{\pi}{2}$ (b) 0 (c) π (d) $\frac{\pi}{4}$ (e) $\frac{2\pi}{3}$ (f) $\frac{5\pi}{6}$ (g) 0 (h) $\frac{\sqrt{3}}{2}$

Função arco-tangente

Considere o conjunto $A = \left\{x \in \mathbb{R} \mid x \neq \frac{\pi}{2} + k\pi, \text{ onde } k \in \mathbb{Z}\right\}$ e a função tangente

$$\tan: \ A \ \longrightarrow \ \mathbb{R}$$
$$x \ \longmapsto \ \tan x.$$

Utilizando o teste da reta horizontal, percebe-se facilmente que a função tangente não é bijetora (note, no gráfico abaixo, que a reta r intercepta o gráfico da tangente em mais de um ponto).

Portanto, a função tangente não é inversível em todo o seu domínio, ou seja, não possui inversa.

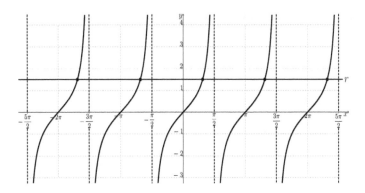

Considere agora a função $f : \left(-\frac{\pi}{2}, \frac{\pi}{2}\right) \longrightarrow \mathbb{R}$ dada pela restrição da função tangente ao intervalo $\left(-\frac{\pi}{2}, \frac{\pi}{2}\right)$, ou seja:

$$f : \left(-\frac{\pi}{2}, \frac{\pi}{2}\right) \longrightarrow \mathbb{R}$$
$$x \longmapsto \tan x.$$

Desta forma, o gráfico de f coincide com o gráfico do tangente no intervalo $\left(-\frac{\pi}{2}, \frac{\pi}{2}\right)$.

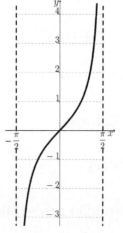

Utilizando novamente o teste da reta horizontal, constata-se facilmente que a função f é injetora. Além disso, pelo gráfico da função, percebe-se que

$Im(\tan) = \mathbb{R} = CD(\tan)$, i.e., f é também sobrejetora. Portanto, f é bijetora, o que motiva a definição a seguir.

Definição 2.35

A função inversa da função f definida acima é chamada de *função arco-tangente* e é denotada por arctan, ou seja,

$$\arctan : \mathbb{R} \longrightarrow \left(-\frac{\pi}{2}, \frac{\pi}{2}\right)$$
$$x \longmapsto \arctan x$$

onde $\arctan x = y$ se, e somente se, $x = \tan y$ e $y \in \left(-\frac{\pi}{2}, \frac{\pi}{2}\right)$.

O gráfico da função arco-tangente está representado abaixo.

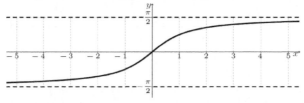

Em outras palavras, $\arctan x$ quer dizer "o arco cuja tangente é x".

Esta função é interpretada, neste sentido, como uma "função inversa da função tangente" no intervalo $\left(-\frac{\pi}{2}, \frac{\pi}{2}\right)$.

A função arctan assim definida é chamada de *função trigonométrica inversa da função tangente*.

Das propriedades de função inversa, segue que

$$\arctan(\tan x) = x, \ \forall x \in \left(-\frac{\pi}{2}, \frac{\pi}{2}\right) \qquad e \qquad \tan(\arctan x) = x, \ \forall x \in \mathbb{R}.$$

Nos gráficos a seguir é possível perceber a simetria que existe entre os gráficos das duas funções em relação à reta $y = x$.

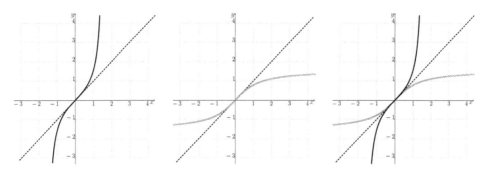

Exemplo 2.36 Determine o valor de:

(a) $\arctan(0)$ (c) $\arctan(-1)$ (e) $\arctan\left(\sqrt{3}\right)$ (g) $\arctan\left(\tan\left(-\frac{\pi}{3}\right)\right)$

(b) $\arctan(1)$ (d) $\arctan\left(\frac{\sqrt{3}}{3}\right)$ (f) $\arctan\left(-\frac{\sqrt{3}}{3}\right)$ (h) $\tan(\arctan(2))$

Solução.

(a) 0 (b) $\frac{\pi}{4}$ (c) $-\frac{\pi}{4}$ (d) $\frac{\pi}{6}$ (e) $\frac{\pi}{3}$ (f) $-\frac{\pi}{6}$ (g) $-\frac{\pi}{3}$ (h) 2

Função arco-cotangente

Considere o conjunto $A = \{x \in \mathbb{R} \mid x \neq k\pi, \ \text{onde } k \in \mathbb{Z}\}$ e a função cotangente

$$\cot : A \longrightarrow \mathbb{R}$$
$$x \longmapsto \cot x.$$

Utilizando o teste da reta horizontal, percebe-se facilmente que a função cotangente não é injetora e, portanto, não pode ser bijetora (note, no gráfico abaixo, que a reta r intercepta o gráfico da cotangente em mais de um ponto).

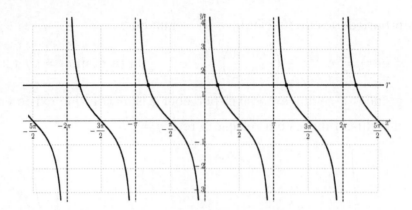

Portanto, a função cotangente não é inversível em todo o seu domínio, ou seja, não possui inversa.

Considere agora a função $f : (0, \pi) \longrightarrow \mathbb{R}$ dada pela restrição da função cotangente ao intervalo $(0, \pi)$, ou seja:

$$f : (0, \pi) \longrightarrow \mathbb{R}$$
$$x \longmapsto \cot x.$$

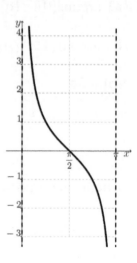

Desta forma, o gráfico de f coincide com o gráfico da cotangente no intervalo $(0, \pi)$.

Utilizando novamente o teste da reta horizontal, constata-se facilmente que a função f é injetora. Além disso, pelo gráfico da função, percebe-se que $Im(\cot) = \mathbb{R} = CD(\cot)$, i.e., f é também sobrejetora. Portanto, f é bijetora.

Definição 2.37

A função inversa da função f (definida acima) é chamada de *função arco-cotangente* e é denotada por arccot, ou seja,

$$\text{arccot} \; : \; \mathbb{R} \longrightarrow (0, \pi)$$
$$x \longmapsto \text{arccot} \, x.$$

onde $\text{arccot}\,(x) = y$ se, e somente se, $x = \cot y$ e $y \in (0, \pi)$.

O gráfico da função arco-cotangente está representado abaixo.

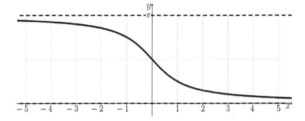

Em outras palavras, arccot x quer dizer "o arco cuja cotangente é x".

Esta função é interpretada, neste sentido, como uma "função inversa da função cotangente" no intervalo $(0, \pi)$.

A função arccot assim definida é chamada de *função trigonométrica inversa da função cotangente.*

Das propriedades de função inversa, segue que

$$\text{arccot}\,(\cot x) = x, \; \forall x \, (0, \pi) \qquad \text{e} \qquad \cot(\text{arccot}\, x) = x, \; \forall x \in \mathbb{R}.$$

Nos gráficos a seguir é possível perceber a simetria que existe entre os gráficos das duas funções em relação à reta $y = x$.

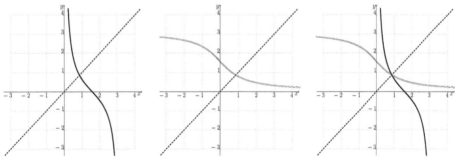

Exemplo 2.38 Calcule:

(a) $\text{arccot}\,(0)$ (c) $\text{arccot}\,(-1)$ (e) $\text{arccot}\,\left(-\sqrt{3}\right)$ (g) $\text{arccot}\,\left(\cot\left(\frac{\pi}{2}\right)\right)$

(b) $\text{arccot}\,(1)$ (d) $\text{arccot}\,\left(\frac{\sqrt{3}}{3}\right)$ (f) $\text{arccot}\,\left(-\frac{\sqrt{3}}{3}\right)$ (h) $\cot(\text{arccot}\,(-2))$

Solução.

(a) $\frac{\pi}{2}$ (b) $\frac{\pi}{4}$ (c) $\frac{3\pi}{4}$ (d) $\frac{\pi}{3}$ (e) $\frac{5\pi}{6}$ (f) $\frac{2\pi}{3}$ (g) $\frac{\pi}{2}$ (h) -2

Função arco-secante

Considere o conjunto $A = \left\{x \in \mathbb{R} \mid x \neq \frac{\pi}{2} + k\pi, \text{ onde } k \in \mathbb{Z}\right\}$ e a função secante

$$\sec: \quad A \longrightarrow \mathbb{R} - (-1,1)$$
$$x \longmapsto \quad \sec x.$$

Utilizando o teste da reta horizontal percebe-se facilmente que a função secante não é bijetora (note, no gráfico abaixo, que a reta r intercepta o gráfico da secante em mais de um ponto).

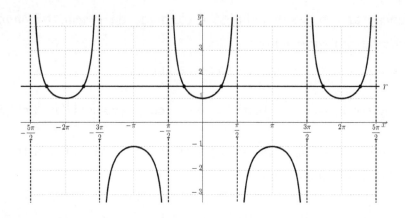

Portanto, a função secante não é inversível em todo o seu domínio, ou seja, não possui inversa.

Considere agora a restrição da função secante ao intervalo $\left[0, \frac{\pi}{2}\right) \cup \left(\frac{\pi}{2}, \pi\right]$ dada por:

$$f \; : \; \left[0, \tfrac{\pi}{2}\right) \cup \left(\tfrac{\pi}{2}, \pi\right] \longrightarrow \mathbb{R} - (-1, 1)$$
$$x \longmapsto \sec x.$$

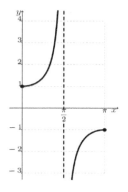

Note que o gráfico de f coincide com o gráfico da secante no intervalo $\left[0, \frac{\pi}{2}\right) \cup \left(\frac{\pi}{2}, \pi\right]$.

Do teste da reta horizontal segue que a função f é injetora e, como $Im(f) = \mathbb{R} - (-1, 1)$, também é sobrejetora, portanto bijetora e inversível.

Definição 2.39

A função inversa da função f (definida acima) é chamada de *função arco-secante* e é denotada por arcsec, ou seja,

$$\text{arcsec} \; : \; \mathbb{R} - (-1, 1) \longrightarrow \left[0, \tfrac{\pi}{2}\right) \cup \left(\tfrac{\pi}{2}, \pi\right]$$
$$x \longmapsto \text{arcsec}\, x$$

onde, $\text{arcsec}\,(x) = y$ se, e somente se, $x = \sec y$ e $y \in \left[0, \frac{\pi}{2}\right) \cup \left(\frac{\pi}{2}, \pi\right]$.

O gráfico da função arco-secante está representado abaixo.

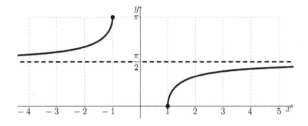

Em outras palavras, arcsec x quer dizer "o arco cuja secante é x".

Esta função é interpretada, neste sentido, como uma "função inversa da função secante" no intervalo $\left[0, \frac{\pi}{2}\right) \cup \left(\frac{\pi}{2}, \pi\right]$.

A função arcsec assim definida é chamada de *função trigonométrica inversa da função secante*.

Das propriedades de função inversa, segue que

$$\text{arcsec}(\sec x) = x, \ \forall x \in \left[0, \frac{\pi}{2}\right) \cup \left(\frac{\pi}{2}, \pi\right] \quad \text{e} \quad \sec(\text{arcsec}\, x) = x, \ \forall x \in \mathbb{R}\backslash(-1,1).$$

Nos gráficos a seguir é possível perceber a simetria que existe entre os gráficos das duas funções em relação à reta $y = x$.

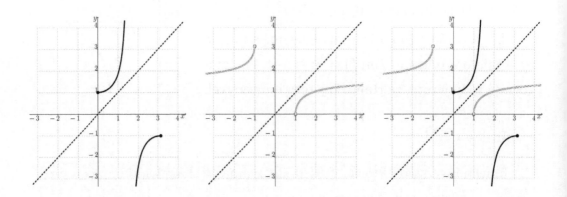

Exemplo 2.40 Calcule:

(a) $\text{arcsec}(1)$ (c) $\text{arcsec}\left(\sqrt{2}\right)$ (e) $\text{arcsec}\left(-\frac{2\sqrt{3}}{3}\right)$ (g) $\text{arcsec}\left(\sec\left(\frac{\pi}{11}\right)\right)$

(b) $\text{arcsec}(-1)$ (d) $\text{arcsec}(2)$ (f) $\text{arcsec}\left(-\sqrt{2}\right)$ (h) $\sec\left(\text{arcsec}\left(\sqrt{7}\right)\right)$

Solução.

(a) 0 (b) π (c) $\frac{\pi}{4}$ (d) $\frac{\pi}{3}$ (e) $\frac{5\pi}{6}$ (f) $\frac{3\pi}{4}$ (g) $\frac{\pi}{11}$ (h) $\sqrt{7}$

Função arco-cossecante

Considere o conjunto $A = \{x \in \mathbb{R} \mid x \neq k\pi, \ \text{onde} \ k \in \mathbb{Z}\}$ e a função cossecante

$$\csc : \ A \longrightarrow \mathbb{R} - (-1,1)$$
$$x \longmapsto \csc x.$$

Utilizando o teste da reta horizontal, percebe-se facilmente que a função cossecante não é bijetora (note, no gráfico abaixo, que a reta r intercepta o gráfico da cossecante em mais de um ponto, logo, não é injetora).

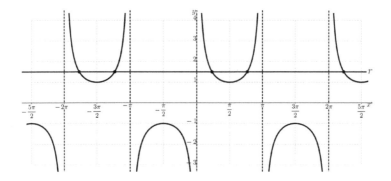

Portanto, a função cossecante não é inversível em todo o seu domínio, ou seja, não possui inversa.

Considere agora a restrição da função cosse-cante ao intervalo $\left[-\frac{\pi}{2}, 0\right) \cup \left(0, \frac{\pi}{2}\right]$ dada por:

$$f : \left[-\frac{\pi}{2}, 0\right) \cup \left(0, \frac{\pi}{2}\right] \longrightarrow \mathbb{R} - (-1, 1)$$
$$x \longmapsto \csc x.$$

Note que o gráfico de f coincide com o gráfico da cossecante no intervalo $\left[-\frac{\pi}{2}, 0\right) \cup \left(0, \frac{\pi}{2}\right]$.

Do teste da reta horizontal segue que a função f é injetora e, como $Im(f) = \mathbb{R} - (-1, 1)$, também é sobrejetora, sendo então bijetora e, por-tanto, inversível.

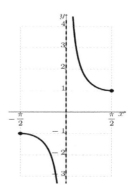

Definição 2.41

A função inversa da função f (definida acima) é chamada de *função arco-cossecante* e é denotada por arccsc, ou seja,

$$\text{arccsc} : \mathbb{R} - (-1, 1) \longrightarrow \left[-\frac{\pi}{2}, 0\right) \cup \left(0, \frac{\pi}{2}\right]$$
$$x \longmapsto \text{arccsc}\, x$$

onde, $\text{arccsc}\,(x) = y$ se, e somente se, $x = \csc y$ e $y \in \left[-\frac{\pi}{2}, 0\right) \cup \left(0, \frac{\pi}{2}\right]$.

O gráfico da função arco-cossecante está representado abaixo.

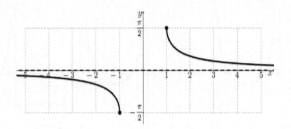

Em outras palavras, arccsc x quer dizer "o arco cuja cossecante é x".

Esta função é interpretada, neste sentido, como uma "função inversa da função cossecante" no intervalo $\left[-\frac{\pi}{2}, 0\right) \cup \left(0, \frac{\pi}{2}\right]$.

A função arccos assim definida é chamada de *função trigonométrica inversa da função cossecante*.

Das propriedades de função inversa, segue que

$$\arccos(\csc x) = x, \forall x \in \left[-\frac{\pi}{2}, 0\right) \cup \left(0, \frac{\pi}{2}\right] \text{ e } \csc(\operatorname{arccsc} x) = x, \forall x \in \mathbb{R}\backslash(-1, 1).$$

Nos gráficos a seguir é possível perceber a simetria que existe entre os gráficos das duas funções em relação à reta $y = x$.

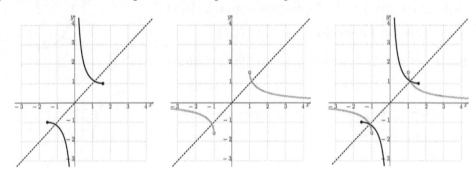

Exemplo 2.42 Calcule:

(a) $\operatorname{arccsc}(1)$ (c) $\operatorname{arccsc}\left(\sqrt{2}\right)$ (e) $\operatorname{arccsc}\left(-\frac{2\sqrt{3}}{3}\right)$ (g) $\operatorname{arccsc}\left(\csc\left(-\frac{\pi}{11}\right)\right)$

(b) $\operatorname{arccsc}(-1)$ (d) $\operatorname{arccsc}(2)$ (f) $\operatorname{arccsc}\left(-\sqrt{2}\right)$ (f) $\csc\left(\operatorname{arccsc}\left(2\sqrt{5}\right)\right)$

Solução.

(a) $\frac{\pi}{2}$ (b) $-\frac{\pi}{2}$ (c) $\frac{\pi}{4}$ (d) $\frac{\pi}{6}$

(e) $-\frac{\pi}{3}$ (f) $-\frac{\pi}{4}$ (g) $-\frac{\pi}{11}$ (h) $2\sqrt{5}$

Exercícios

1. Calcule:

   (a) $\text{arcsen}\left(\frac{1}{2}\right)$ (d) $\text{arcsen}\left(-\frac{1}{2}\right)$ (g) $\text{arcsen}\left(-1\right)$

   (b) $\text{arcsen}\left(\frac{\sqrt{3}}{2}\right)$ (e) $\text{arcsen}\left(-\frac{\sqrt{2}}{2}\right)$ (h) $\text{sen}\left(\text{arcsen}\left(\frac{1+\sqrt{5}}{4}\right)\right)$

   (c) $\text{arcsen}\left(1\right)$ (f) $\text{arcsen}\left(-\frac{\sqrt{3}}{2}\right)$ (i) $\text{arcsen}\left(\text{sen}\left(-\frac{\pi}{7}\right)\right)$

2. Em cada caso, utilize translações, alongamentos, compressões, reflexões e transformações ocasinadas pelo módulo para esboçar o gráfico da função dada, utilizando como referência o gráfico da função arcoseno.

   (a) $f(x) = 2\text{arcsen}x$ (g) $f(x) = 2\text{arcsen}(x-1)$

   (b) $f(x) = \text{arcsen}(x+1)$ (h) $f(x) = \text{arcsen}(2x+1)$

   (c) $f(x) = \text{arcsen}(-x)$ (i) $f(x) = \text{arcsen}(1-x)$

   (d) $f(x) = -\text{arcsen}x$ (j) $f(x) = |\text{arcsen}x|$

   (e) $f(x) = \text{arcsen}\frac{x}{2}$ (k) $f(x) = \text{arcsen}|x|$

   (f) $f(x) = -\text{arcsen}2x$ (l) $f(x) = 2\text{arcsen}|x-1|$

3. Calcule

   (a) $\text{arcsen}\left(\cos\left(\frac{11\pi}{6}\right)\right)$

   (b) $\text{sen}\left(\text{arccos}\left(\frac{\sqrt{2}}{2}\right)\right)$

4. Em cada caso, determine o domínio da função.

(a) $f(x) = \text{arcsen}\,(x+2)$

(b) $f(x) = x + \arccos\,(2x+5)$

(c) $f(x) = 1 - 2\text{arcsen}\,(x^2 - 1)$

5. Prove que:

(a) $\cos(\text{arcsen}x) = \sqrt{1-x^2}$

(b) $\text{sen}\,(\arccos x) = \sqrt{1-x^2}$

(c) $\text{arcsen}x + \arccos x = \frac{\pi}{2}$

(d) $\arccos x + \arccos -x = \pi$

(e) $\sec(\arctan x) = \sqrt{1+x^2}$

6. Prove que as funções arco-seno, arco-tangente e arco-cossecante são funções ímpares.

7. Mostre que $\text{arcsen}\dfrac{1}{\sqrt{5}} + \text{arcsen}\dfrac{2}{\sqrt{5}} = \dfrac{\pi}{2}$.

8. Mostre que $2\arctan\dfrac{1}{2} = \arctan\dfrac{4}{3}$.

9. Demonstre que $\text{arcsen}\dfrac{77}{85} - \text{arcsen}\dfrac{3}{5} = \arccos\dfrac{15}{17}$.

10. Mostre que $\text{arcsen}\dfrac{3}{5} + \text{arcsen}\dfrac{15}{17} = \arccos\dfrac{-13}{85}$.

11. Mostre que $\tan\left(\arctan\dfrac{3}{4} + \text{arccot}\,\dfrac{15}{8}\right) = \dfrac{77}{36}$.

12. Prove que $\text{arcsen}u + \text{arcsen}(-u) = 0$, se $-1 \leq u \leq 1$.

13. (E. Naval - 1938)Verifique que, para qualquer que seja $x > 0$, tem-se

$$\text{arcsen}\sqrt{\dfrac{x}{x+a}} = \arctan\sqrt{\dfrac{x}{a}}.$$

Respostas

1. (a) $\frac{\pi}{6}$ (b) $\frac{\pi}{3}$ (c) $\frac{\pi}{2}$ (d) $-\frac{\pi}{6}$ (e) $-\frac{\pi}{4}$ (f) $-\frac{\pi}{3}$ (g) $-\frac{\pi}{2}$ (h) $\frac{\sqrt{5}}{4}$ (i) $-\frac{\pi}{7}$

2. gráficos

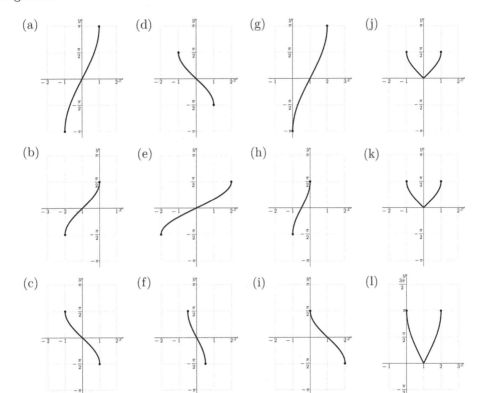

3. (a) $\frac{\pi}{3}$ (b) $\frac{\sqrt{2}}{2}$ 4. (a) $[-3,-1]$ (b) $[-3,-2]$ (c) $[-\sqrt{2},\sqrt{2}]$

Capítulo 3

Equações e inequações trigonométricas

De forma similar aos conjuntos numéricos, resolver equações ou inequações de funções trigonométricas significa determinar um conjunto de números reais, denominado *conjunto solução* ou *conjunto verdade*, de forma que a sentença dada pela equação ou inequação seja verdadeira.

3.1 Equações trigonométricas

Considere $f(x)$ e $g(x)$ duas funções trigonométricas, de vari'avel real x. Uma equação trigonométrica envolve como incógnitas arcos de circunferência que estão relacionados como $f(x) = g(x)$. Resolver esta equação significa determinar o conjunto solução que satisfaça a igualdade.

A maioria das equações trigonométricas reduz-se a equações do tipo:

- $\operatorname{sen} x = \operatorname{sen} y$

- $\cos x = \cos y$

- $\tan x = \tan y$

Por esse motivo elas são denominadas *equações fundamentais*. Saber resolvê-las é necessário para resolver qualquer outra equação trigonométrica.

3.1.1   Equação sen x = sen y

Definição 3.1

Resolver a equação sen x = sen y significa encontrar dois arcos que têm o mesmo seno, como se pode notar na figura ao lado. Quando isto ocorre há duas possibilidades: os ângulos x e y são côngruos, por terem a mesma imagem; ou são suplementares, por terem imagens simétricas em relação ao eixo dos senos.

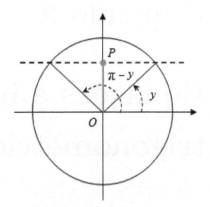

Assim

$$\text{sen } x = \text{sen } y \implies \begin{cases} x = y + 2k\pi \\ \text{ou} \\ x = \pi - y + 2k\pi \end{cases}$$

Exemplo 3.2 Resolva as equações para $x \in \mathbb{R}$.

1. sen x = sen $\dfrac{2\pi}{3}$

2. csc x = csc $\dfrac{\pi}{3}$

3. sen x = $-\dfrac{\sqrt{2}}{2}$

4. sen$^2 x$ = $\dfrac{3}{4}$

5. $2\cos^2 x = 1 - \text{sen } x$

6. sen $2x$ = sen x

Soluções.

1.

$$\text{sen } x = \text{sen } \frac{2\pi}{3} \implies \begin{cases} x = \dfrac{2\pi}{3} + 2k\pi \\ \text{ou} \\ x = \pi - \dfrac{2\pi}{3} + 2k\pi = \dfrac{\pi}{3} + 2k\pi \end{cases}$$

Portanto, o conjunto solução é dado por:

$$S = \left\{ x \in \mathbb{R} \mid x = \frac{2\pi}{3} + 2k\pi \ \text{ou} \ x = \frac{\pi}{3} + 2k\pi \right\}.$$

2.

$$\csc x = \csc \frac{\pi}{3} \Rightarrow \frac{1}{\operatorname{sen} x} = \frac{1}{\operatorname{sen} \frac{\pi}{3}} \Rightarrow$$

$$\operatorname{sen} x = \operatorname{sen} \frac{\pi}{3} \Rightarrow \begin{cases} x = \dfrac{\pi}{3} + 2k\pi \\ \text{ou} \\ x = \pi - \dfrac{\pi}{3} + 2k\pi = \dfrac{2\pi}{3} + 2k\pi \end{cases}$$

Portanto, o conjunto solução é dado por:

$$S = \left\{ x \in \mathbb{R} \mid x = \frac{\pi}{3} + 2k\pi \ \text{ou} \ x = \frac{2\pi}{3} + 2k\pi \right\}.$$

3.

$$\operatorname{sen} x = -\frac{\sqrt{2}}{2} = \operatorname{sen} \frac{5\pi}{4} \Rightarrow \begin{cases} x = \dfrac{5\pi}{4} + 2k\pi \\ \text{ou} \\ x = \pi - \dfrac{5\pi}{4} + 2k\pi = -\dfrac{\pi}{4} + 2k\pi \end{cases}$$

Portanto, o conjunto solução é dado por:

$$S = \left\{ x \in \mathbb{R} \mid x = \frac{5\pi}{4} + 2k\pi \ \text{ou} \ x = -\frac{\pi}{4} + 2k\pi \right\}.$$

4. Tem-se que $\operatorname{sen} x = \pm \dfrac{\sqrt{3}}{2}$. Assim

$$\operatorname{sen} x = -\frac{\sqrt{3}}{2} = \operatorname{sen} \frac{4\pi}{3} \Rightarrow \begin{cases} x = \dfrac{4\pi}{3} + 2k\pi \\ \text{ou} \\ x = \pi - \dfrac{4\pi}{3} + 2k\pi = -\dfrac{\pi}{3} + 2k\pi \end{cases}$$

e

$$\operatorname{sen} x = \frac{\sqrt{3}}{2} = \operatorname{sen} \frac{\pi}{3} \Rightarrow \begin{cases} x = \dfrac{\pi}{3} + 2k\pi \\ \text{ou} \\ x = \pi - \dfrac{\pi}{3} + 2k\pi = \dfrac{2\pi}{3} + 2k\pi \end{cases}$$

Portanto, o conjunto solução é dado por:

$$S = \left\{ x \in \mathbb{R} \mid x = \frac{4\pi}{3} + 2k\pi \ \text{ou} \ x = -\frac{\pi}{3} + 2k\pi \right.$$

$$\left. \text{ou} \ x = \frac{\pi}{3} + 2k\pi \ \text{ou} \ \frac{2\pi}{3} + 2k\pi \right\}.$$

5. Substituindo $\cos^2 x = 1 - \operatorname{sen}^2 x$, tem-se:

$$2(1 - \operatorname{sen}^2 x) = 1 - \operatorname{sen} x \Rightarrow 2 \operatorname{sen}^2 x - \operatorname{sen} x - 1 = 0.$$

Agora, é possível resolver a equação por Bháskara: $\operatorname{sen} x = \dfrac{1 \pm \sqrt{1 + 8}}{4} =$ 1 ou $\dfrac{1}{2}$. Note que novamente caímos em equações fundamentais, onde

$$\operatorname{sen} x = 1 \Rightarrow x = \frac{\pi}{2} + 2k\pi$$

e

$$\operatorname{sen} x = -\frac{1}{2} = \operatorname{sen} \frac{7\pi}{6} \Rightarrow \begin{cases} x = \dfrac{7\pi}{6} + 2k\pi \\ \text{ou} \\ x = \pi - \dfrac{7\pi}{6} + 2k\pi = -\dfrac{\pi}{6} + 2k\pi \end{cases}$$

Assim, a solução será

$$S = \left\{ x \in \mathbb{R} \mid x = \frac{\pi}{2} + 2k\pi \ \text{ou} \ x = \frac{7\pi}{6} + 2k\pi \ \text{ou} \ x = -\frac{\pi}{6} + 2k\pi \right\}.$$

6.

$$\operatorname{sen} 2x = \operatorname{sen} x \ \Rightarrow \ \begin{cases} 2x = x + 2k\pi \ \Rightarrow \ x = 2k\pi \\ \text{ou} \\ 2x = \pi - x + 2k\pi \ \Rightarrow \ x = \dfrac{\pi}{3} + \dfrac{2k\pi}{3} \end{cases}$$

Portanto, $S = \left\{ x \in \mathbb{R} \mid x = 2k\pi \ \text{ou} \ x = \dfrac{\pi}{3} + \dfrac{2k\pi}{3} \right\}$.

3.1.2   Equação $\cos x = \cos y$

Definição 3.3

Resolver a equação $\cos x = \cos y$ significa encontrar dois arcos que têm o mesmo cosseno, como se pode notar na figura ao lado. Quando isto ocorre há duas possibilidades: os ângulos x e y são côngruos, por terem a mesma imagem; ou são replementares, por terem imagens simétricas em relação ao eixo dos cossenos.
Sendo assim

$$\cos x = \cos y \ \Rightarrow \ \begin{cases} x = y + 2k\pi \\ \text{ou} \\ x = -y + 2k\pi \end{cases}$$

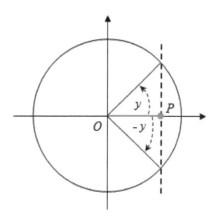

Exemplo 3.4 Resolva as equações para $x \in \mathbb{R}$.

1. $\cos x = 0$

2. $\cos x = \cos \dfrac{-\sqrt{3}}{2}$

3. $\sec x = \sec \dfrac{\pi}{3}$

4. $3\cos x - 2\operatorname{sen}^2 x + 3 = 0$

Soluções.

1. $\cos x = 0 \Rightarrow \cos x = \cos \dfrac{\pi}{2} = \cos \dfrac{3\pi}{2}$. Portanto,

$$S = \left\{ x \in \mathbb{R} \mid x = \frac{\pi}{2} + k\pi \right\}.$$

2. $\cos x = \dfrac{-\sqrt{3}}{2} \Rightarrow \cos x = \cos \dfrac{5\pi}{6} = \cos \dfrac{-5\pi}{6}$. Portanto,

$$S = \left\{ x \in \mathbb{R} \mid x = \pm\frac{5\pi}{6} + 2k\pi \right\}.$$

3. $\sec x = \sec \dfrac{\pi}{3} \Rightarrow \dfrac{1}{\cos x} = \dfrac{1}{\cos \dfrac{\pi}{3}} \Rightarrow \cos x = \cos \dfrac{\pi}{3}$.

   Portanto, o conjunto solução é dado por $S = \left\{ x \in \mathbb{R} \mid x = \pm\dfrac{\pi}{3} + 2k\pi \right\}$.

4. Substituindo $\operatorname{sen}^2 x = 1 - \cos^2 x$, tem-se:

$$-2(1 - \cos^2 x) + 3\cos x + 3 = 0 \quad \Rightarrow \quad 2\cos^2 x + 3\cos x + 1 = 0.$$

   Agora, é possível resolver a equação por Bháskara:

$$\cos x = \frac{-3 \pm \sqrt{9 - 8}}{4} = \frac{-3 \pm 1}{4} \quad \Rightarrow \quad \cos x = -1 \text{ ou } \cos x = -\frac{1}{2}.$$

   Portanto, o conjunto solução é dado por

$$S = \left\{ x \in \mathbb{R} \mid x = \pi + 2k\pi \text{ ou } x = \pm\frac{2\pi}{3} + 2k\pi \right\}.$$

3.1.3   Equação $\tan x = \tan y$

Definição 3.5

Resolver a equação $\tan x = \tan y$ significa encontrar dois arcos que têm a mesma tangente, como se pode notar na figura ao lado. Quando isto ocorre há duas possibilidades: os ângulos x e y são côngruos, por terem a mesma imagem; ou são explementares, por terem imagens simétricas em relação ao centro do ciclo trigonométrico.

Sendo assim

$$\tan x = \tan y \Rightarrow \begin{cases} x = y + 2k\pi \\ \text{ou} \\ x = \pi + y + 2k\pi \end{cases}$$

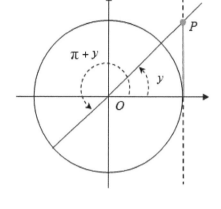

Exemplo 3.6 Resolva as seguintes equações.

1. $\tan x = 0$

2. $\tan 3x = 1$

3. $\cot x = -\sqrt{3}$

4. $\sec^2 x = 1 + \tan x$

Solução.

1. $\tan x = 0 \Rightarrow x = 0$ ou $x = \pi$. Portanto, $S = \{x \in \mathbb{R} \mid x = k\pi\}$.

2. $\tan 3x = 1 = \tan \dfrac{\pi}{4} \Rightarrow 3x = \dfrac{\pi}{4} + k\pi$. Portanto,

$$S = \left\{x \in \mathbb{R} \mid x = \frac{\pi}{12} + \frac{k\pi}{3}\right\}.$$

3. $\cot x = -\sqrt{3} \Rightarrow \tan x = \dfrac{1}{-\sqrt{3}} \Rightarrow \tan x = \tan -\dfrac{\pi}{6}$.

Portanto, o conjunto solução é dado por $S = \left\{x \in \mathbb{R} \mid x = -\dfrac{\pi}{6} + k\pi\right\}$.

4. Substituindo $\sec^2 x = 1 + \tan^2 x$, tem-se:

$$1 + \tan^2 x = 1 + \tan x \;\Rightarrow\; \tan^2 x - \tan x = 0 \;\Rightarrow\; \tan x(\tan x - 1) = 0.$$

Daí segue que $\tan x = 0$ ou $\tan x = 1$.

Portanto, o conjunto solução é dado por:

$$S = \left\{ x \in \mathbb{R} \mid x = x + k\pi \;\text{ ou }\; x = \frac{\pi}{4} + k\pi \right\}.$$

Exercícios

Equação $\operatorname{sen} x = \operatorname{sen} y$

Resolva as equações para $x \in \mathbb{R}$.

(a) $\operatorname{sen} x = 0$

(b) $\operatorname{sen} x = \operatorname{sen}\dfrac{\pi}{5}$

(c) $\operatorname{sen} 5x = \operatorname{sen} 3x$

(d) $\operatorname{sen} x = -\dfrac{\sqrt{3}}{2}$

(e) $\operatorname{sen}^2 x - \operatorname{sen} x = 0$

(f) $\csc x = \csc\dfrac{2\pi}{3}$

(g) $2\operatorname{sen}^2 x - 3\operatorname{sen} x + 1 = 0$

(h) $3\tan x - 2\cos x = 0$

(i) $2\operatorname{sen} x = 1 + \csc x$

(j) $2\operatorname{sen}\left(x - \dfrac{\pi}{3}\right) = \dfrac{\sqrt{3}}{2}$

Equação $\cos x = \cos y$

Resolva as equações para $x \in \mathbb{R}$.

(a) $\cos x = 1$

(b) $\cos x = \cos\dfrac{\pi}{5}$

(c) $\cos x = \dfrac{\sqrt{2}}{2}$

(d) $4\cos^2 x = 3$

(e) $\operatorname{sen}^2 x = 1 + \cos x = 0$

(f) $4\cos x + 3\sec x = 8$

(g) $1 + 3\tan^2 x = 5\sec x$

(h) $(4 - 3\csc^2 x)(4 - \sec^2 x) = 0$

(i) $\cos\left(x + \dfrac{\pi}{6}\right) = 0$

(j) $\cos 5x = \cos\left(x + \dfrac{\pi}{3}\right)$

Equação $\tan x = \tan y$

Resolva as equações para $x \in \mathbb{R}$.

(a) $\tan x = 1$

(b) $\cot x = \sqrt{3}$

(c) $\tan 7x = \tan 5x$

(d) $\operatorname{sen} x - \sqrt{3}\cos x = 0$

(e) $\tan x + \cot x = 2$

(f) $\tan 2x = \tan\left(x + \dfrac{\pi}{4}\right)$

(g) $\tan^2 2x = 3$

(h) $\operatorname{sen} 2x \cos\left(x + \dfrac{\pi}{4}\right) = \cos 2x \operatorname{sen}\left(x + \dfrac{\pi}{4}\right)$

Respostas

Equação $\operatorname{sen} x = \operatorname{sen} y$

(a) $S = \{x \in \mathbb{R} \mid x = k\pi\}$

(b) $S = \left\{x \in \mathbb{R} \mid x = \dfrac{\pi}{5} + 2k\pi \ \text{ou} \ x = \dfrac{4\pi}{5} + 2k\pi\right\}$

(c) $S = \left\{x \in \mathbb{R} \mid x = k\pi \ \text{ou} \ x = \dfrac{\pi}{8} + \dfrac{k\pi}{4}\right\}$

(d) $S = \left\{x \in \mathbb{R} \mid x = \dfrac{4\pi}{3} + 2k\pi \ \text{ou} \ x = -\dfrac{\pi}{3} + 2k\pi\right\}$

(e) $S = \left\{x \in \mathbb{R} \mid x = \dfrac{\pi}{2} + 2k\pi \ \text{ou} \ x = k\pi\right\}$

(f) $S = \left\{x \in \mathbb{R} \mid x = \dfrac{2\pi}{3} + 2k\pi \ \text{ou} \ x = \dfrac{\pi}{3} + 2k\pi\right\}$

(g) $S = \left\{x \in \mathbb{R} \mid x = \dfrac{\pi}{2} + 2k\pi \ \text{ou} \ x = \dfrac{\pi}{6} + 2k\pi \ \text{ou} \ x = \dfrac{5\pi}{6} + 2k\pi\right\}$

(h) $S = \left\{x \in \mathbb{R} \mid x = \dfrac{\pi}{6} + 2k\pi \ \text{ou} \ x = \dfrac{5\pi}{6} + 2k\pi\right\}$

(i) $S = \left\{x \in \mathbb{R} \mid x = \dfrac{\pi}{2} + 2k\pi \ \text{ou} \ x = \dfrac{7\pi}{6} + 2k\pi \ \text{ou} \ x = -\dfrac{\pi}{6} + 2k\pi\right\}$

(j) $S = \left\{x \in \mathbb{R} \mid x = \dfrac{2\pi}{3} + 2k\pi \ \text{ou} \ x = \pi + 2k\pi\right\}$

Equação $\cos x = \cos y$

(a) $S = \{x \in \mathbb{R} \mid x = 2k\pi\}$

(b) $S = \left\{x \in \mathbb{R} \mid x = \pm\dfrac{\pi}{5} + 2k\pi\right\}$

(c) $S = \left\{x \in \mathbb{R} \mid x = \pm\dfrac{\pi}{4} + 2k\pi\right\}$

(d) $S = \left\{x \in \mathbb{R} \mid x = \pm\dfrac{\pi}{6} + 2k\pi \text{ ou } x = \pm\dfrac{5\pi}{6} + 2k\pi\right\}$

(e) $S = \left\{x \in \mathbb{R} \mid x = \dfrac{\pi}{2} + k\pi \text{ e } x = \pi + 2k\pi\right\}$

(f) $S = \left\{x \in \mathbb{R} \mid x = \pm\dfrac{\pi}{3} + 2k\pi\right\}$

(g) $S = \left\{x \in \mathbb{R} \mid x = \pm\dfrac{\pi}{3} + 2k\pi\right\}$

(h) $S = \left\{x \in \mathbb{R} \mid x = \pm\dfrac{\pi}{3} + 2k\pi \text{ ou } x = \pm\dfrac{2\pi}{3} + 2k\pi\right\}$

(i) $S = \left\{x \in \mathbb{R} \mid x = \dfrac{\pi}{3} + 2k\pi \text{ ou } x = -\dfrac{2\pi}{3} + 2k\pi\right\}$

(j) $S = \left\{x \in \mathbb{R} \mid x = \dfrac{\pi}{12} + \dfrac{k\pi}{2} \text{ ou } x = -\dfrac{\pi}{18} + \dfrac{k\pi}{3}\right\}$

Equação $\tan x = \tan y$

(a) $S = \left\{x \in \mathbb{R} \mid x = \dfrac{\pi}{4} + k\pi\right\}$

(b) $S = \left\{x \in \mathbb{R} \mid x = \dfrac{\pi}{6} + k\pi\right\}$

(c) $S = \left\{x \in \mathbb{R} \mid x = \dfrac{k\pi}{2}, \text{ sendo } k \text{ par}\right\}$

(d) $S = \left\{x \in \mathbb{R} \mid x = \dfrac{\pi}{3} + k\pi\right\}$

(e) $S = \left\{x \in \mathbb{R} \mid x = \dfrac{\pi}{4} + k\pi\right\}$

(f) $S = \{\}$, ou seja, $\nexists\ x$

(g) $S = \left\{x \in \mathbb{R} \mid x = \dfrac{\pi}{6} + \dfrac{k\pi}{2} \text{ ou } x = \dfrac{\pi}{3} + \dfrac{k\pi}{2}\right\}$

(h) $S = \left\{x \in \mathbb{R} \mid x = \dfrac{\pi}{4} + k\pi\right\}$

3.2   Inequações trigonométricas

Sejam $f(x)$ e $g(x)$ duas funções trigonométricas, de variável real x. Uma inequação trigonométrica envolve como incógnitas arcos de circunferência que constituem a relação $f(x) < g(x)$. Resolver esta inequação significa determinar o conjunto solução que satisfaça a desigualdade.

A maioria das inequações trigonométricas reduz-se a seis tipos:

- $\operatorname{sen} x > P$ ou $\operatorname{sen} x < P$,

- $\cos x > P$ ou $\cos x < P$,

- $\tan x > P$ ou $\tan x < P$,

onde P é um número real conhecido.

Por esse motivo, estas inequações são denominadas de inequações fundamentais. Saber resolvê-las é necessário para resolver qualquer outra inequação trigonométrica.

3.2.1   Inequações $\operatorname{sen} x > P$ ou $\operatorname{sen} x < P$

Definição 3.7

Resolver as inequações $\operatorname{sen} x > P$ ou $\operatorname{sen} x < P$ significa encontrar o intervalo entre dois arcos que contém x e extremos de mesmo seno, como se pode notar nas figuras abaixo.

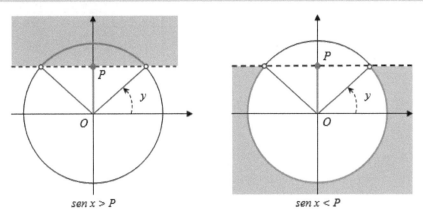

$sen\,x > P$ $sen\,x < P$

Uma vez que se trata de um intervalo aberto, os extremos do intervalo não são inclusos. O intervalo no ciclo é percorrido no sentido anti-horário.

Exemplo 3.8 Resolva a inequação

$$\operatorname{sen} x > -\frac{1}{2},$$

para $x \in \mathbb{R}$.

Solução. Podemos notar na figura ao lado que

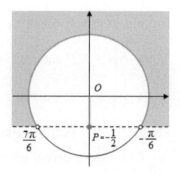

$$\operatorname{sen} x > -\frac{1}{2} \quad \Rightarrow \quad -\frac{\pi}{6} < x < \frac{7\pi}{6}.$$

Portanto, o conjunto solução é dado por

$$S = \left\{ x \in \mathbb{R} \mid -\frac{\pi}{6} + 2k\pi < x < \frac{7\pi}{6} + 2k\pi \right\}.$$

Exemplo 3.9 Resolva a inequação $\operatorname{sen} x \leq -\frac{1}{2}$, para $x \in \mathbb{R}$.

Solução. Podemos notar na figura ao lado que

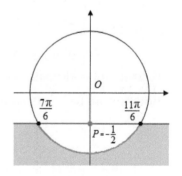

$$\operatorname{sen} x \leq -\frac{1}{2} \quad \Rightarrow \quad \frac{7\pi}{6} \leq x \leq \frac{11\pi}{6}.$$

Portanto, o conjunto solução é dado por

$$S = \left\{ x \in \mathbb{R} \mid \frac{7\pi}{6} + 2k\pi \leq x \leq \frac{11\pi}{6} + 2k\pi \right\}.$$

Exemplo 3.10 Resolva a inequação

$$2\,\mathrm{sen}^2\,x \geq \mathrm{sen}\,x, \quad \text{para} \quad x \in [0,\,2\pi].$$

Solução. Reescrevemos a inequação como:

$$2\,\mathrm{sen}^2\,x - \mathrm{sen}\,x \geq 0 \text{ e } 2\,\mathrm{sen}\,x\left(\mathrm{sen}\,x - \frac{1}{2}\right) \geq 0.$$

Podemos notar na figura ao lado que isso ocorre quando:

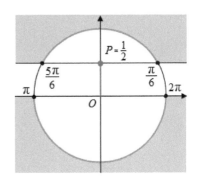

$$\frac{\pi}{6} \leq x \leq \frac{5\pi}{6} \quad \text{ou} \quad \pi \leq x \leq 2\pi.$$

3.2.2   Inequações $\cos x > P$ ou $\cos x < P$

Definição 3.11

Resolver as inequações $\cos x > P$ ou $\cos x < P$ significa encontrar o intervalo entre dois arcos que contém x e extremos de mesmo cosseno, como se pode notar nas figuras abaixo.

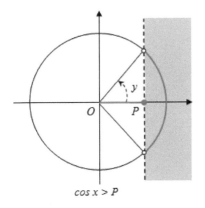

cos x > P

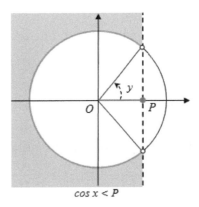

cos x < P

De forma análoga às inequações do seno, sendo o intervalo aberto, os extremos do intervalo não são inclusos. O intervalo no ciclo é percorrido no sentido anti-horário.

Exemplo 3.12 Resolva a inequação

$$\cos x > \frac{\sqrt{3}}{2},$$

para $x \in \mathbb{R}$.

Solução. Podemos notar na figura ao lado que

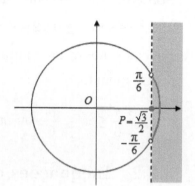

$$\cos x > \frac{\sqrt{3}}{2} \quad \Rightarrow \quad -\frac{\pi}{6} < x < \frac{\pi}{6}.$$

Portanto, o conjunto solução é dado por

$$S = \left\{ x \in \mathbb{R} \mid -\frac{\pi}{6} + 2k\pi < x < \frac{\pi}{6} + 2k\pi \right\}.$$

Exemplo 3.13 Resolva a inequação

$$\cos x < -\frac{\sqrt{3}}{2},$$

para $x \in \mathbb{R}$.

Solução. Podemos notar na figura ao lado que

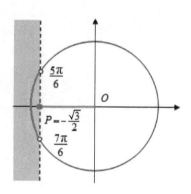

$$\cos x < -\frac{\sqrt{3}}{2} \quad \Rightarrow \quad \frac{5\pi}{6} < x < \frac{7\pi}{6}.$$

Portanto, o conjunto solução é dado por

$$S = \left\{ x \in \mathbb{R} \mid \frac{5\pi}{6} + 2k\pi < x < \frac{7\pi}{6} + 2k\pi \right\}.$$

Exemplo 3.14 Resolva a inequação

$$0 \leq \cos x < \frac{3}{2},$$

com $x \in \mathbb{R}$.

Solução. Na figura ao lado está ilustrada a região em questão. Sendo que

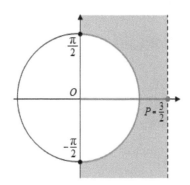

$$0 \leq \cos x < \frac{3}{2} \quad \Rightarrow \quad -\frac{\pi}{2} \leq x \leq \frac{\pi}{2}.$$

Portanto, o conjunto solução é dado por

$$S = \left\{ x \in \mathbb{R} \mid -\frac{\pi}{2} + 2k\pi \leq x \leq \frac{\pi}{2} + 2k\pi \right\}.$$

3.2.3   Inequações $\tan x > P$ ou $\tan x < P$

Definição 3.15

Resolver as inequações $\tan x > P$ ou $\tan x < P$ significa encontrar os intervalos entre arcos que satisfazem estas inequações, como se pode notar nas figuras abaixo.

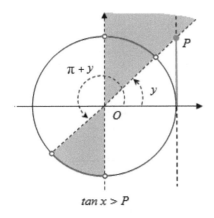

$tan\,x > P$

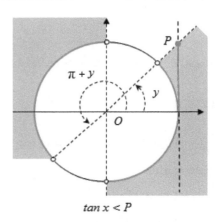

$tan\,x < P$

De forma análoga às inequações do seno e cosseno, sendo o intervalo aberto, os extremos dos intervalos não são inclusos.

Exemplo 3.16 Resolva a inequação

$$\tan x \geq 1,$$

para $x \in \mathbb{R}$.

Solução. Observe na figura ao lado que

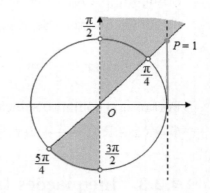

$$\tan x \geq 1 \quad \Rightarrow \quad \frac{\pi}{4} \leq x < \frac{\pi}{2} \text{ ou } \frac{5\pi}{4} \leq x < \frac{3\pi}{2}.$$

O que pode ser reescrito em uma única inequação como:

$$\frac{\pi}{4} + k\pi \leq x < \frac{\pi}{2} + k\pi.$$

Portanto, o conjunto solução é dado por

$$S = \left\{ x \in \mathbb{R} \mid \frac{\pi}{4} + k\pi \leq x < \frac{\pi}{2} + k\pi \right\}.$$

Exemplo 3.17 Resolva a inequação

$$\tan x < 1,$$

para $x \in \mathbb{R}$.

Solução. Observe na figura ao lado que

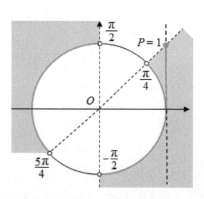

$$\tan x < 1 \quad \Rightarrow \quad -\frac{\pi}{2} < x < \frac{\pi}{4} \text{ ou } \frac{\pi}{2} < x < \frac{5\pi}{4}.$$

O que pode ser reescrito em uma única inequação como:

$$-\frac{\pi}{2} + k\pi < x < \frac{\pi}{4} + k\pi.$$

Portanto, o conjunto solução é dado por

$$S = \left\{ x \in \mathbb{R} \mid -\frac{\pi}{2} + k\pi < x < \frac{\pi}{4} + k\pi \right\}.$$

Exemplo 3.18 Resolva a inequação

$$|\tan x| < \sqrt{3},$$

para $x \in \mathbb{R}$.

Solução. Pela definição do módulo temos

$$|\tan x| < \sqrt{3} \;\Rightarrow\; -\sqrt{3} < \tan x < \sqrt{3},$$

o que, por sua vez, como mostra a figura abaixo, é dado por:

$$-\frac{\pi}{3} < x < \frac{\pi}{3} \;\text{ ou }\; \frac{2\pi}{3} < x < \frac{4\pi}{3}.$$

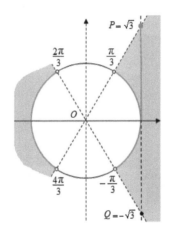

Portanto, o conjunto solução é dado por:

$$S = \left\{ x \in \mathbb{R} \mid -\frac{\pi}{3} + 2k\pi < x < \frac{\pi}{3} + 2k\pi \text{ ou } \frac{2\pi}{3} + 2k\pi < x < \frac{4\pi}{3} + 2k\pi \right\}.$$

Exercícios

Inequações $\operatorname{sen} x > P$ **ou** $\operatorname{sen} x < P$

Resolva as inequações para $x \in \mathbb{R}$.

(a) $\operatorname{sen} x > \dfrac{\sqrt{2}}{2}$

(d) $0 < \operatorname{sen} x < \dfrac{\sqrt{3}}{2}$

(b) $\operatorname{sen} x \le -\dfrac{\sqrt{3}}{2}$

(e) $|\operatorname{sen} x| > \dfrac{\sqrt{2}}{2}$

(c) $\operatorname{sen} 2x > 0$

(f) $4\operatorname{sen}^2 x > 1$

(g) Resolva a inequação $\operatorname{sen}\left(2x - \dfrac{\pi}{4}\right) > \dfrac{1}{2}$.

(h) Verifique para quais valores de x existe $\log_2(2\operatorname{sen} x - 1)$.

Inequações $\cos x > P$ **ou** $\cos x < P$

Resolva as inequações para $x \in \mathbb{R}$.

(i) $\cos x < -\dfrac{1}{2}$

(l) $-\dfrac{3}{2} < \cos x < -\dfrac{1}{2}$

(j) $\cos x \ge -\dfrac{\sqrt{2}}{2}$

(m) $|\cos x| > \dfrac{1}{2}$

(k) $\cos^2 x < 3$

(n) $\cos 2x \ge \cos x$

(o) Resolva a inequação $\cos 2x + \cos x \le -1$.

(p) Obtenha os valores de $x \in [0, 2\pi]$ para os quais se verifica a desigualdade:

$$\log_{\cos x}(1 + 2\cos x) + \log_{\cos x}(1 + \cos x) > 1.$$

Inequações $\tan x > P$ **ou** $\tan x < P$

Resolva as inequações para $x \in \mathbb{R}$.

(q) $\tan x < \sqrt{3}$

(t) $|\tan x| \ge \sqrt{3}$

(r) $\tan x > 0$

(u) $1 \le \tan 2x \le \sqrt{3}$, para $x \in [0, 2\pi]$.

(s) $\tan 3x > 1$

(v) $\tan 2x \ge -\sqrt{3}$, para $x \in [0, 2\pi]$.

(w) Resolva a inequação $-\sqrt{3} < \tan x \le \dfrac{\sqrt{3}}{3}$, para $x \in \mathbb{R}$.

(x) Resolva a inequação $\tan^2 2x < 3$, para $x \in [0, 2\pi]$.

Respostas

(a) $S = \left\{ x \in \mathbb{R} \mid -\dfrac{\pi}{4} + 2k\pi < x < \dfrac{5\pi}{4} + 2k\pi \right\}$

(b) $S = \left\{ x \in \mathbb{R} \mid \dfrac{4\pi}{3} + 2k\pi \leq x \leq \dfrac{5\pi}{3} + 2k\pi \right\}$

(c) $S = \left\{ x \in \mathbb{R} \mid 2k\pi < x < \dfrac{\pi}{2} + 2k\pi \ \text{ou} \ \pi + 2k\pi < x < \dfrac{3\pi}{2} + 2k\pi \right\}$

(d) $S = \left\{ x \in \mathbb{R} \mid 2k\pi < x < \dfrac{\pi}{3} + 2k\pi \ \text{ou} \ \dfrac{2\pi}{3} + 2k\pi < x < \pi + 2k\pi \right\}$

(e) $S = \left\{ x \in \mathbb{R} \mid \dfrac{\pi}{4} + 2k\pi < x < \dfrac{3\pi}{4} + 2k\pi \ \text{ou} \ \dfrac{5\pi}{4} + 2k\pi < x < \dfrac{7\pi}{4} + 2k\pi \right\}$

(f) $S = \left\{ x \in \mathbb{R} \mid \dfrac{\pi}{6} + 2k\pi < x < \dfrac{5\pi}{6} + 2k\pi \ \text{ou} \ \dfrac{7\pi}{6} + 2k\pi < x < \dfrac{11\pi}{6} + 2k\pi \right\}$

(g) $S = \left\{ x \in \mathbb{R} \mid \dfrac{5\pi}{24} + k\pi < x < \dfrac{13\pi}{24} + k\pi \right\}$

(h) Existe para valores de x em que $\operatorname{sen} x > \dfrac{1}{2}$.

(i) $S = \left\{ x \in \mathbb{R} \mid \dfrac{2\pi}{3} + 2k\pi < x < \dfrac{4\pi}{3} + 2k\pi \right\}$

(j) $S = \left\{ x \in \mathbb{R} \mid -\dfrac{3\pi}{4} + 2k\pi \leq x \leq \dfrac{3\pi}{4} + 2k\pi \right\}$

(k) $S = \left\{ x \in \mathbb{R} \mid \dfrac{\pi}{6} + 2k\pi < x < \dfrac{5\pi}{6} + 2k\pi \ \text{ou} \ \dfrac{7\pi}{6} + 2k\pi < x < \dfrac{11\pi}{6} + 2k\pi \right\}$

(l) $S = \left\{ x \in \mathbb{R} \mid \dfrac{2\pi}{3} + 2k\pi < x < \dfrac{4\pi}{3} + 2k\pi \right\}$

(m) $S = \left\{ x \in \mathbb{R} \mid -\dfrac{\pi}{3} + 2k\pi < x < \dfrac{\pi}{3} + 2k\pi \ \text{ou} \ \dfrac{2\pi}{3} + 2k\pi < x < \dfrac{4\pi}{3} + 2k\pi \right\}$

(n) $S = \left\{ x \in \mathbb{R} \mid \dfrac{2\pi}{3} + 2k\pi \leq x \leq \dfrac{4\pi}{3} + 2k\pi \ \text{ou} \ x = 2k\pi \right\}$

(o) $S = \left\{ x \in \mathbb{R} \mid \dfrac{\pi}{2} + 2k\pi \leq x \leq \dfrac{2\pi}{3} + 2k\pi \ \text{ou} \ \dfrac{4\pi}{3} + 2k\pi \leq x \leq \dfrac{3\pi}{2} + 2k\pi \right\}$

(p) $S = \left\{ x \in \mathbb{R} \mid \dfrac{\pi}{3} < x < \dfrac{\pi}{2} \ \text{ou} \ \dfrac{3\pi}{2} < x < \dfrac{5\pi}{3} \right\}$

(q) $S = \left\{ x \in \mathbb{R} \mid -\dfrac{\pi}{2} + 2k\pi < x < \dfrac{\pi}{3} + 2k\pi \ \text{ou} \ \dfrac{\pi}{2} + 2k\pi < x < \dfrac{4\pi}{3} + 2k\pi \right\}$

(r) $S = \left\{ x \in \mathbb{R} \mid 2k\pi < x < \dfrac{\pi}{2} + 2k\pi \ \text{ou} \ \pi + 2k\pi < x < \dfrac{3\pi}{2} + 2k\pi \right\}$

(s) $S = \left\{ x \in \mathbb{R} \mid \dfrac{\pi}{12} + \dfrac{k\pi}{3} < x < \dfrac{\pi}{6} + \dfrac{k\pi}{3} \right\}$

(t) $S = \left\{ x \in \mathbb{R} \mid \dfrac{\pi}{3} + k\pi \leq x < \dfrac{\pi}{2} + k\pi \ \text{ou} \ \dfrac{\pi}{2} + k\pi < x \leq \dfrac{2\pi}{3} + k\pi \right\}$

(u) $S = \left\{ x \in \mathbb{R} \mid \dfrac{\pi}{8} \leq x < \dfrac{\pi}{6} \ \text{ou} \ \dfrac{5\pi}{8} \leq x < \dfrac{2\pi}{3} \ \text{ou} \ \dfrac{9\pi}{8} \leq x < \dfrac{7\pi}{6} \ \text{ou} \ \dfrac{13\pi}{8} \leq x < \dfrac{5\pi}{3} \right\}$

(v) $S = \Big\{ x \in \mathbb{R} \mid 0 \leq x < \dfrac{\pi}{4} \ \text{ou} \ \pi \leq x < \dfrac{5\pi}{4} \ \text{ou} \ \dfrac{\pi}{3} \leq x < \dfrac{3\pi}{4} \ \text{ou} \ \dfrac{4\pi}{3} \leq x < \dfrac{7\pi}{4} \ \text{ou}$

$\dfrac{5\pi}{6} \leq x < \pi \ \text{ou} \ \dfrac{11\pi}{6} \leq x < 2\pi \Big\}$

(w) $S = \Big\{ x \in \mathbb{R} \mid 2k\pi \leq x \leq \dfrac{\pi}{6} + 2k\pi \ \text{ou}$

$\dfrac{2\pi}{3} + 2k\pi < x \leq \dfrac{7\pi}{6} + 2k\pi \ \text{ou} \ \dfrac{5\pi}{3} + 2k\pi < x < 2\pi + 2k\pi \Big\}$

(x) $S = \left\{ x \in \mathbb{R} \mid 0 \leq x < \dfrac{\pi}{3} \text{ ou } \dfrac{5\pi}{6} < x \leq \dfrac{7\pi}{6} \text{ ou } \dfrac{\pi}{3} < x < \dfrac{2\pi}{3} \text{ ou} \right.$

$$\left. \dfrac{4\pi}{3} < x < \dfrac{5\pi}{3} \text{ ou } \dfrac{11\pi}{6} < x < 2\pi \right\}$$

3.3   Aplicações

3.3.1   Equações trigonométricas

Uma aplicação das equações trigonométricas fundamentais é sua utilização para a resolução de equações tradicionais na Trigonometria. O objetivo é resolver equações trigonométricas mais complexas utilizando metodologias que as façam recair em equações fundamentais.

Consideremos a equação

$$\sigma \operatorname{sen} x + \delta \cos x = \gamma, \ \forall \ \sigma, \delta, \gamma \in \mathbb{R}^*.$$

Para resolver esta equação na variável x, consideram-se três metodologias.

Metodologia 1. Com uma mudança de variável $\operatorname{sen} x = u$ e $\cos x = v$ monta-se o sistema

$$\begin{cases} \sigma u + \delta v = \gamma, \\ u^2 + v^2 = 1. \end{cases}$$

Deste sistema calcula-se u e v e subtitui-se estes valores em $\operatorname{sen} x = u$ e $\cos x = v$. Assim é possível obter x de arcsen u ou de arccos v, o que implica em duas soluções.

Metodologia 2. Outra metodologia é considerar $\dfrac{\delta}{\sigma} = \tan \theta$. Assim,

$$\sigma \operatorname{sen} x + \delta \cos x = \gamma \Rightarrow \operatorname{sen} x + \tan \theta \cos x = \frac{\gamma}{\sigma} \Rightarrow \operatorname{sen} x + \frac{\operatorname{sen} \theta}{\cos \theta} \cos x = \frac{\gamma}{\sigma}$$

$$\Rightarrow \operatorname{sen} x \cos \theta + \operatorname{sen} \theta \cos x = \frac{\gamma}{\sigma} \cos \theta$$

Levando em conta a identidade trigonométrica adequada, obtém-se:

$$\operatorname{sen}(x + \theta) = \frac{\gamma}{\sigma} \cos \theta,$$

de onde pode ser calculado $x + \theta$.

Metodologia 3. A terceira metodologia é considerar $\tan\dfrac{x}{2} = s$. Lembrando que $\tan\dfrac{x}{2} = \dfrac{\operatorname{sen} x}{1 + \cos x}$, pode-se mostrar que $\operatorname{sen} x = \dfrac{2s}{1 + s^2}$ e $\cos x = \dfrac{1 - s^2}{1 + s^2}$. Então:

$$\sigma \operatorname{sen} x + \delta \cos x = \gamma \;\Rightarrow\; \sigma\frac{2s}{1 + s^2} + \delta\frac{1 - s^2}{1 + s^2} = \gamma \;\Rightarrow\; 2\sigma s + \delta - \delta s^2 = \gamma + \gamma s^2.$$

Agrupando os termos de mesmo grau de s, tem-se:

$$(\gamma + \delta)s^2 - 2\sigma s + (\gamma - \delta) = 0,$$

que é uma equação de 2° grau em s e de onde podem ser calculados os valores de s. É preciso ter cuidado para o caso em que esta equação tiver como solução $\pi + 2k\pi$, pois é onde esta metodologia falha e não pode ser utilizada, uma vez que a substituição $\tan\dfrac{x}{2} = s$ perde o sentido.

3.3.2   Inequações trigonométricas

Uma aplicação bastante usual das inequações trigonométricas é na determinação de domínio de funções.

Exemplo 3.19 Determine o domínio, no conjunto dos reais, da função

$$f(x) = \sqrt{\frac{\cos 2x}{\cos x}}\,.$$

Solução. Obter o domínio de f significa resolver a inequação $\dfrac{\cos 2x}{\cos x} \geq 0$.
Fazendo $\cos x = y$ e lembrando que $\cos 2x = 2\cos^2 x - 1$, temos:

$$\frac{\cos 2x}{\cos x} \geq 0 \;\Rightarrow\; \frac{2y^2 - 1}{y} \geq 0\,.$$

Da equação $2y^2 - 1 = 0$ obtemos as raízes $y = -\dfrac{\sqrt{2}}{2}$ ou $y = \dfrac{\sqrt{2}}{2}$.
Fazemos o estudo do quadro de sinais:

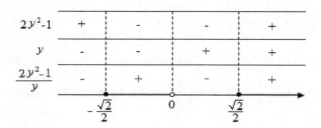

e concluímos que o quociente só será positivo se

$$-\frac{\sqrt{2}}{2} \leq y < 0 \ \text{ou} \ y \geq \frac{\sqrt{2}}{2},$$

ou seja,

$$-\frac{\sqrt{2}}{2} \leq \cos x < 0 \ \text{ou} \ \cos x \geq \frac{\sqrt{2}}{2}.$$

Sendo assim, o conjunto solução é dado por:

$$-\frac{\sqrt{2}}{2} \leq \cos x < 0 \Leftrightarrow \begin{cases} \dfrac{\pi}{2} + 2k\pi < x \leq \dfrac{3\pi}{4} + 2k\pi \\[2mm] \text{ou} \\[2mm] \dfrac{5\pi}{4} + 2k\pi \leq x < \dfrac{3\pi}{2} + 2k\pi \end{cases}$$

ou

$$\cos x \geq \frac{\sqrt{2}}{2} \Leftrightarrow \begin{cases} 2k\pi \leq x \leq \dfrac{\pi}{4} + 2k\pi \\[2mm] \text{ou} \\[2mm] \dfrac{7\pi}{4} + 2k\pi \leq x \leq 2\pi + 2k\pi \end{cases}$$

Observação: no caso de funções envolvendo $\tan x$ ou $\cot x$, deve-se ter o cuidado na análise do domínio quanto à existência em $0, \dfrac{\pi}{2}, \pi$ e $\dfrac{3\pi}{2}$.

3.3.3   Aplicações diversas

As equações e inequações trigonométricas têm aplicações nas mais variadas áreas do conhecimento. É comum encontrar estas em provas de vestibular e concursos públicos. A solução de questões, ou problemas, envolvendo estas aplicações sempre recai no fato de saber resolver as equações ou inequações trigonométricas fundamentais.

Exemplo 3.20 Em problemas não lineares, que envolvem o cálculo de determinantes e obtenção de raízes de polinômios característicos. Resolver a equação:

$$\begin{vmatrix} 1 & 2 & 0 \\ 0 & \cos x & -\frac{1}{4} \\ 1 & 0 & \cos x \end{vmatrix} = 0.$$

Solução. O polinômio característico será $\cos^2 x - \dfrac{1}{2} = 0$. Portanto,

$$\cos x = \pm \frac{\sqrt{2}}{2}.$$

Assim, o conjunto solução é dado por:

$$S = \left\{ x \in \mathbb{R} \mid x = \frac{\pi}{4} + 2k\pi \text{ ou } x = \frac{3\pi}{4} + 2k\pi \text{ ou } x = \frac{5\pi}{4} + 2k\pi \right.$$

$$\left. \text{ou } x = \frac{7\pi}{4} + 2k\pi \right\}.$$

Exemplo 3.21 Em física, no estudo órbitas de planetas e satélites.

Em uma questão de vestibular da Unesp foi apresentada a seguinte situação: a figura abaixo mostra a órbita elíptica de um satélite S em torno do planeta Terra. Na elipse estão assinalados dois pontos: o ponto A (apogeu), que é o ponto da órbita mais afastado do centro da terra, e o ponto P (perigeu), que é o ponto mais próximo da órbita do centro da Terra. O ponto O indica o centro da Terra e o ângulo $P\hat{O}S$ tem medida α, com $0° \leq \alpha \leq 360°$.

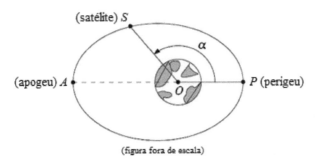

(figura fora de escala)

A altura h, em km, do satélite à superfície da Terra, dependendo do ângulo α, é dada pela função:

$$h = -64 + \frac{7980}{100 + 5\cos\alpha}10^2.$$

Determine o ângulo α para que $h = 7916\,km$.

Solução. Para $h = 7916$, temos

$$7916 = -64 + \frac{7980}{100 + 5\cos\alpha}10^2,$$

de onde podemos isolar $\cos\alpha$, obtendo $\cos\alpha = 0$.

Portanto o conjunto solução é dado por $S = \left\{\dfrac{\pi}{2}, \dfrac{3\pi}{2}\right\}$.

Exercícios

Para as letras (a) e (b) resolva as equações utilizando as três metodologias propostas na seção de aplicações de equações trigonométricas, com $x \in \mathbb{R}$.

(a) $\cos x + \operatorname{sen} x = 1$ \hspace{2cm} (b) $\cos x + \sqrt{3}\operatorname{sen} x = 1$

(c) Determine o domínio, no conjunto dos reais, da função

$$f(x) = \sqrt{\operatorname{sen}\left(x - \frac{\pi}{3}\right)}.$$

(d) Determine o domínio, no conjunto dos reais, para $x \in [0, 2\pi]$, da função

$$f(x) = \sqrt{\frac{4\operatorname{sen}^2 x - 1}{\cos x}}.$$

(e) Determine o domínio, no conjunto dos reais, para $x \in [0, 2\pi]$, da função

$$f(x) = \sqrt{\frac{\cos x}{\cos 2x}}.$$

(f) (MAUÁ) Resolver a equação, para $x \in [0, 2\pi]$:

$$\begin{vmatrix} 2 & -3 & 0 \\ 0 & \cos x & \operatorname{sen} x \\ 1 & 0 & \cos x \end{vmatrix} = 0.$$

(g) Utilizando a fórmula para a altura do satélite dada no Exemplo 3, das aplicações diversas, determine os ângulos em que o satélite atinge a altura mínima e máxima e indique o valor da altura nestas posições.

(h) A temperatura T em t dias, na escala Fahrenheit, de um paciente doente, dentro de um período de 12 dias de doença, é dada por:

$$T(t) = 101,6° + 3°\operatorname{sen}\left(\frac{\pi}{8}t\right).$$

Determine o tempo t, no período da doença, em que a temperatura T foi de 103°.

(i) (MAUÁ) Determine $0 \leq x,\, y < 2\pi$ que verifique

$$\begin{cases} \operatorname{sen}(x+y) + \operatorname{sen}(x-y) = 2 \\ \operatorname{sen} x + \cos y = 2 \end{cases}$$

(j) (UNESP) Seja a expressão $f(x) = \operatorname{sen} 2x - \cot x$, considerando o conjunto dos reais.

   (I) Encontre o valor de $f(x)$ para $x = \dfrac{5\pi}{6}$.

   (II) Resolva a equação $f(x) = 0$.

(k) (ITA) Dado o polinômio P definido por $P(x) = \operatorname{sen}\theta - (\tan\theta)x + (\sec^2\theta)x^2$, determine os valores de θ, no intervalo $[0, 2\pi]$, tais que P admita somente raízes reais.

(l) (ITA) Determine o conjunto imagem e o período de $f(x) = 2\operatorname{sen}^2(3x) + \operatorname{sen}(6x) - 1$.

(m) (ITA) Sejam a um número real e n o número de todas as soluções reais e distintas $x \in [0, 2\pi]$ da equação $\cos^8 x - \operatorname{sen}^8 x + 4\operatorname{sen}^6 x = a$. Qual(quais) afirmação(ões) é(são) verdadeira(s):

   (I) Se $a = 0$, então $n = 0$;

   (II) Se $a = \dfrac{1}{2}$, então $n = 8$;

   (III) Se $a = 1$, então $n = 7$;

   (IV) Se $a = 3$, então $n = 2$.

(n) (ITA) Sejam α e β números reais tais que α, β, $\alpha + \beta \in]0; a\pi[$ e satisfazem as equações

$$\cos^2 \frac{\alpha}{2} = \frac{4}{5} \cos^4 \frac{\alpha}{2} + \frac{1}{5} \quad \text{e} \quad \cos^2 \frac{\beta}{3} = \frac{4}{7} \cos^4 \frac{\beta}{3} + \frac{3}{7}.$$

Então, qual é o menor valor de $\cos(\alpha + \beta)$?

(o) (ITA) Com relação à equação $\dfrac{\tan^3 x - 3\tan x}{1 - 3\tan^2 x} + 1 = 0$, podemos afirmar que

I - no intervalo $\left]-\dfrac{\pi}{2}, \dfrac{\pi}{2}\right[$ a soma das soluções é igual a 0.

II - no intervalo $\left]-\dfrac{\pi}{2}, \dfrac{\pi}{2}\right[$ a soma das soluções é maior que 0.

III - a equação admite apenas uma solução real.

IV - existe uma única solução no intervalo $\left[0, \dfrac{\pi}{2}\right]$.

V - existem duas soluções no intervalo $\left]-\dfrac{\pi}{2}, 0\right]$.

Respostas

(a) $S = \left\{ x \in \mathbb{R} \mid x = \dfrac{\pi}{2} + 2k\pi \text{ ou } x = 2k\pi \right\}$

(b) $S = \left\{ x \in \mathbb{R} \mid x = \dfrac{\pi}{6} + 2k\pi \text{ ou } x = \dfrac{\pi}{2} + 2k\pi \right\}$

(c) $S = \left\{ x \in \mathbb{R} \mid \dfrac{\pi}{3} + 2k\pi < x < \dfrac{4\pi}{3} + 2k\pi \right\}$

(d) $S = \left\{ x \in \mathbb{R} \mid \dfrac{\pi}{6} \leq x < \dfrac{\pi}{2} \text{ ou } \dfrac{5\pi}{6} \leq x \leq \dfrac{7\pi}{6} \text{ ou } \dfrac{3\pi}{2} < x \leq \dfrac{11\pi}{6} \right\}$

(e) $S = \left\{ x \in \mathbb{R} \mid x = 0 \text{ ou } \dfrac{\pi}{4} < x \leq \dfrac{2\pi}{3} \text{ ou } \dfrac{3\pi}{4} < x < \dfrac{5\pi}{4} \text{ ou } \dfrac{4\pi}{3} \leq x < \dfrac{7\pi}{4} \text{ ou } x = 2\pi \right\}$

(f) $S = \left\{ \dfrac{\pi}{6}, \dfrac{5\pi}{6} \right\}$

(g) Altura mínima: $\alpha = 0$ e $h = 7536$. Altura máxima: $\alpha = \pi$ e $h = 8336$.

(h) 1,24 dias e 6,67 dias.   (i) $S = \left\{ \left(\dfrac{\pi}{2}, 0 \right) \right\}$

(j) (I) $\dfrac{\sqrt{3}}{2}$ (II) $S = \left\{ x \in \mathbb{R} \mid x = \dfrac{\pi}{4} + \dfrac{k\pi}{2} \text{ ou } x = \dfrac{\pi}{2} + k\pi \right\}$

(k) $S = \left\{ x \in \mathbb{R} \mid \pi \leq \theta < \dfrac{3\pi}{2} \text{ ou } \dfrac{3\pi}{2} < \theta \leq 2\pi \right\}$

(l) $[-\sqrt{2}, \sqrt{2}]$ e $\dfrac{\pi}{3}$ (m) Todas são verdadeiras.   (n) $-\dfrac{\sqrt{3}}{2}$ (o) II está correta.

Capítulo 4

Números complexos

4.1 O conjunto dos números complexos

Definição 4.1

Chama-se *conjunto dos números complexos* o conjunto $\mathbb{C}$ de pares orde-
nados (x, y), com $x, y \in \mathbb{R}$, que satisfazem as seguintes operações: dados
(x, y) e (a, b) dois números complexos, tem-se

- adição: $(x, y) + (a, b) = (x + a,\ y + b)$;

- multiplicação: $(x, y) \cdot (a, b) = (xa - yb,\ xb + ya)$.

O conjunto $\mathbb{C}$ dos números complexos goza das seguintes propriedades
operatórias:

Sejam z_1, z_2 e $z_3 \in \mathbb{C}$, então decorrem as seguintes propriedades da
Adição:

A1. Comutativa: $z_1 + z_2 = z_2 + z_1$.

A2. Associativa: $(z_1 + z_2) + z_3 = z_1 + (z_2 + z_3)$.

A3. Existência do elemento neutro aditivo:

$$\exists\, 0 \in \mathbb{C} \mid z + 0 = z,\ \forall\, z \in \mathbb{C}.$$

Tal elemento neutro é dado por $0 = (0,0)$.

A4. Existência de elemento simétrico aditivo:

$\forall\, z \in \mathbb{C},\, \exists\, z' \in \mathbb{C} \mid z + z' = 0$. De fato, dado $z = (a,b)$, seu simétrico aditivo é $z' = (-a, -b)$, e o denotamos por $-z$.

Sejam z_1, z_2 e $z_3 \in \mathbb{C}$, então decorrem as seguintes propriedades da **multiplicação:**

M1. Comutativa: $z_1 \cdot z_2 = z_2 \cdot z_1$.

M2. Associativa: $(z_1 \cdot z_2) \cdot z_3 = z_1 \cdot (z_2 \cdot z_3)$.

M3. Existência do elemento neutro multiplicativo:

$\exists\, 1 \in \mathbb{C} \mid z \cdot 1 = z,\, \forall\, z \in \mathbb{C}$.

De fato, tal neutro multiplicativo é dado por $1 = (1, 0)$. Verifique!

M4. Existência de elemento simétrico multiplicativo: $\forall\, z \in \mathbb{C}^*,\, \exists\, z'' \in \mathbb{C} \mid z \cdot z'' = 1$.

Mais precisamente, dado o número complexo $z = (a, b) \in \mathbb{C}^*$ (ou seja, $a \neq 0$ ou $b \neq 0$), temos que o seu simértico multiplicativo é dado por $z'' = \left(\frac{a}{a^2+b^2}, -\frac{b}{a^2+b^2}\right)$. De fato, basta observar que

$$z \cdot z'' = (a, b) \cdot \left(\frac{a}{a^2 + b^2}, -\frac{b}{a^2 + b^2}\right) =$$

$$= \left(\frac{a^2}{a^2 + b^2} + \frac{b^2}{a^2 + b^2}, \frac{ab}{a^2 + b^2} - \frac{ab}{a^2 + b^2}\right) = (1, 0) = 1.$$

Veremos na Definição 4.13 que a técnica para determinar tal simétrico multiplicativo é bem simples. O simétrico multiplicativo de z também é chamado de *inverso* de z. Tal inverso costuma ser denotado por z^{-1} ou $\frac{1}{z}$.

Por fim, para z_1, z_2 e $z_3 \in \mathbb{C}$, vale a propriedade **distributiva:**

D. Propriedade distributiva: $(z_1 + z_2) \cdot z_3 = z_1 \cdot z_3 + z_2 \cdot z_3$.

Todas a propriedades acima elencadas podem ser facilmente deduzidas da definição 4.1. Faremos apenas a última (distributiva) e deixamos as demais a encargo do leitor: escrevendo $z_1 = (a_1, b_1)$, $z_2 = (a_2, b_2)$ e $z_3 = (a_3, b_3)$, temos

$$(z_1 + z_2) \cdot z_3 = ((a_1, b_1) + (a_2, b_2)) \cdot (a_3, b_3) = (a_1 + a_2, b_1 + b_2) \cdot (a_3, b_3) =$$

$$= ((a_1 + a_2)a_3 - (b_1 + b_2)b_3, (a_1 + a_2)b_3 + (b_1 + b_2)a_3) =$$

$$= (a_1 a_3 + a_2 a_3 - b_1 b_3 + b_2 b_3, a_1 b_3 + a_2 b_3 + b_1 a_3 + b_2 a_3) =$$

$$= (a_1 a_3 - b_1 b_3, a_1 b_3 + b_1 a_3) + (a_2 a_3 + b_2 b_3, a_2 b_3 + b_2 a_3) =$$

$$= (a_1 b_1) \cdot (a_3, b_3) + (a_2, b_2) \cdot (a_3, b_3) = z_1 \cdot z_3 + z_2 \cdot z_3.$$

Todas as propriedades acima (A1, ..., A4, M1, ..., M4, D) estabelecem que o conjunto $\mathbb{C}$ dos números complexos forma uma estrutura de *corpo comutativo*.

Definimos a diferença entre $z_1 = (a_1, b_1)$ e $z_2 = (a_2, b_2)$ como a soma entre z_1 e o simétrico de z_2, ou seja,

$$z_1 - z_2 = z_1 + (-z_2) = (a_1, b_1) + (-a_2, -b_2) = (a_1 - a_2, b_1 - b_2).$$

Vamos destacar dois números complexos extremamente importantes e denotá-los de uma forma mais simples: denotaremos os números complexos

$$(1, 0) = 1 \quad \text{e} \quad (0, 1) = i.$$

Dessa forma, temos que um número complexo $z = (a, b)$ pode ser representado por

$$z = (a, b) = (a, 0) + (0, b) = a(1, 0) + b(0, 1) = a + bi,$$

e esta forma de representação chama-se *representação na forma algébrica* de z. Observe que o número complexo $1 = (1, 0)$ é o elemento neutro multiplicativo. O número complexo $i = (0, 1)$ chama-se *unidade imaginária*. Tal unidade imaginária apresenta a importante propriedade:

$$i^2 = i \cdot i = (0, 1) \cdot (0, 1) = (0 \cdot 0 - 1 \cdot 1, 0 \cdot 1 - 1 \cdot 0) = (-1, 0) = -(1, 0) = -1,$$

ou seja, deduzimos que

$$i^2 = -1.$$

Isso nos remete a escrever a seguinte notação especial para a unidade imaginária:

$$i = \sqrt{-1},$$

É conveniente definir as potências da unidade imaginária como segue.

Definição 4.2

Definimos as potências de i por

$$i^0 = 1; \ i^1 = i;$$

$$i^{n+1} = i^n \cdot i, \ \text{se} \ n \geq 1.$$

De posse da definição acima, é fácil ver que[1]

- $i^0 = 1$;

- $i^1 = i$;

- $i^2 = -1$;

- $i^3 = i^2 \cdot i = -1 \cdot i = -i$;

- $i^4 = i^3 \cdot i = (-i) \cdot i = -i^2 = -(-1) = 1$;

---

[1] A maneira de se calcular as potências acima é correta e simplificada, no entanto, convém notar que, mais precisamente, o cálculo da potência é dado, por exemplo, por

$$i^3 = i^2 \cdot i = (-1, 0) \cdot (0, 1) = (-1 \cdot 0 - 0 \cdot 1, (-1) \cdot 0 + 0 \cdot 0) = (0, -1) = -(0, 1) = -i.$$

- $i^5 = i^4 \cdot i = 1 \cdot i = i$;

- $i^6 = i^5 \cdot i = i \cdot i = i^2 = -1$;

- $i^7 = i^6 \cdot i = -1 \cdot i = -i$;

- $i^8 = i^7 \cdot i = -i \cdot i = -i^2 = -(-1) = 1$; etc.

Observe que as potências de $i^0, i^1, i^2, i^3, \ldots$ vão assumindo sempre os respectivos resultados: $1, i, -1, -i$, e assim repetidamente. De fato, notamos que a periodicidade da potência de i é 4, ou seja, o valor vai se repetindo de 4 em 4, conforme for aumentando o expoente. Dessa forma, por exemplo, para determinar o valor de i^m, com $m > 4$, basta observar que, pelo algoritmo da divisão de Euclides, temos que $m = 4 \cdot q + r$, onde $q \in \mathbb{N}$ é o quociente da divisão de m por 4 e $r \in \{0, 1, 2, 3\}$ é o resto da divisão de m por 4. Assim, podemos escrever

$$i^m = i^{q \cdot 4 + r} = i^{q \cdot 4} \cdot i^r = (i^4)^q \cdot i^r.$$

Observando que $i^4 = 1$, temos que $(i^4)^q = 1^q = 1$. Dessa forma, concluímos que

$$i^m = (i^q)^4 \cdot i^r = 1 \cdot i^r = i^r,$$

ou seja, o que vai nos interessar é a potência de i pelo resto $r = 0, 1, 2$ ou 3, da divisão de m por 4.

Ou seja, provamos o seguinte resultado:

Proposição 4.3

Se $m > 4$ é tal que $m = 4 \cdot q + r$, com $q \in \mathbb{N}$ e $r \in \{0, 1, 2, 3\}$, então $i^m = i^r$.

Exemplo 4.4 Para calcular o valor de i^{29}, basta notar que $29 = 7 \cdot 4 + 1$ (ou seja, o resto da divisão de 29 por 4 é 1) e, assim,

$$i^{29} = i^1 = i.$$

No que segue, vamos mostrar que, num certo sentido, o conjunto $\mathbb{R}$ dos números reais é um subconjunto do conjunto $\mathbb{C}$ dos números complexos. Para isso, defina a função

$$\varphi : \mathbb{R} \to \mathbb{C},$$

$$\varphi(x) = (x, 0),$$

chamada de *inclusão*.

É fácil ver que φ é injetiva e, além disso, também é fácil verificar que φ cumpre as seguintes propriedades: para quaisquer $x, y \in \mathbb{R}$, temos

(i) $\varphi(x + y) = \varphi(x) + \varphi(y)$;

(ii) $\varphi(x \cdot y) = \varphi(x) \cdot \varphi(y)$.

Além disso, tal aplicação leva o neutro aditivo 0 de $\mathbb{R}$ no neutro aditivo $(0, 0)$ de $\mathbb{C}$. Dessa maneira, trabalhar algebricamente com os números reais é equivalente a trabalhar algebricamente com o conjunto imagem $\varphi(\mathbb{R}) \subset \mathbb{C}$, e, dessa forma, podemos pensar que $\mathbb{R}$ é de fato um subconjunto de $\mathbb{C}$, pois basta identificar os elementos de $\mathbb{R}$ com os elementos de $\mathbb{C}$ através da função inclusão φ acima definida.

Dessa maneira, é aceitável considerar a seguinte cadeia de conjuntos:

$$\mathbb{N} \subset \mathbb{Z} \subset \mathbb{Q} \subset \mathbb{R} \subset \mathbb{C},$$

onde a última contenção acima é devida à inclusão φ.

Ou seja, estamos dizendo que um número real a pode ser identificado pelo número complexo $z = a + 0i$, onde a "parte imaginária", aquela que "acompanha" o i, é nula. Veja a definição abaixo.

Definição 4.5

Dado o número complexo $z = a + bi$ (na forma algébrica), definimos a *parte real* de z por $\mathfrak{Re}(z) = a$ e a *parte imaginária* de z por $\mathfrak{Im}(z) = b$. Quando $a = 0$ (ou seja, quando $\mathfrak{Re}(z) = 0$), dizemos que o número complexo $z = bi$ é um número *imaginário puro* e, quando $b = 0$ (ou seja, quando $\mathfrak{Im}(z) = 0$), dizemos que o número complexo $z = a$ é um número *real puro*.

Definição 4.6

Dado o número complexo z, definimos o *conjugado de z*, e escrevemos $\bar{z}$, o número complexo cuja parte imaginária é simétrica à parte imaginária de z, ou seja, se $z = a + bi$, então $\bar{z} = a - bi$.

Na notação em par ordenado temos que, dado $z = (a, b)$, então $\bar{z} = (a, -b)$.

Exemplo 4.7 Note que:

(a) se $z = 1 + i$, então $\bar{z} = 1 - i$;

(b) se $z = i$, então $\bar{z} = -i$;

(c) se $z = -\dfrac{1}{2} - 5i$, então $\bar{z} = -\dfrac{1}{2} + 5i$.

Observação: o conjugado de um número complexo apresenta a propriedade de idempotência, ou seja, o conjugado do conjugado de z é o próprio z, i.e., $\bar{\bar{z}} = z$.

De fato, basta notar que, sendo $z = a + bi$, então

$$\bar{\bar{z}} = \overline{(\overline{a + bi})} = \overline{a - bi} = a + bi = z.$$

A proposição a seguir encerra as principais propriedades envolvendo a conjugação de um número complexo z.

Proposição 4.8

Dados $z = a + bi$ e $w = c + di$ números complexos na forma algébrica, valem as propriedades:

(a) $z = \overline{z} \Rightarrow z \in \mathbb{R}$

(b) $\overline{z + w} = \overline{z} + \overline{w}$

(c) $\overline{z \cdot w} = \overline{z} \cdot \overline{w}$

(d) $z \cdot \overline{z} = k \in \mathbb{R}$

(e) $\overline{\left(\dfrac{z}{w}\right)} = \dfrac{\overline{z}}{\overline{w}}$

Demonstração. As provas são simples e, portanto, faremos apenas a prova do item (c). As demais ficam como exercício para o leitor.

(c) Note que:

$$\overline{z} \cdot \overline{w} = (a - bi)(c - di) = ac - adi - bci + bdi^2 = (ac - bd) - (ad + bc)i$$

$$= \overline{(ac - bd) + (ad + bc)i} = \overline{(a + bi)(c + di)} = \overline{z \cdot w}.$$

$\square$

4.2   Representação geométrica dos números complexos

Tendo em vista que o número complexo z foi definido como um par ordenado, segue que existe uma correspondência biunívoca entre o conjunto $\mathbb{C}$ dos números complexos e o plano cartesiano ortogonal $\mathbb{R}^2$. Logo, podemos representar os números complexos num plano coordenado da mesma maneira que fazemos ao marcar pontos no $\mathbb{R}^2$, observando, naturalmente, o significado geométrico de tal marcação: que estão representando um número na forma

$$z = (a, b) = a + bi.$$

Dessa maneira, no eixo horizontal desse plano, marcamos o valor de a e, no eixo vertical, marcamos o valor de b. A localização de z neste plano chama-se *afixo* do número complexo z. Isto posto, definimos:

Definição 4.9

O *plano complexo*, também chamado de *plano de Argand-Gauss*, é o conjunto das representações de todos os números complexos $z = x + yi$ pelos pontos $P = (x, y)$ do plano.

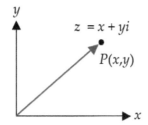

Representação geométrica de um número complexo z no plano complexo, análoga a uma representação de um par ordenado no plano.

Já mencionamos que $\mathbb{C}$ forma um corpo, ou seja, que valem as quatro propriedades aditivas, as quatro propriedades multiplicativas e a propriedade distributiva. No entanto, tal corpo **não é ordenado**, ou seja, não podemos dizer que um número complexo é maior ou menor que outro número complexo, da mesma forma que, dados dois pontos num plano cartesiano, não faz sentido dizer que um ponto é maior ou menor que outro.

4.3   Operações em $\mathbb{C}$

Os conceitos que iremos apresentar a seguir foram redigidos usando números complexos na forma algébrica $x+yi$, no entanto, podem ser facilmente adaptados para a forma de par ordenado (x, y). Como um exercício de fixação, deixemos esta segunda maneira representativa a encargo do leitor.

Definição 4.10

Dizemos que dois números complexos $z = a + bi$ e $w = c + di$ são *iguais* , e escrevemos $z = w$, se, e somente se, as partes reais de ambos forem iguais e as partes imaginárias de ambos também forem iguais. Em símbolos:

$$a + bi = c + di \Leftrightarrow a = c \text{ e } b = d.$$

Definição 4.11

Dados dois números complexos $z = a + bi$ e $w = c + di$, definimos a *soma* de z com w, e escrevemos $z + w$, ao número complexo resultante somando-se as partes reais de ambos como sendo a parte real de $z + w$ e a soma das partes imaginárias de ambos como sendo a parte imaginária de $z + w$, ou seja,

$$z + w = (a + bi) + (c + di) = (a + c) + (b + d)i$$

Analogamente, definimos a *diferença* entre z e w, e escrevemos $z - w$, a soma de z com o simétrico aditivo de w, ou seja,

$$z - w = (a + bi) - (c + di) = (a - c) + (b - d)i.$$

De fato, tal soma é simplesmente a definição 4.1 escrita na forma algébrica.

Pela Figura 2 podemos observar a representação gráfica da soma de dois números complexos no plano. A representação gráfica, no plano, da diferença dos números complexos está na Figura 3.

Observe que a soma e a diferença de números complexos, graficamente, coincide com o procedimento geométrico de adição e subtração de vetores: se construirmos um paralelogramo a partir da sua representação geométrica, a diagonal maior desse paralelogramo nos dará a soma dos dois números complexos e a diagonal menor nos dará a diferença entre eles. Veja as ilustrações dadas.

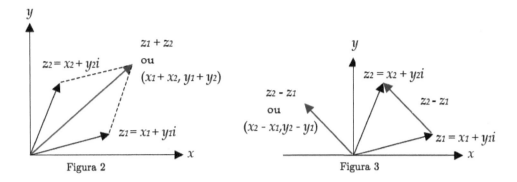

Figura 2

Figura 3

Definição 4.12

Dados dois números complexos $z = a + bi$ e $w = c + di$, definimos o *produto* de z com w, e escrevemos $z \cdot w$, a operação

$$z \cdot w = (a + bi)(c + di) = ac + adi + bci + bdi^2 = (ac - bd) + (ad + bc)i.$$

Observe que essa definição de produto de complexos é a mesma apresentada na definição 4.1, escrita na forma algébrica, utilizando-se da propriedade fundamental $i^2 = -1$.

Definição 4.13

Dados dois números complexos $z = a + bi$ e $w = c + di$, com $w \neq 0$, definimos a *divisão* entre z e w, e escrevemos $\frac{z}{w}$ ou z/w, como sendo o produto entre z e o inverso multiplicativo de w, ou seja,

$$\frac{z}{w} = z \cdot \frac{1}{w}.$$

Observação: é importante notar que a divisão $\frac{z}{w}$ deve apresentar uma resposta na forma algébrica. E isto é feito multiplicando-se e dividindo-se $\frac{z}{w}$ pelo conjugado de w. Assim, sendo $z = a + bi$ e $w = c + di$, temos

$$\frac{z}{w} = \frac{a + bi}{c + di} = \left(\frac{a + bi}{c + di}\right)\left(\frac{c - di}{c - di}\right) = \frac{ac - adi + bci - bdi^2}{c^2 - d^2i^2} =$$

$$= \frac{(ac + bd) + (bc - ad)i}{c^2 + d^2},$$

ou seja,

$$\frac{z}{w} = \frac{ac+bd}{c^2+d^2} + \frac{bc-ad}{c^2+d^2}i. \tag{4.1}$$

Exemplo 4.14 Dados $z = 2 - 3i$ e $w = 1 + 2i$, ao calcular $\frac{z}{w}$, obtemos

$$\frac{z}{w} = \frac{2+3i}{1+2i} = \frac{2+3i}{1+2i} \cdot \frac{1-2i}{1-2i} = \frac{(2+3i)(1-2i)}{1-4i^2} =$$

$$= \frac{2-4i+3i-6i^2}{1-4(-1)} = \frac{2-i-6(-1)}{5} = \frac{8}{5} - \frac{1}{5}i.$$

De posse da Definição 4.13 podemos estender a Definição 4.2 para expoentes negativos da seguinte forma:

Definição 4.15

Definimos a potência negativa i^{-n}, para $n > 1$, por

$$i^{-n} = \frac{1}{i^n}.$$

Por exemplo, o valor da potência i^{-275} é determinado da seguinte forma:

$$i^{-275} = \frac{1}{i^{275}},$$

e, como $275 = 68 \cdot 4 + 3$, pela Proposição 4.3 segue que

$$i^{275} = i^3 = i^2 \cdot i = -i,$$

e daí

$$i^{-275} = \frac{1}{i^{275}} = \frac{1}{-i}.$$

Agora, multiplicando e dividindo pelo conjugado do denominador $-i$, que é $+i$, vamos finalmente obter

$$i^{-275} = \frac{1}{-i} = \frac{1}{-i} \cdot \frac{i}{i} = \frac{i}{-i^2} = i.$$

4.4   Valor absoluto ou módulo de um número complexo

Definição 4.16

Seja $z = a + bi$ um número complexo na forma algébrica. Definimos o *módulo* de z, ou *valor absoluto* de z, e denotamos por ρ ou $|z|$, ao número real dado por

$$\rho = \sqrt{a^2 + b^2}.$$

Essa definição tem um significado geométrico bem simples e importante: o módulo de um número complexo z representa a distância do afixo z à origem $(0,0)$ do plano complexo. De fato, considere o esquema ilustrado em seguida, onde temos a representação geométrica de $z = a + bi$ no plano complexo (por comodidade representada no primeiro quadrante).

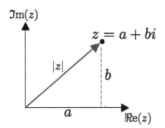

Note que as projeções a e b formam catetos de um triângulo retângulo. Logo, chamando a hipotenusa de $|z|$, pelo Teorema de Pitágoras segue que

$$|z|^2 = a^2 + b^2 \Rightarrow |z| = \sqrt{a^2 + b^2}.$$

Nos demais quadrantes segue o mesmo resultado.

Exemplo 4.17 Se $z = 2 - 3i$, então $|z| = \sqrt{4 + 9} = \sqrt{13}$.

Na sequência, apresentamos uma Proposição que nos fornece várias propriedades importantes envolvendo o módulo de números complexos. Antes, porém, apresentamos o seguinte lema auxiliar:

Lema 4.18

Dado o número complexo $z = a + bi$, valem as propriedades:

(a) $\Re e(z) \leq |z|$;

(b) $z + \bar{z} = 2 \cdot \Re e(z)$;

(c) $|z|^2 = z \cdot \bar{z}$.

(d) $|z| = |\bar{z}|$.

Demonstração. Seja $z = a + bi$, assim,

(a) Basta observar que

$$\Re e(z) = a = \sqrt{a^2} \leq \sqrt{a^2 + b^2} = |z|.$$

(b) De fato,

$$z + \bar{z} = (a + bi) + (a - bi) = 2a = 2 \cdot \Re e(z).$$

(c) $\quad z \cdot \bar{z} = (a + bi)(a - bi) = a^2 - (bi)^2 = a^2 - b^2(-1) = a^2 + b^2 = |z|^2.$

(d) Trivial, pois

$$|z| = |a + bi| = \sqrt{a^2 + b^2} = |a - bi| = |\bar{z}|.$$

$\square$

Proposição 4.19

Dados dois números complexos z_1 e z_2, valem as seguintes propriedades, referentes aos seus módulos:

(a) $|z_1 \cdot z_2| = |z_1| \cdot |z_2|$;

(b) $\left|\dfrac{z_1}{z_2}\right| = \dfrac{|z_1|}{|z_2|}$, $z_2 \neq 0$;

(c) $|z_1 + z_2| \leq |z_1| + |z_2|$;

(d) $|z_1 - z_2| \geq |z_1| - |z_2|$;

(e) $\forall\, z \neq 0, |z| \neq 0$.

Observação: a propriedade (c) é chamada de *desigualdade triangular.*

Demonstração. Sejam $z_1 = a + bi$ e $z_2 = c + di$. Assim,

(a)
$$|z_1 \cdot z_2| = |(a + bi)(c + di)| = |(ac - bd) + (ad + bc)i| =$$
$$= \sqrt{(ac - bd)^2 + (ad + bc)^2} = \sqrt{a^2c^2 + a^2d^2 + b^2d^2 + b^2c^2} =$$
$$= \sqrt{(a^2 + b^2)(c^2 + d^2)} = \sqrt{a^2 + b^2} \cdot \sqrt{c^2 + d^2} = |z_1| \cdot |z_2|.$$

(b) Considere $z_2 \neq 0$. Assim, usando a igualdade (4.1), obtemos

$$\left|\frac{z_1}{z_2}\right| = \left|\frac{a + bi}{c + di}\right| = \left|\frac{ac + bd}{c^2 + d^2} + \frac{bc - ad}{c^2 + d^2}i\right| = \sqrt{\frac{(ac + bd)^2}{(c^2 + d^2)} + \frac{(bc - ad)^2}{(c^2 + d^2)}} =$$

$$= \frac{\sqrt{a^2c^2 + b^2c^2 + b^2d^2 + a^2d^2}}{c^2 + d^2} = \frac{\sqrt{c^2(a^2 + b^2) + d^2(a^2 + b^2)}}{c^2 + d^2} =$$

$$= \frac{\sqrt{a^2 + b^2} \cdot \sqrt{c^2 + d^2}}{c^2 + d^2} = \frac{|z_1| \cdot |z_2|}{|z_2|^2} = \frac{|z_1|}{|z_2|}.$$

(c) Vamos começar avaliando $|z_1 + z_2|^2$. Usando o Lema 4.18, item (c), obtemos:

$$|z_1 + z_2|^2 = (z_1 + z_2) \cdot (\overline{z_1 + z_2}) = z_1 \cdot \overline{z_1} + z_1 \cdot \overline{z_2} + \overline{z_1} \cdot z_2 + z_2 \cdot \overline{z_2} =$$

$$= |z_1|^2 + z_1 \cdot \overline{z_2} + \overline{z_1 \cdot z_2} + |z_2|^2.$$

Agora, pelo item (b) do mesmo lema, temos que

$$z_1 \cdot \overline{z_2} + \overline{z_1 \cdot z_2} = 2 \cdot \Re\mathrm{e}(z_1 \cdot \overline{z_2}),$$

e, portanto, obtemos

$$|z_1 + z_2|^2 = |z_1|^2 + 2 \cdot \Re\mathrm{e}(z_1 \cdot \overline{z_2}) + |z_2|^2.$$

Por fim, pelos itens (a) e (d) do lema acima, e ainda pelo item (a) desta proposição, concluímos que

$$|z_1 + z_2|^2 = |z_1|^2 + 2 \cdot \Re\mathrm{e}(z_1 \cdot \overline{z_2}) + |z_2|^2 \leq |z_1|^2 + 2 \cdot |z_1 \cdot \overline{z_2}| + |z_2|^2 =$$

$$= |z_1|^2 + 2 \cdot |z_1| \cdot |\overline{z_2}| + |z_2|^2 = |z_1|^2 + 2 \cdot |z_1| \cdot |z_2| + |z_2|^2 = (|z_1| + |z_2|)^2,$$

ou seja,

$$|z_1 + z_2|^2 \leq (|z_1| + |z_2|)^2,$$

e, extraindo a raiz quadrada, segue que

$$|z_1 + z_2| \leq |z_1| + |z_2|.$$

(d) Note que $|z_1| = |z_1 - z_2 + z_2| = |(z_1 - z_2) + z_2|$. Assim, pela desigualdade triangular, vem que:

$$|z_1| = |(z_1 - z_2) + z_2| \leq |z_1 - z_2| + |z_2|,$$

ou seja,

$$|z_1| - |z_2| \leq |z_1 - z_2|.$$

(e) Dado $z = a + bi$, com $a, b \in \mathbb{R}$. Se $z \neq 0$, então $a \neq 0$ ou $b \neq 0$. Assim, temos que $|z| = \sqrt{a^2 + b^2} \neq 0$, pois pelo menos um dos termos da soma dentro do radical será diferente de zero. O que conclui a prova da proposição. □

Podemos estender a propriedade da desigualdade triangular apresentada em (c) para n números complexos, ou seja, podemos obter o corolário que se segue.

Corolário 4.20

Dados n números complexos $z_1, z_2, ..., z_n$, $n \geq 2$, vale a desigualdade triangular generalizada

$$\left| \sum_{k=1}^{n} z_k \right| \leq \sum_{k=1}^{n} |z_k|.$$

Demonstração. Faremos a prova por indução matemática sobre n.

(i) Observe que vale a base da indução, ou seja, para $n = 2$, temos a desigualdade triangular usual:

$$|z_1 + z_2| \leq |z_1| + |z_2|.$$

(ii) Suponha que a desigualdade seja verdadeira para um certo $n = p \geq 2$, ou seja, suponha que

$$\left| \sum_{k=1}^{p} z_k \right| \leq \sum_{k=1}^{p} |z_k|. \tag{4.2}$$

Precisamos mostrar que tal desigualdade vale para $n = p + 1$, ou seja, precisamos mostrar que

$$\left| \sum_{k=1}^{p+1} z_k \right| \leq \sum_{k=1}^{p+1} |z_k|.$$

De fato, como $\sum_{k=1}^{p} z_k$ é um número complexo, usando a desigualdade tringular (c) da proposição anterior (para dois números complexos) segue que

$$\left| \sum_{k=1}^{p+1} z_k \right| = \left| \sum_{k=1}^{p} z_k + z_{p+1} \right| \leq \left| \sum_{k=1}^{p} z_k \right| + |z_{p+1}|,$$

e por (4.2) segue que

$$\left|\sum_{k=1}^{p+1} z_k\right| \le \left|\sum_{k=1}^{p} z_k\right| + |z_{p+1}| \le \sum_{k=1}^{p} |z_k| + |z_{p+1}| = \sum_{k=1}^{p+1} |z_k|$$

Assim, por (i) e (ii) o resultado segue por indução.   □

Exercícios

1. Sejam $z_1 = 4 + 5i$, $z_2 = 4 - i$, $z_3 = -3 - 4i$ e $z_4 = 2i$. Calcule:

   (a) $z_1 + z_3$

   (b) $z_1 - z_4$

   (c) $z_2 z_3$

   (d) $\dfrac{z_2}{z_1}$

   (e) $z_1 - z_3$

2. Demonstre as propriedades não demonstradas no texto das operações em $\mathbb{C}$, do conjugado e do módulo.

3. Se $x = 2 + 3i$, $y = 1 - i$, calcule $z = x^2 - 3y$.

4. Se o complexo $a + bi$ é o produto dos números complexos $z = z + i$ e $w = 3 - 4i$, calcule o valor de $a - b$.

5. Calcule o valor de:

   (a) i^{179}

   (b) $\dfrac{i^{97} + i^{98}}{i}$

   (c) i^{337}

   (d) i^{-306}

6. Escrever na forma $a + bi$ os seguintes números complexos:

   (a) $(1+i)(1+i^3)(1+i)^{-1}$

   (b) $3(7+2i) - ((5+4i)+1)i$

   (c) $[(1-i)^3 + i^{157}](1+i)^{-1}$

   (d) $\dfrac{i^{2000} - i^{47}}{1 - 3i^{579}} + \sqrt{-25}$

(e) $\dfrac{3i^{30} - i^{19}}{2i - 1}$

(f) $(1 + \sqrt{3}\,i)^3$

7. Calcule $|z|$ sabendo que $z\,(\bar{z} + z) = 18 + 12i$.

8. Resolva as equações para $z = a + bi$.

(a) $2z = (2 + 9i)i$ (b) $z^2 = i$ (c) $z + 2\bar{z} = \dfrac{2 - i}{1 + 3i}$

9. Determine $x \in \mathbb{R}$ de modo que $(4 + 3i)(x - 6i)$ seja imaginário puro.

10. Suponha que z_1 e z_2 são números complexos. O que se pode afirmar sobre z_1 e z_2 se $\dfrac{z_1}{z_2} = 0$?

11. Prove que $(1 + z)^2 = 1 + 2z + z^2$.

12. Mostre que $\left| \dfrac{-1 \pm i\sqrt{3}}{2} \right| = 1$.

13. Represente graficamente:

(a) $z_5 = \dfrac{1 - i}{2}$

(b) $z_6 = 2 - 3i$

(c) $z_7 = z_6^{-1}$

(d) $z_1,\ z_2,\ z_3$ e z_4 do exercício 1.

14. Qual dos números complexos está mais próximo de $z = 1 + i$?

(a) $9 + 8i,\ 10 - 6i$ (b) $\dfrac{1}{3} - \dfrac{i}{4},\ \dfrac{2}{3} + \dfrac{i}{7}$

15. Encontre o valor absoluto de:

(a) $-2i(3 + i)(2 + 4i)(1 + i)$ (b) $\dfrac{(3 + 4i)(-1 + 2i)}{(-1 - i)(3 - i)}$

16. Encontre os pontos $z = x + yi$ tais que:

(a) $|z| \leq 2$ (b) $\mathfrak{Im}(z) > 0$

(c) $\mathfrak{Im}\left(\dfrac{z - 1}{z + 1} \right) \leq 1$ (d) $\mathfrak{Re}\left(\dfrac{1}{z} \right) \geq 2$

Faça também uma representação geométrica em cada caso.

17. Mostre que $\overline{z + 3i} = z - 3i$.

18. Se $z = a + bi$ é um número complexo, escrever z^{-1} em função de z.

19. Prove que:

(a) $\overline{z_1 z_2 z_3} = \overline{z_1}\,\overline{z_2}\,\overline{z_3}$　　　　　　　　(b) $\overline{z^4} = (\overline{z})^4$

(c) $||z_1| - |z_2|| \leq |z_1 - z_2| \leq |z_1| + |z_2|$

(d) $\left|\dfrac{z_1}{z_2 + z_3}\right| \leq \dfrac{|z_1|}{||z_2| - |z_3||}$, se $z_2 \neq z_3$

20. Encontre o número complexo z que satisfaça a equação.

(a) $|z| - z = 1 - \sqrt{3}\,i$　　　　　　　　(b) $|z|^2 - 3 + 4i = 2z$

Respostas

1. (a) $1 + i$　　　(b) $4 + 3i$　　　(c) $-16 - 13i$　　　(d) $(32 - i)/41$　　　(e) $7 + 9i$

2. Tomar como base as demonstrações apresentadas.

3. $z = -8 + 15i$.

4. $a - b = 15$.

5. (a) $-i$　　　(b) $i + 1$　　　(c) i　　　(d) -1

6. (a) $1 - i$　　(b) 25　　(c) $-(3+3i)/2$　　(d)$(2+24i)/5$　　(e)$(5-7i)/5$　　(f)$-8 - 4\sqrt{3}\,i$

7. $|z| = \sqrt{13}$.

8. Resolva as equações para $z = a + bi$.

(a) $z = -\dfrac{9}{2} + i$　　　(b) $z = \dfrac{\sqrt{2}}{2} + \dfrac{\sqrt{2}}{2}\,i$ ou $z = -\dfrac{\sqrt{2}}{2} - \dfrac{\sqrt{2}}{2}\,i$

(c) $z = -\dfrac{1}{30} + \dfrac{7}{10}\,i$

9. $x = 4,5$

10. $z_1 = 0$

11. Use $z = a + bi$ para realizar a prova.

12. Calcule $|z|$.

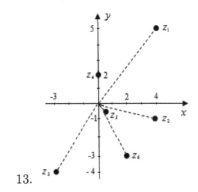

13.

14. (a) $9 + 8i$ (b) $\dfrac{2}{3} + \dfrac{i}{7}$

15. (a) $4\sqrt{61}$ (b) $\sqrt{\dfrac{533}{100}}$

16.   (a) $x^2 + y^2 \leq 4$ (c) $(x+1)^2 + (y-1)^2 \geq 1$

    (b) semiplano $y > 0$ (d) $x \geq 2x^2 + 2y^2$

17. Use o conceito de conjugado.

18. $z^{-1} = \dfrac{1}{z} = \dfrac{\overline{z}}{|z|^2}$

19. As provas podem ser feitas tomando como base a seção 4.4.

20. (a) $z = 1 + \sqrt{3}\,i$ (b) $z = 1 + 2i$

4.5   Aplicações

4.5.1   Matrizes complexas

Uma aplicação direta dos números complexos é em matrizes complexas. Supomos aqui que o leitor tenha familiaridade com a álgebra matricial ou que tenha interesse em estudar este assunto.

Matrizes complexas são aquelas que contêm números complexos em sua composição. Tais matrizes são importantes na Matemática Aplicada. Um exemplo de matriz complexa pode ser a seguinte matriz:

$$A = \begin{pmatrix} i & 10 & 1-i \\ 7 & -3 & 3+7i \\ -5-i & 2i & 15 \end{pmatrix}$$

Quando se trata de matrizes complexas, algumas definições têm conotação diferente em relação às matrizes com números reais. Vejamos as definições de matrizes transpostas conjugadas, hermitianas, unitárias e normais.

Matriz transposta conjugada

A matriz transposta conjugada de uma matriz A, denotada por A^*, é definida por

$$A^* = \bar{A}^T.$$

Exemplo 4.21 Determine a transposta conjugada A^* da matriz

$$A = \begin{pmatrix} 1-i & 2 & -i \\ 0 & 2+3i & i \end{pmatrix}$$

Solução. A denominação $\bar{A}$ significa que todos os elementos da matriz que são números complexos serão escritos na forma conjugada. Assim

$$\bar{A} = \begin{pmatrix} 1+i & 2 & i \\ 0 & 2-3i & -i \end{pmatrix}$$

logo

$$A^* = \bar{A}^T = \begin{pmatrix} 1+i & 0 \\ 2 & 2-3i \\ i & -i \end{pmatrix}$$

As propriedades da transposição conjugada são semelhantes às da transposição convencional.

Matriz unitária, hermitiana e normal

Uma matriz quadrada complexa A é dita:

- unitária se $A^{-1} = A^*$;

- hermitiana se $A^* = A$.

- anti-hermitiana se $A^* = -A$

- normal se $AA^* = A^*A$

Para matrizes reais, $A^* = A^T$, sendo que neste caso a matriz ser unitária significa $A^{-1} = A^T$, e ser hermitiana significa $A^T = A$. Portanto, matrizes unitárias são uma generalização para matrizes ortogonais reais, assim como matrizes hermitianas são uma generalização das matrizes simétricas reais.

Exemplo 4.22 A matriz

$$A = \begin{pmatrix} 3 & i & 1-i \\ -i & -2 & 4-i \\ 1+i & 4+i & 1 \end{pmatrix}$$

é uma matriz hermitiana, pois

$$A^* = \bar{A}^T = \begin{pmatrix} 3 & i & 1-i \\ -i & -2 & 4-i \\ 1+i & 4+i & 1 \end{pmatrix}$$

Estas matrizes têm importantes propriedades dentro do estudo da Álgebra, por exemplo, para a diagonalização de matrizes.

4.5.2   Potências e o Triângulo de Pascal

A expansão de expressões do tipo $(x + y)^n$ pode ser encontrada rapidamente utilizando-se o Triângulo de Pascal

$$
\begin{array}{ccccccc}
1 \\
1 & 1 \\
1 & 2 & 1 \\
1 & 3 & 3 & 1 \\
1 & 4 & 6 & 4 & 1 \\
1 & 5 & 10 & 10 & 5 & 1 \\
\end{array}
$$

$\cdots$

A estratégia do uso do Triângulo de Pascal também se aplica na redução de números complexos elevados a expoentes para um único número.

Exemplo 4.23 Resolva $(3 - i)^4$.

Solução. Pelo Triângulo de Pascal podemos observar que a expressão $(x + y)^4$ tem a seguinte expansão:

$$(x + y)^4 = x^4 + 4x^3 y + 6x^2 y^2 + 4xy^3 + y^4.$$

Da mesma forma, expandimos $(3 - i)^4$

$$(3 - i)^4 = 3^4 + 4(3)^3(-i) + 6(3)^2(-i)^2 + 4(3)(-i)^3 + (-i)^4.$$

Utilizando as informações de que $(-i)^2 = -1$, $(-i)^3 = i$ e $(-i)^4 = 1$, temos que:

$$(3 - i)^4 = 81 + 4(27)(-i) + 36(-1) + 12i + 1 = 46 - 96i.$$

Exercícios

1. Classifique as matrizes abaixo em hermitiana, anti-hermitiana e unitária.

$$A = \begin{pmatrix} \dfrac{1}{3} & 0 & 0 \\ 0 & \dfrac{2+i}{\sqrt{10}} & \dfrac{-2+i}{\sqrt{10}} \\ 0 & \dfrac{2+i}{\sqrt{10}} & \dfrac{2-i}{\sqrt{10}} \end{pmatrix}$$

$$B = \begin{pmatrix} 1 & -i & 3+i \\ i & -5 & -1-i \\ 3-i & -1+i & 2 \end{pmatrix}$$

$$C = \begin{pmatrix} i & 5 & -7-i \\ -5 & -2i & 4-i \\ 7-i & -4-i & 0 \end{pmatrix}$$

2. Mostre que os autovalores de uma matriz hermitiana são números reais.

3. Mostre que se A for uma matriz unitária $|\det A| = 1$, ou seja, o módulo da matriz A é 1.

4. Faça uma leitura adicional e enuncie algumas propriedades das matrizes hermitiana, anti-hermitiana e unitária.

5. Resolva utilizando o Triângulo de Pascal:

   (a) $(3+i)^3$ (c) $(-1-i)^4$

   (b) $(2-i)^2$ (d) $(1-i)^5$

Respostas

1. A - Unitária   B - Hermitiana   C - Anti-hermitiana

5. (a) $18 + 26i$ (b) $3 - 4i$ (c) -4 (d) $-4 + 4i$

4.6   Regiões no plano complexo

Nesta seção apresentaremos alguns conceitos básicos de regiões no plano complexo. Uma discussão mais detalhada acerca da topologia no plano complexo pode ser encontrada em textos que tratam de variáveis complexas.

Considere o número complexo $z_0 = x_0 + y_0 i$. A distância no plano complexo, de $z_0 = x_0 + y_0 i$ até $z = x + yi$, é dada por

$$|z - z_0| = \sqrt{(x - x_0)^2 + (y - y_0)^2}.$$

Sendo assim, os pontos z que satisfazem esta equação se encontram na circunferência

$$|z - z_0| = \delta \text{ para qualquer } \delta > 0,$$

onde δ é o raio da mesma.

Definição 4.24

(1) O *disco de raio* δ, centrado em z_0, é o conjunto de todos os pontos z, do plano complexo, tais que $|z - z_0| \leq \delta$.

(2) O conjunto de pontos que satisfaz a inequação $\beta \leq |z - z_0| \leq \delta$ forma um *anel*, que tem como raio menor β e raio maior δ, centrado em z_0, incluídos os pontos que estão em ambas as circunferências $|z - z_0| = \beta$ e $|z - z_0| = \delta$.

Um extensão imediata desta definição é que, ao considerar $|z - z_0| > \delta$, tem-se um conjunto aberto de pontos, externo à circunferência $|z - z_0| = \delta$.

Na sequência são ilustrados os conjuntos descritos na definição, parte (1) e (2), e o da extensão da definição, que é um conjunto aberto.

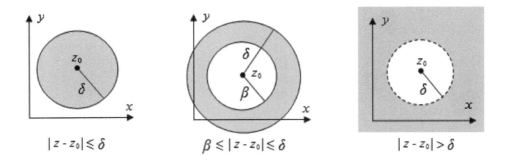

$|z-z_0| \leqslant \delta$ $\beta \leqslant |z-z_0| \leqslant \delta$ $|z-z_0| > \delta$

Observe nas figuras que os conjuntos fechados, dados na definição, têm como limites circunferências de traçado contínuo, enquanto que no conjunto aberto $|z - z_0| > \delta$ o traçado da circunferência é pontilhado.

Exemplo 4.25 $|z| = 2$ é a equação de um círculo no plano complexo, de raio 2 e centrado na origem.

Exemplo 4.26 Podemos escrever $|z - 1 - i| = 1$ como $|z - (1 + i)| = 1$, cuja equação descreve um círculo de 1, centrado em $z_0 = 1 + i$.

Exemplo 4.27 A inequação $2 < |z| < 5$ descreve um anel, cujo círculo de menor raio tem raio 2, e o de maior raio tem raio 5. O conjunto de pontos que satisfaz a inequação se localiza entre esses círculos, sendo que os pontos das circunferências não estão inclusos, por ser um conjunto aberto em ambas as extremidades, devido às desigualdades estritas.

Exemplo 4.28 $|z| = 3$ representa o conjunto aberto de pontos, externos à circunferência de raio 3, centrada na origem.

Ao considerarmos somente a parte real de z, ou somente a parte imaginária de z, os conjuntos de pontos não serão mais representados por regiões circulares. Abaixo estão representadas algumas regiões deste tipo.

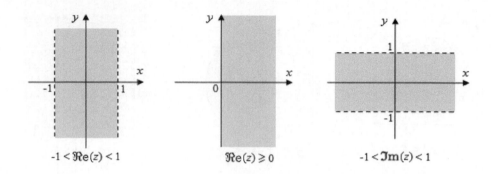

$-1 < \Re(z) < 1$ $\Re(z) \geqslant 0$ $-1 < \Im(z) < 1$

Exemplo 4.29 $\Re(z) < -2$ é o plano com $x < -2$ e y qualquer.

Exemplo 4.30 $\Im(z) > 0$ é o semiplano com $y > 0$ e x qualquer.

4.7   Projeção estereográfica e o plano complexo estendido

Considere o espaço euclidiano tridimensional $\mathbb{R}^3$ com a base canônica usual:

$$\vec{i} = (1,0,0), \quad \vec{j} = (0,1,0) \text{ e } \vec{k} = (0,0,1).$$

Seja S^2 a esfera do $\mathbb{R}^3$ centrada na origem e raio unitário, de equação $u^2 + v^2 + w^2 = 1$. Denotaremos o ponto $N(0,0,1)$ da esfera de *polo norte*. Identifiquemos o plano complexo $\mathbb{C}$ como sendo o plano horizontal determinado pelos vetores $\vec{i}$ e $\vec{j}$. Assim, cada número complexo $\zeta = a + bi$ do plano complexo fica identificado pelo ponto $\zeta(a, b, 0)$.

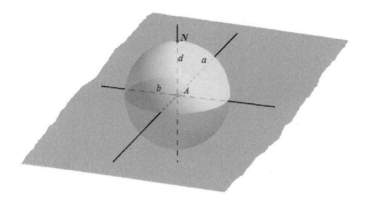

Feitas essas considerações geométricas, temos o importante resultado:

Teorema 4.31

(Projeção estereográfica) Existe uma correspondência biunívoca entre os pontos $\zeta = a + bi$ do plano complexo $\mathbb{C}$ e o conjunto de pontos da esfera $S^2 \setminus \{N\}$ (toda a esfera, exceto o polo norte).

Demonstração. Precisamos encontrar uma função $f : S^2 \setminus \{N\} \to \mathbb{C}$ bijetiva.

Isso é feito considerando a seguinte propriedade geométrica: passaremos uma reta (r) pelo polo norte $N(0,0,1)$ e um ponto $P(u,v,w)$ qualquer da esfera S^2, exceto o próprio polo norte. Tal reta irá interceptar o plano complexo $\mathbb{C}$ (que fora identificado com o plano horizontal $z = 0$) em um e somente um ponto $\zeta = a + bi$.

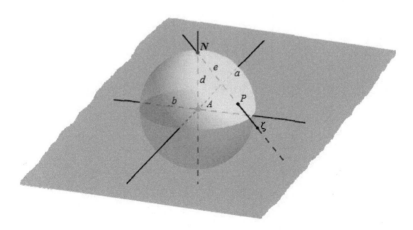

Isso garantirá a correspondência bijetiva desejada entre $S^2 \setminus \{N\}$ e $\mathbb{C}$, pois a cada ponto de $S^2 \setminus \{N\}$ estará associado um único afixo ζ de $\mathbb{C}$, e vice-versa.

Essa aplicação chama-se *projeção estereográfica da esfera S^2 sobre o plano complexo $\mathbb{C}$*.

Primeiramente, vamos obter uma equação para a reta (r) descrita acima. Destacando um ponto $P(u, v, w)$ sobre a esfera e considerando o polo norte $N(0, 0, 1)$, temos que o vetor diretor da reta (r) passando por P e N é $\overrightarrow{NP} = P - N = (u, v, w - 1)$. Assim, a equação paramétrica de (r) é dada por

$$(r) : \begin{cases} x = 0 + ut \\ y = 0 + vt \\ z = 1 + (w - 1)t \end{cases},$$

onde (x, y, z) denota qualquer ponto sobre (r), conforme variarmos o parâmetro real t.

A interseção dessa reta (r) com o plano complexo $\mathbb{C}$ nos fornecerá o ponto $\zeta(a, b, 0)$, o que, pela identificação feita inicialmente, corresponde ao número complexo $\zeta = a + bi$. Assim, como tal interseção ocorre quando $z = 0$, segue que $1 + (w - 1)t = 0$, ou seja, $t = \dfrac{1}{1 - w}$. Disso, temos

$$\begin{cases} x = ut = \dfrac{u}{1 - w}, \\[3mm] y = vt = \dfrac{v}{1 - w}, \end{cases}$$

e, como quando $z = 0$ temos o ponto $\zeta(a, b, 0)$, segue que $x = a$ e $y = b$, ou seja,

$$a = \frac{u}{1 - w} \quad \text{e} \quad b = \frac{v}{1 - w}.$$

Assim, obtemos

$$\zeta = a + bi = \frac{u}{1 - w} + \frac{v}{1 - w}i,$$

ou seja, determinamos

$$f : S^2 \setminus \{N\} \to \mathbb{C}$$

$$(u, v, w) \mapsto \frac{u}{1 - w} + \frac{v}{1 - w}i.$$

Por construção temos que tal f é bijetiva.

Para encerrar a prova do teorema, resta encontrar a aplicação inversa

$$f^{-1} : \mathbb{C} \to S^2 \setminus \{N\}.$$

Assim, sejam $\zeta = x + yi$ um ponto qualquer de $\mathbb{C}$ e $P(u, v, w) \in S^2 \setminus \{N\}$, onde P é a interseção da reta (r) acima determinada com a esfera. Como $u^2 + v^2 + w^2 = 1$ e como já vimos que $\zeta = \dfrac{u}{1 - w} + \dfrac{v}{1 - w}i$, temos que

$$|\zeta|^2 = \frac{u^2}{(1 - w)^2} + \frac{v^2}{(1 - w)^2} = \frac{u^2 + v^2}{(1 - w)^2} = \frac{1 - w^2}{(1 - w)^2} = \frac{1 + w}{1 - w}.$$

Disso, isolando w, obtemos

$$w = \frac{|\zeta|^2 - 1}{|\zeta|^2 + 1}. \tag{4.3}$$

Sabendo que $\bar{\zeta} = \dfrac{u}{1 - w} - \dfrac{v}{1 - w}i$, pelo Lema 4.18 (b), segue que

$$\zeta + \bar{\zeta} = 2 \cdot \Re(\zeta) = \frac{2u}{1 - w},$$

e daí

$$u = \frac{(1 - w)(\zeta + \bar{\zeta})}{2}.$$

Usando (4.3), obtemos

$$u = \frac{\zeta + \bar{\zeta}}{|\zeta|^2 + 1}. \tag{4.4}$$

Agora, como $\zeta = \dfrac{u}{1 - w} + \dfrac{v}{1 - w}i$, isolando vi obtemos $vi = \zeta(1 - w) - u$, e, junto com (4.3) e (4.4), obtemos

$$v = -\frac{\zeta - \bar{\zeta}}{|\zeta|^2 + 1}i. \tag{4.5}$$

Portanto, de (4.3), (4.4) e (4.5), obtemos

$$f^{-1} : \mathbb{C} \to S^2 \setminus \{N\}$$

$$\zeta \mapsto \left(\frac{\zeta + \bar{\zeta}}{|\zeta|^2 + 1}, -\frac{\zeta - \bar{\zeta}}{|\zeta|^2 + 1}i, \frac{|\zeta|^2 - 1}{|\zeta|^2 + 1} \right).$$

□

O teorema acima estabelece que existe uma correspondência biunívoca (bijetiva) entre o plano complexo $\mathbb{C}$ e $S^2 \setminus \{N\}$. Para estabelecer uma correspondência com a esfera toda, devemos acrescentar um ponto extra no plano complexo $\mathbb{C}$ e associá-lo o polo norte $N(0,0,1)$ de S^2. Esse ponto extra no plano complexo denotaremos de ∞, e o chamaremos de *ponto infinito*. Dessa maneira, definimos o que segue.

Definição 4.32

Definimos o *plano complexo estendido*, e denotaremos por $\overline{\mathbb{C}}$, como o plano complexo $\mathbb{C}$ usual, acrescido de um ponto ∞, chamado de *ponto infinito*, que goza das seguintes propriedades aritméticas: para todo $0 \neq z \in \mathbb{C}$, valem

$$z + \infty = \infty + z = \infty; \ z \cdot \infty = \infty \cdot z = \infty,$$

e, por convenção, escrevemos

$$\frac{z}{0} = \infty, \text{ para } z \neq 0; \ \frac{z}{\infty} = 0, \text{ para } z \neq 0.$$

Dessa maneira, temos o seguinte corolário:

Corolário 4.33

Existe uma correspondência biunívoca entre a esfera S^2 e o plano complexo estendido $\overline{\mathbb{C}}$.

Demonstração. De fato, pelo Teorema 4.31 e a Definição 4.32 basta considerar f e f^{-1} como segue:

$$f : S \to \overline{\mathbb{C}}$$

$$f(u,v,w) = \begin{cases} \dfrac{u}{1-w} + \dfrac{v}{1-w}i & , \quad se \ (u,v,w) \neq (0,0,1) \\ \infty & , \quad se \ (u,v,w) = (0,0,1) \end{cases};$$

e

$$f^{-1} : \overline{\mathbb{C}} \to S$$

$$f^{-1}(\zeta) = \begin{cases} \left(\dfrac{\zeta + \bar{\zeta}}{|\zeta|^2 + 1}, -\dfrac{\zeta - \bar{\zeta}}{|\zeta|^2 + 1}i, \dfrac{|\zeta|^2 - 1}{|\zeta|^2 + 1} \right) & , \quad se \ \zeta \neq \infty \\ (0,0,1) & , \quad se \ \zeta = \infty \end{cases},$$

ambas bijetivas □

Considerando a esfera S^2 em relação ao plano complexo estendido $\overline{\mathbb{C}}$, temos a seguinte definição:

Definição 4.34

A esfera S^2, na qual estão associados todos os números complexos mais o ponto infinito ∞, chama-se *esfera de Riemann*.

Exercícios

1. Represente graficamente o conjunto de números complexos tais que:

   (a) $|z| = 2$

   (b) $|z| \leq 5$

   (c) $|z| > 3$

   (d) $3 < |z| < 5$

   (e) $|z + 3 - 2i| \leq 1$

   (f) $|z - 1 - i| > 1$

2. Represente graficamente o conjunto de números complexos dados pelas inequações:

   (a) $\mathfrak{Re}(z) < 2$

   (b) $-2 \leq \mathfrak{Re}(z) \leq 3$

   (c) $\mathfrak{Im}(z) > -4$

   (d) $1 \leq \mathfrak{Re}(z) \leq 5$

   (e) $\mathfrak{Im}(z + 3i) > 2$

   (f) $\mathfrak{Re}(z^2) \leq 1$

3. Encontre a equação para o círculo de raio 4, com centro $(-2, -1)$, em função dos números complexos.

4. Quais os pontos $P(x_1, x_2, x_3)$ sobre S^2 tais que $\varphi(P) = x_1 + x_2 i$ em $\mathbb{C}$? Ou seja, quais são os *pontos fixos* de φ? Interprete também geometricamente.

5. Do estudo de projeções estereográficas, mostre que a imagem por φ^{-1} de toda reta de $\mathbb{C}$ corresponde a uma circunferência em S^2, passando pelo polo norte.

Respostas

1. (a) circunferência de raio 2, centrada na origem.

    (b) disco de raio 5, centrado na origem.

    (c) região externa à circunferência de raio 3, centrada na origem.

    (d) anel de raio menor 3 e raio maior 5, centrado na origem, exceto os pontos das respectivas circunferências que definem o referido anel.

    (e) disco de raio unitário, centrado no ponto $(-3, 2)$.

    (f) região externa à circunferência de raio unitário, centrada em $(1, 1)$.

2. Para as respostas que seguem, o leitor deverá desenhar no plano cartesiano:

    (a) região à esquerda da reta vertical $x = 2$, excluindo a própria reta (i.e., deixando-a pontilhada)

    (b) região entre as retas $x = -2$ e $x = 3$, excluindo as referidas retas.

    (c) região acima da reta horizontal $y = -4$, excluindo-a.

    (d) região entre as retas verticais $x = 1$ e $x = 5$, incluindo-as.

    (e) região acima da reta horizontal $y = -1$, excluindo-a.

    (f) região interior à hipérbole $x^2 - y^2 = 1$, incluindo-a.

3. $|z + (2 + i)| = 4$

4. São os pontos da forma $P(x_1, x_2, 0)$. Geometricamente tais pontos representam o plano horizontal xy.

4.8   Forma trigonométrica

Considere a representação geométrica de um número complexo z, $z \neq 0$, vista anteriormente. Chama-se *argumento de z* o ângulo formado pelo eixo x e o vetor z, no sentido anti-horário, representado como θ na figura que segue.

Tomando $\rho = |z|$, da figura conclui-se que:

$$\cos \theta = \frac{x}{|z|} \;\Rightarrow\; x = |z|\cos \theta \text{ e}$$

$$\operatorname{sen}\theta = \frac{y}{|z|} \;\Rightarrow\; y = |z|\operatorname{sen}\theta.$$

Como $z = x + yi$ tem-se que

$$z = x + yi = |z|\cos \theta + i|z|\operatorname{sen}\theta.$$

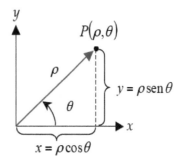

Definição 4.35

A forma trigonométrica de um número complexo $z = x + zi$, também denominada forma polar de z, é dada por

$$z = |z|\left(\cos \theta + i \operatorname{sen} \theta\right).$$

O conjugado na forma polar é

$$\overline{z} = |z|\cos \theta - i|z|\operatorname{sen}\theta = |z|(\cos \theta - i \operatorname{sen} \theta).$$

Na literatura é comum o comprimento $|z|$ ser denotado por ρ, assim a forma trigonométrica de z é expressada por:

$$z = \rho\left(\cos \theta + i \operatorname{sen} \theta\right).$$

O ângulo θ, conforme visto acima, é chamado argumento de z e é denotado por $\arg z$. Quando $z \neq 0$, os valores de θ são determinados a partir da relação $\tan \theta = \dfrac{y}{x}$.

É necessário observar em que quadrante z se encontra. O ângulo θ varia num período de $0 \leq \theta \leq 2\pi$, pois as funções $\operatorname{sen}\theta$ e $\cos\theta$ são periódicas de período 2π. Sendo assim, qualquer ângulo fora do intervalo $[0, 2\pi]$ pode ser reduzido para este intervalo.

Exemplo 4.36 Se $z = 2 - 2i$, então $\rho = 2\sqrt{2}$ e $\arg z = -\dfrac{\pi}{4} \pm 2n\pi$, $\forall n \in \mathbb{N}$, pois

$$\rho = \sqrt{2^2 + (-2)^2} = \sqrt{8} = 2\sqrt{2},$$

$$\tan\theta = \frac{y}{x} = \frac{-2}{2} = -1,$$

$$\theta = \arctan(-1) = \frac{7\pi}{4} = -\frac{\pi}{4}.$$

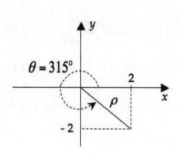

Assim,

$$2 - 2i = 2\sqrt{2}\left(\cos\frac{7\pi}{4} + i\operatorname{sen}\frac{7\pi}{4}\right).$$

Exemplo 4.37 Se $z = -i$, então $\rho = 1$ e $\arg z = \dfrac{3\pi}{2} \pm 2n\pi$, $\forall n \in \mathbb{N}$, pois

$$\rho = \sqrt{0^2 + (-1)^2} = \sqrt{1} = 1,$$

$$\tan\theta = \frac{y}{x} = \frac{-1}{0}$$

$$\Rightarrow \theta = \frac{3\pi}{2}.$$

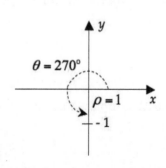

Assim,

$$-i = \cos\frac{3\pi}{2} + i\operatorname{sen}\frac{3\pi}{2} = \cos\left(-\frac{\pi}{2}\right) + i\operatorname{sen}\left(-\frac{\pi}{2}\right).$$

4.9   Operações na forma trigonométrica

4.9.1   Produtos

Nesta seção vamos deduzir uma fórmula na forma trigonométrica, para determinar o produto de dois números complexos.

Sejam $z_1 = \rho_1 \left(\cos \theta_1 + i \operatorname{sen} \theta_1 \right)$ e $z_2 = \rho_2 \left(\cos \theta_2 + i \operatorname{sen} \theta_2 \right)$ dois números complexos não nulos, na forma trigonométrica. Ao efetuar o produto $z_1 \cdot z_2$, e lembrando da Trigonometria (Proposições 1.48 e 1.51) que

$$\operatorname{sen} \left(\theta_1 + \theta_2 \right) = \operatorname{sen} \theta_1 \cdot \cos \theta_2 + \operatorname{sen} \theta_2 \cdot \cos \theta_1 \tag{4.6}$$

e

$$\cos(\theta_1 + \theta_2) = \cos \theta_1 \cdot \cos \theta_2 - \operatorname{sen} \theta_1 \cdot \operatorname{sen} \theta_2, \tag{4.7}$$

obtemos

$$z_1 \cdot z_2 = \rho_1 \rho_2 (\cos \theta_1 + i \operatorname{sen} \theta_1)(\cos \theta_2 + i \operatorname{sen} \theta_2) =$$

$$= \rho_1 \rho_2 [\cos \theta_1 \cos \theta_2 - \operatorname{sen} \theta_1 \operatorname{sen} \theta_2 + i \left(\operatorname{sen} \theta_1 \cos \theta_2 + \cos \theta_1 \operatorname{sen} \theta_2 \right)] =$$

$$= \rho_1 \rho_2 \left[\cos \left(\theta_1 + \theta_2 \right) + i \operatorname{sen} \left(\theta_1 + \theta_2 \right) \right]$$

Ou seja, acabamos de provar o resultado que segue.

Proposição 4.38

Dados dois números complexos $z_1 = \rho_1 \left(\cos \theta_1 + i \operatorname{sen} \theta_1 \right)$ e $z_2 = \rho_2 \left(\cos \theta_2 + i \operatorname{sen} \theta_2 \right)$, o produto entre z_1 e z_2, denotado por $z_1 z_2$, é o número complexo

$$z_1 z_2 = \rho_1 \rho_2 \left[\cos \left(\theta_1 + \theta_2 \right) + i \operatorname{sen} \left(\theta_1 + \theta_2 \right) \right].$$

Desta proposição observamos que o argumento do produto é a soma dos argumentos, $\theta_1 + \theta_2$, ou seja,

$$\arg z_1 z_2 = \arg z_1 + \arg z_2.$$

Geometricamente, o comprimento do vetor $z_1 z_2$ é igual ao produto do comprimentos de z_1 e z_2. O ângulo de inclinação do vetor $z_1 z_2$ é a soma dos ângulos θ_1 e θ_2, o que mostra a figura ao lado.

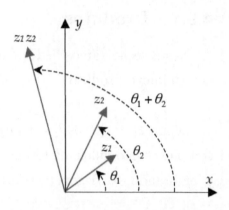

Exemplo 4.39 Dados $z_1 = 3\,(\cos 40° + i\mathrm{sen}40°)$ e $z_2 = 4\,(\cos 80° + i\mathrm{sen}80°)$, calcule $z_1 z_2$.

Solução. Basta usar a fórmula do produto. Assim:

$$z_1 z_2 = 3 \cdot 4\,[\cos\,(40° + \cos 80°) + i\mathrm{sen}\,(40° + \cos 80°)]$$

$$= 12\,(\cos 120° + i\mathrm{sen}120°) = 12\left(-\frac{1}{2} + \frac{\sqrt{3}}{2}i\right) = -6 + 6\sqrt{3}i.$$

4.9.2   Potências

No que segue, apresentamos uma importante proposição que descreve a maneira de se efetuar uma potência de ordem n de um número complexo z, escrito na forma trigonométrica. Tal fórmula é conhecida como *fórmula da potência de De Moivre*.

Proposição 4.40

Dados o número complexo $z = \rho(\cos\theta + i\,\mathrm{sen}\,\theta)$ e $n > 1$, a potência z^n é dada por

$$z^n = \rho^n(\cos n\theta + i\,\mathrm{sen}\,n\theta).$$

Demonstração. A prova será feita por indução sobre n.

(i) Vemos que vale a base da indução, ou seja, quando $n = 2$ temos, com auxílio da Proposição 4.38, que

$$z^2 = z \cdot z = \rho \cdot \rho[\cos(\theta + \theta) + i \operatorname{sen}(\theta + \theta)] =$$

$$= \rho^2(\cos 2\theta + i \operatorname{sen} 2\theta).$$

(ii) Suponha que a igualdade seja verdadeira para $n = k$, ou seja, que vale

$$z^k = \rho^k(\cos k\theta + i \operatorname{sen} k\theta). \tag{4.8}$$

Precisamos mostrar que vale para $n = k + 1$, ou seja, mostrar que

$$z^{k+1} = \rho^{k+1}(\cos(k + 1)\theta + i \operatorname{sen}(k + 1)\theta).$$

De fato, usando as Fórmulas (4.6) e (4.7), temos

$$z^{k+1} = z^k \cdot z = \rho^k(\cos k\theta + i \operatorname{sen} k\theta)(\rho(\cos \theta + i \operatorname{sen} \theta)) =$$

$$= \rho^{k+1}[(\cos k\theta \cdot \cos \theta - \operatorname{sen} k\theta \cdot \operatorname{sen} \theta) + i(\operatorname{sen} \theta \cdot \cos k\theta + \operatorname{sen} k\theta \cdot \cos \theta)] =$$

$$= \rho^{k+1}[\cos(k\theta + \theta) + i \operatorname{sen}(k\theta + \theta)] = \rho^{k+1}[\cos(k + 1)\theta + i \operatorname{sen}(k + 1)\theta].$$

Assim, por (i) e (ii) o resultado segue por indução. $\square$

Exemplo 4.41 Dado $z = \cos \dfrac{\pi}{3} + i \operatorname{sen} \dfrac{\pi}{3}$, calcule z^6.

Solução. Basta aplicar a fórmula da potência de De Moivre da proposição acima:

$$z^6 = 1^6\left[\cos\left(6 \cdot \dfrac{\pi}{3}\right) + i \operatorname{sen}\left(6 \cdot \dfrac{\pi}{3}\right)\right] = \cos 2\pi + i \operatorname{sen} 2\pi = 1 + 0i = 1.$$

Exemplo 4.42 Dado $z = \cos \dfrac{\pi}{3} + i\operatorname{sen}\dfrac{\pi}{3}$, calcule $\sqrt{z}$.

Solução. Usando a fórmula da potência, temos:

$$\sqrt{z} = z^{\frac{1}{2}} = 1^{\frac{1}{2}}\left[\cos\left(\dfrac{1}{2} \cdot \dfrac{\pi}{3}\right) + i\operatorname{sen}\left(\dfrac{1}{2} \cdot \dfrac{\pi}{3}\right)\right] = \cos \dfrac{\pi}{6} + i\operatorname{sen}\dfrac{\pi}{6} = \dfrac{\sqrt{3}}{2} + \dfrac{1}{2}i.$$

4.9.3   Quocientes

Sejam $z_1 = \rho_1 \left(\cos\theta_1 + i\,\mathrm{sen}\,\theta_1\right)$ e $z_2 = \rho_2 \left(\cos\theta_2 + i\,\mathrm{sen}\,\theta_2\right)$ dois números complexos não nulos, na forma trigonométrica. Ao efetuar o quociente $\dfrac{z_1}{z_2}$, e lembrando da Trigonometria que

$$\mathrm{sen}\left(\theta_1 - \theta_2\right) = \mathrm{sen}\,\theta_1 \cdot \cos\theta_2 - \mathrm{sen}\,\theta_2 \cdot \cos\theta_1 \tag{4.9}$$

e

$$\cos(\theta_1 - \theta_2) = \cos\theta_1 \cdot \cos\theta_2 + \mathrm{sen}\,\theta_1 \cdot \mathrm{sen}\,\theta_2, \tag{4.10}$$

obtemos

$$\frac{z_1}{z_2} = \frac{\rho_1 \left(\cos\theta_1 + i\,\mathrm{sen}\,\theta_1\right)}{\rho_2 \left(\cos\theta_2 + i\,\mathrm{sen}\,\theta_2\right)}.$$

Multiplicando e dividindo por $\cos\theta_2 - i\,\mathrm{sen}\,\theta_2$ (conjugado do denominador), e lembrando que $\cos^2\theta + \mathrm{sen}^2\theta = 1$, para todo θ, temos que

$$\frac{z_1}{z_2} = \frac{\rho_1 \left(\cos\theta_1 + i\,\mathrm{sen}\,\theta_1\right)}{\rho_2 \left(\cos\theta_2 + i\,\mathrm{sen}\,\theta_2\right)} \cdot \frac{\left(\cos\theta_2 - i\,\mathrm{sen}\,\theta_2\right)}{\left(\cos\theta_2 - i\,\mathrm{sen}\,\theta_2\right)} =$$

$$= \frac{\rho_1}{\rho_2}\left[\frac{\left(\cos\theta_1\cos\theta_2 + \mathrm{sen}\,\theta_1\mathrm{sen}\,\theta_2\right) + i\left(\mathrm{sen}\,\theta_1\cos\theta_2 - \cos\theta_1\mathrm{sen}\,\theta_2\right)}{\cos^2\theta_2 + \mathrm{sen}^2\theta_2}\right] =$$

$$= \frac{\rho_1}{\rho_2}\left[\cos\left(\theta_1 - \theta_2\right) + i\,\mathrm{sen}\left(\theta_1 - \theta_2\right)\right]$$

Ou seja, acabamos de provar o resultado que segue.

Proposição 4.43

Dados dois números complexos

$$z_1 = \rho_1 \left(\cos\theta_1 + i\,\mathrm{sen}\,\theta_1\right) \ \ e \ \ z_2 = \rho_2 \left(\cos\theta_2 + i\,\mathrm{sen}\,\theta_2\right), \quad z_2 \neq 0,$$

o quociente entre z_1 e z_2 , denotado por $\dfrac{z_1}{z_2}$, é o número complexo

$$\frac{z_1}{z_2} = \frac{\rho_1}{\rho_2}\left[\cos\left(\theta_1 - \theta_2\right) + i\,sen\left(\theta_1 - \theta_2\right)\right].$$

Exemplo 4.44 Dados os números complexos $z_1 = 4\,(\cos 100° + i\,\text{sen}100°)$ e $z_2 = 2\,(\cos 40° + i\text{sen}40°)$, calcule $\dfrac{z_1}{z_2}$.

Solução.

$$\frac{z_1}{z_2} = \frac{4}{2}\left[\cos\left(100° - 40°\right) + i\,\text{sen}\left(100° - 40°\right)\right]$$

$$= 2\,(\cos 60° + i\,\text{sen}\,60°) = 2\left(\frac{1}{2} + \frac{\sqrt{3}}{2}\,i\right) = 1 + i\sqrt{3}.$$

4.10   Extração de raízes

Nesta seção vamos descrever uma fórmula que nos permite extrair as raízes ene-ésimas de um dado número complexo z. Considere um número complexo não nulo $w = r(\cos t + i\,\text{sen}\,t)$ e n um número inteiro maior do que 1, tal que $z = w^n$. Como pela fórmula da potência de De Moivre a potência de um número complexo é um número complexo, temos que existem um número real positivo ρ e um argumento θ, tais que $z = \rho(\cos \theta + i\,\text{sen}\,\theta)$.

Assim, de $z = w^n$, usando a fórmula da potência de De Moivre, segue que

$$\rho(\cos \theta + i\,\text{sen}\,\theta) = [r(\cos t + i\,\text{sen}\,t)]^n = r^n(\cos nt + i\,\text{sen}\,nt)$$

e então, pela igualdade de números complexos, vem que

$$\rho = r^n \Rightarrow r = \sqrt[n]{\rho} \tag{4.11}$$

e

$$\theta + 2k\pi = nt, \ k = 0, 1, 2, ..., n - 1;$$

ou seja,

$$t = \frac{\theta + 2k\pi}{n}, \quad \text{para} \quad k = 0, 1, 2, ..., n - 1. \tag{4.12}$$

Vamos justificar por que k varia de 0 até $n - 1$. A igualdade obtida em (4.12), a priori, vale para todo k inteiro, porém o seno e o cosseno desses argumentos assumem apenas n valores distintos, então é suficiente determinar para $k = 0, 1, 2, ..., n - 1$. De fato, veremos que, quando $k = n$, vamos obter o mesmo valor para seno e cosseno quando $k = 0$:

$$\operatorname{sen} \left.\frac{\theta + 2k\pi}{n}\right|_{k=n} = \operatorname{sen}\frac{\theta + 2n\pi}{n} = \operatorname{sen}(\frac{\theta}{n} + 2\pi) = \operatorname{sen}\frac{\theta}{n} = \operatorname{sen} \left.\frac{\theta + 2k\pi}{n}\right|_{k=0} ;$$

e

$$\cos \left.\frac{\theta + 2k\pi}{n}\right|_{k=n} = \cos\frac{\theta + 2n\pi}{n} = \cos(\frac{\theta}{n} + 2\pi) = \cos\frac{\theta}{n} = \cos \left.\frac{\theta + 2k\pi}{n}\right|_{k=0} .$$

Do mesmo modo, veremos que para $k = 1$ e $k = n + 1$ novamente obteremos os mesmos valores para seno e cosseno, e assim por diante.

Tendo em vista os argumentos acima, sendo $z = w^n$, obtemos de (4.11) e (4.12) que

$$w = r(\cos t + i \operatorname{sen} t) = \sqrt[n]{\rho} \left(\cos \frac{\theta + 2k\pi}{n} + i \operatorname{sen}\frac{\theta + 2k\pi}{n} \right),$$

para $k = 0, 1, 2, ..., n - 1$.

Ou seja, acabamos de provar o resultado que segue.

Proposição 4.45

Dado o número complexo $z = \rho(\cos\theta + i \operatorname{sen}\theta)$, as raízes ene-ésimas de z, denotadas por $\sqrt[n]{z}$, são obtidas pela fórmula

$$\sqrt[n]{z} = \sqrt[n]{\rho} \left(\cos \frac{\theta + 2k\pi}{n} + i \operatorname{sen}\frac{\theta + 2k\pi}{n} \right),$$

e assumem n valores distintos conforme variamos $k = 0, 1, 2, ..., n - 1$.

Tal fórmula é conhecida como *fórmula das raízes ene-ésimas* ou *fórmula das raízes de De Moivre*. Uma outra notação para $\sqrt[n]{z}$ é $z^{\frac{1}{n}}$.

Interpretação geométrica da raízes

Observa-se que $z^{\frac{1}{n}}$ pode assumir valores distintos, porém todos com o mesmo módulo. Assim, os afixos das n raízes de z são pontos da mesma circunferência, com centro na origem do plano complexo e raio $\sqrt[n]{|z|}$. Observa-se também que os argumentos principais de $\sqrt[n]{z}$ formam uma progressão aritmética que inicia com $\dfrac{\theta}{n}$ e tem razão $\dfrac{2\pi}{n}$. Assim, os afixos das raízes ene-ésimas de z dividem a circunferência de centro $(0,0)$ e o raio $r = \sqrt[n]{|z|}$ em n partes congruentes, isto é:

- se $n = 2$ são pontos opostos do diâmetro;

- se $n \geq 3$ são vértices de um polígono regular de n lados inscrito na circunferência centrada na origem e raio $\sqrt[n]{\rho}$.

Consideremos o caso em que $|z| = 1$ e que z tenha oito raízes indicadas por $1, w_1, w_2, w_3, w_4, w_5, w_6$ e w_7. O polígono formado é um octógono regular e compreende a ilustração que segue.

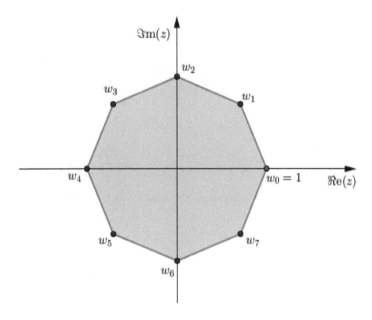

Vejamos um importante exemplo.

Exemplo 4.46 Raízes ene-ésimas da unidade.

Vamos determinar todas as n raízes ene-ésimas da unidade, ou seja, calcular $\sqrt[n]{1}$.

Solução. Escrevendo $z = 1 = 1(\cos 0 + i \,\text{sen}\, 0)$, temos

$$\sqrt[n]{1} = \sqrt[n]{1}\left(\cos \frac{0 + 2k\pi}{n} + i \,\text{sen}\, \frac{0 + 2k\pi}{n}\right), \quad k = 0, 1, 2, ..., n-1.$$

Assim, por exemplo, se considerarmos $n = 3$, teremos

$$\sqrt[3]{1} = \cos \frac{2k\pi}{3} + i \,\text{sen}\, \frac{2k\pi}{3}, \quad k = 0, 1, 2.$$

Dessa forma, temos três raízes cúbicas complexas da unidade, que vamos denotar por w_0, w_1 e w_2, a saber:

- $k = 0$: $w_0 = \cos 0 + i \,\text{sen}\, 0 = 1$;

- $k = 1$: $w_1 = \cos \dfrac{2\pi}{3} + i \,\text{sen}\, \dfrac{2\pi}{3} = \cos 120° + i \,\text{sen}\, 120° =$

$$= -\cos 60° + i \,\text{sen}\, 60° = -\frac{1}{2} + \frac{\sqrt{3}}{2}\, i;$$

- $k = 2$: $w_2 = \cos \dfrac{4\pi}{3} + i \,\text{sen}\, \dfrac{4\pi}{3} = \cos 240° + i \,\text{sen}\, 240° =$

$$= -\cos 60° - i \,\text{sen}\, 60° = -\frac{1}{2} - \frac{\sqrt{3}}{2}\, i.$$

Localizando tais raízes cúbicas complexas da unidade no plano complexo, podemos determinar um triângulo equilátero centrado na origem com vértices nos afixos w_0, w_1 e w_2:

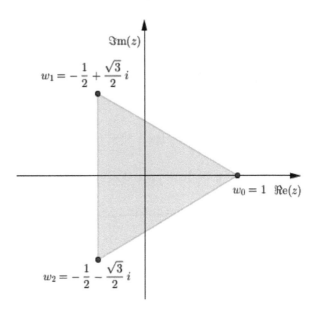

Como exercício, propomos ao leitor calcular os valores de $\sqrt[4]{1}$, mostrando suas raízes no plano de Argand-Gauss. Essas raízes lhe são familiares?

Exemplo 4.47 Calcule os valores de $\sqrt[5]{-3 - \sqrt{3}\,i}$.

Solução. Escrevendo $z = 3 - \sqrt{3}\,i$, queremos calcular $\sqrt[5]{z}$. Neste caso, como z está expresso na forma algébrica, a primeira ação é transformar para a forma trigonométrica. Assim,

$$\rho = |z| = \sqrt{(-3)^2 + (-\sqrt{3})^2} = \sqrt{9 + 3} = \sqrt{12},$$

$$\tan\theta = \frac{-\sqrt{3}}{3}, \quad \theta \in 3^\circ q. \Rightarrow \theta = 210^\circ,$$

e, com isso,

$$z = -3 - i\sqrt{3} = \sqrt{12}\,(\cos 210^\circ + i\,\mathrm{sen}\,210^\circ).$$

Portanto,

$$\sqrt[5]{z} = \sqrt[5]{\sqrt{12}}\left(\cos\frac{210^\circ + k360^\circ}{5} + i\,\mathrm{sen}\frac{210^\circ + k360^\circ}{5}\right), \quad k = 0, 1, 2, 3, 4,$$

e, assim,

- $k = 0$: $w_0 = \sqrt[10]{12}\,(\cos 42° + i\,\text{sen}\,42°)$;

- $k = 1$: $w_1 = \sqrt[10]{12}\,(\cos 114° + i\,\text{sen}\,114°) = \sqrt[10]{12}\,(-\cos 66° + i\,\text{sen}\,66°)$;

- $k = 2$: $w_2 = \sqrt[10]{12}\,(\cos 186° + i\,\text{sen}\,186°) = \sqrt[10]{12}\,(-\cos 6° - i\,\text{sen}\,6°)$;

- $k = 3$: $w_3 = \sqrt[10]{12}\,(\cos 258° + i\,\text{sen}\,258°) = \sqrt[10]{12}\,(-\cos 78° - i\,\text{sen}\,78°)$;

- $k = 4$: $w_4 = \sqrt[10]{12}\,(\cos 330° + i\,\text{sen}\,330°) = \sqrt[10]{12}\,(\cos 30° - i\,\text{sen}\,30°)$.

Essas são as cinco raízes quintas de $z = -3 - \sqrt{3}\,i$. Deixamos sem transformar para a forma algébrica, pois os argumentos, exceto o último, não são evidentes. Repare que, se considerarmos $k = 5$, vamos determinar um argumento de 402°, que corresponde, por redução ao primeiro quadrante, ao arco de 42°, e, portanto, estaríamos repetindo a raiz w_0.

Localizando os afixos dessas cinco raízes quintas de z no plano complexo vamos determinar os vértices de um pentágono regular. Deixamos a representação gráfica deste pentágono como exercício para o leitor.

No que segue, vamos trabalhar com o conceito de *equação polinomial complexa*. Para tanto, vamos definir alguns conceitos.

Definição 4.48

Chama-se um *polinômio complexo* de grau n, com $n \geq 1$, na variável $z \in \mathbb{C}$ o polinômio da forma

$$p(z) = \lambda_0 + \lambda_1 z + \lambda_2 z^2 + \lambda_3 z^3 + ... + \lambda_n z^n,$$

onde $\lambda_j \in \mathbb{C}$ para todo $j \in \{0, 1, ..., n\}$ são os *coeficientes complexos* do polinômio.

Assim, por exemplo, temos que $p(z) = 2 + iz + (2 - 4i)z^2 + z^3$ é um polinômio complexo de grau $n = 3$. Também temos que todos os polinômios $p(x)$ de variável real x, estudados no ensino médio, também podem ser considerados polinômios complexos, pois vimos que $\mathbb{R} \subset \mathbb{C}$ via a inclusão $\varphi : \mathbb{R} \to \mathbb{C}$, $\varphi(x) = (x, 0)$.

Definição 4.49

Chama-se uma *equação polinomial complexa* a equação $p(z) = 0$, onde $p(z)$ é um polinômio complexo.

De posse das duas definições acima, no caso em que os coeficientes forem reais, temos o importante resultado:

Proposição 4.50

Seja $p(z) = a_0 + a_1 z + a_2 z^2 + a_3 z^3 + ... + a_n z^n$ um polinômio complexo com coeficientes reais. Se $w \in \mathbb{C}$ for uma raiz complexa de $p(z) = 0$, então o conjugado de w também é uma raiz de $p(z) = 0$.

Demonstração. Primeiramente, observe que, dado um número complexo z e n um inteiro maior ou igual a 1, vale a propriedade de conjugação:

$$\overline{w^n} = (\overline{w})^n . \tag{4.13}$$

De fato, basta observar que

$$\overline{w^n} = \underbrace{\overline{w \cdot w \cdot ... \cdot w}}_{n \text{ fatores}} = \overline{w} \cdot \overline{w} \cdot ... \cdot \overline{w} = (\overline{w})^n .$$

Assim, dado um polinômio complexo $p(z)$ de grau n com coeficientes reais $a_0, ..., a_n$

$$p(z) = a_0 + a_1 z + a_2 z^2 + a_3 z^3 + ... + a_n z^n,$$

se w for uma raiz complexa de $p(z) = 0$, então segue que

$$p(w) = a_0 + a_1 w + a_2 w^2 + a_3 w^3 + ... + a_n w^n = 0.$$

Dessa forma, calculando o valor de $p(\overline{w})$, e usando propriedades de conjugação apresentadas na Proposição 4.8 mais a propriedade (4.13) acima, obtemos

$$p(\overline{w}) = a_0 + a_1 \overline{w} + a_2 (\overline{w})^2 + ... + a_n (\overline{w})^n =$$

$$= a_0 + a_1 \overline{w} + a_2 \overline{w^2} + ... + a_n \overline{w^n} =$$

$$= \overline{a_0} + \overline{a_1 w} + \overline{a_2 w^2} + \ldots + \overline{a_n w^n} =$$

$$= \overline{a_0 + a_1 w + a_2 w^2 + a_3 w^3 + \ldots + a_n w^n} = \overline{0} = 0.$$

$\square$

A técnica de resolução de equações polinomiais complexas é, a priori, a mesma usada em estudos de polinômios, acrescentando-se os conhecimentos sobre números complexos e suas fórmulas que desenvolvemos aqui. Abaixo apresentamos alguns exemplos de equações e suas resoluções.

Exemplo 4.51 Determine as raízes complexas da equação $z^3 + 8 = 0$.

Solução.

De fato, da equação dada temos que $z = \sqrt[3]{-8}$, ou seja, queremos obter as três raízes cúbicas do número complexo $w = -8$.

Procurando representar w na forma trigonométrica temos que, sendo $w = \rho(\cos\theta + i\,\mathrm{sen}\,\theta)$, tem-se que $|w| = \rho = \sqrt{64} = 8$ e $\theta = \pi$. Assim, podemos escrever $-8 = 8(\cos\pi + i\,\mathrm{sen}\,\pi)$.

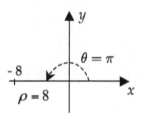

Então as raízes cúbicas de -8 são da forma:

$$z_k = \sqrt[3]{8}\left[\cos\left(\frac{\pi + 2k\pi}{3}\right) + i\,\mathrm{sen}\left(\frac{\pi + 2k\pi}{3}\right)\right], \text{ com } k = 0, 1, 2.$$

Para $k = 0$:

$$z_0 = 2\left(\cos\frac{\pi}{3} + i\,\mathrm{sen}\frac{\pi}{3}\right) = 2\left(\frac{1}{2} + \frac{\sqrt{3}}{2}i\right) = 1 + i\sqrt{3}.$$

Para $k = 1$:

$$z_1 = 2(\cos\pi + i\,\mathrm{sen}\pi) = 2(-1 + 0i) = -2.$$

Para $k = 2$:

$$z_2 = 2\left(\cos\frac{5\pi}{3} + i\operatorname{sen}\frac{5\pi}{3}\right) = 2\left(\frac{1}{2} - \frac{\sqrt{3}}{2}i\right) = 1 - i\sqrt{3}.$$

Abaixo apresentamos a representação geométrica das raízes cúbicas de -8. Repare que o polígono com vértices em seus afixos forma um triângulo equilátero.

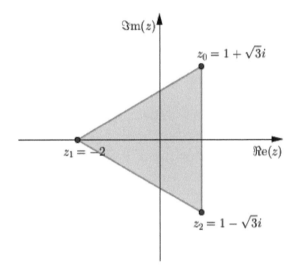

Como uma aplicação da Proposição 4.50, observe que a raízes complexas z_0 e z_2 da equação acima são conjugadas.

Uma outra maneira de deduzir a fórmula de De Moivre para extração da raiz ene-ésima de um número complexo w consiste em pensar no problema como uma equação, ou seja, considerar o problema que segue.

Exemplo 4.52 Considerando w um número complexo dado, resolva a equação complexa $z^n - w = 0$, com $n \in \mathbb{N}$.

Solução. Podemos escrever $z = \sqrt[n]{w}$. Consideremos a forma trigonométrica de z e w como:

$$z = R\left(\cos\phi + i\operatorname{sen}\phi\right) \quad \text{e} \quad w = \rho\left(\cos\theta + i\operatorname{sen}\theta\right).$$

Assim,

$$z^n = R^n \left(\cos n\phi + i\text{sen} n\phi \right)$$

e $z^n = w$ implica em $R^n \left(\cos n\phi + i\text{sen} n\phi \right) = \rho \left(\cos \theta + i\text{sen}\theta \right)$.

Satisfazer esta igualdade implica em resolver o sistema:

$$\begin{cases} R^n \cos n\phi &= \rho \cos \theta \\ R^n \text{sen} n\phi &= \rho \, \text{sen}\, \theta. \end{cases}$$

Elevando as equacões do sistema ao quadrado, tem-se que:

$$\begin{cases} (R^n)^2 \cos^2 n\phi &= \rho^2 \cos^2 \theta \\ (R^n)^2 \text{sen}^2 n\phi &= \rho^2 \text{sen}^2\theta, \end{cases}$$

donde, com a soma dos termos na vertical, tem-se que:

$$R^{2n} \left(\cos^2 n\phi + \text{sen}^2 n\phi \right) = \rho^2 \left(\cos^2 n\theta + \text{sen}^2 n\theta \right).$$

Daí podemos concluir que:

- $R^{2n} = \rho^2 \Rightarrow R = \sqrt[n]{\rho}$;

- $\cos n\phi = \cos \theta \Rightarrow n\phi = \theta + 2k\pi \ \forall k \in$ Inteiros. Assim, $\phi = \dfrac{\theta + 2k\pi}{n}$;

- da mesma forma, $\text{sen}\, n\phi = \text{sen}\, \theta$ implica em $\phi = \dfrac{\theta + 2k\pi}{n}$.

Assim, as raízes n-ésimas de $w = \rho \left(\cos \theta + i \, \text{sen}\theta \right)$ são da forma:

$$z_k = \sqrt[n]{\rho} \left[\cos \left(\frac{\theta + 2k\pi}{n} \right) + i \, \text{sen} \left(\frac{\theta + 2k\pi}{n} \right) \right].$$

Exemplo 4.53 Resolva a equação $3z^2 - i = 0$.

Solução.

Tem-se que $3z^2 = i \Rightarrow z^2 = \dfrac{i}{3}$, $|z| = \rho = \sqrt{\left(\dfrac{1}{3} \right)^2} = \dfrac{1}{3}$ e $\theta = \dfrac{\pi}{2}$.

Então $\dfrac{i}{3} = \dfrac{1}{3} \left(\cos \dfrac{\pi}{2} + i\text{sen}\dfrac{\pi}{2} \right)$.

Portanto, as raízes quadradas de $\dfrac{i}{8}$ são da forma:

$$z_k = \sqrt{\frac{1}{3}}\left[\cos\left(\frac{\frac{\pi}{2}+2k\pi}{2}\right) + i\text{sen}\left(\frac{\frac{\pi}{2}+2k\pi}{2}\right)\right], \text{ com } k = 0, 1.$$

Para $k = 0$:

$$z_0 = \sqrt{\frac{1}{3}}\left(\cos\frac{\pi}{4} + i\text{sen}\frac{\pi}{4}\right) = \sqrt{\frac{1}{3}}\left(\frac{\sqrt{2}}{2} + \frac{\sqrt{2}}{2}i\right) = \frac{\sqrt{6}}{6} + \frac{\sqrt{6}}{6}i.$$

Para $k = 1$:

$$z_1 = \sqrt{\frac{1}{3}}\left[\cos\left(\frac{\frac{\pi}{2}+2\pi}{2}\right) + i\text{sen}\left(\frac{\frac{\pi}{2}+2\pi}{2}\right)\right] = \sqrt{\frac{1}{3}}\left(\cos\frac{5\pi}{4} + i\text{sen}\frac{5\pi}{4}\right)$$

$$= \sqrt{\frac{1}{3}}\left(-\frac{\sqrt{2}}{2} - \frac{\sqrt{2}}{2}i\right) = -\frac{\sqrt{6}}{6} - \frac{\sqrt{6}}{6}i.$$

Note que estes dois números complexos compõem as extremidades de uma linha diagonal.

Exercícios

1. Encontre $\arg(z)$ para:

   (a) $z = (\sqrt{3} - i)$

   (b) $z = \left(\dfrac{-2}{i\sqrt{3}+1}\right)$

2. Represente de forma gráfica a região compreendida pelas inequações:

   (a) $0 \leq \arg(z) \leq \pi/4$

   (b) $-\pi/2 < \arg(z) < 2\pi/3$

3. Escreva na forma trigonométrica e represente graficamente os números complexos:

(a) $z = 2 + 3i$ (c) $z = 8i$

(b) $z = \sqrt{3} + i$ (d) $z = -3$

4. Calcule usando a forma trigonométrica:

(a) $(2 + 3i)^5$ (c) $(3 + i)^{15}(2 + 2i)^4$

(b) $\left(\dfrac{1+i}{2-2i}\right)^5$ (d) $\left(\dfrac{1+i}{1-i}\right)^{10}\left(\dfrac{3-i}{3+i}\right)^6$

5. Se m é um número inteiro positivo e z_1 e z_2 números complexos, através da forma polar mostre que $(z_1 z_2)^m = z_1^m z_2^m$.

6. Resolva as equações:

(a) $z^3 = i$ (e) $z^3 = -1 + i$

(b) $z^2 = 2i$
                                          (f) $z = \left(-1 + i\sqrt{3}\right)^{\frac{1}{2}}$
(c) $z^4 = -16$

(d) $z^6 = 8$ (g) $z = \left(-2\sqrt{3} - 2i\right)^{\frac{1}{4}}$

7. Encontre z para que $z^3 = \bar{z}$.

8. Verifique se $\sqrt{24 + 7i} = 3 + 4i$.

9. Mostre que $\arg(\bar{z}) = -\arg(z)$, para $z \neq 0$.

10. (ITA) Considere a equação em $\mathbb{C}$, $(z - 5 + 3i)^4 = 1$. Se z_0 é a solução que apresenta o menor argumento principal entre as quatro soluções, então determine o valor de $|z_0|$.

11. (ITA) O lugar geométrico dos pontos $(a, b) \in \mathbb{R}^2$ tais que a equação, em $z \in \mathbb{C}$, $z^2 + z + 2 - (a + ib) = 0$ possua uma raiz puramente imaginária é

A - uma circunferência.

B - uma parábola.

C - uma hipérbole.

D - uma reta.

E - duas retas paralelas.

12. (ITA) Considere o polinômio p com coeficientes complexos definido por

$$p(z) = z^4 + (2+i)z^3 + (2+i)z^2 + (2+i)z + (1+i).$$

Podemos afirmar que

A - nenhuma das raízes de p é real.

B - não existem raízes de p que sejam complexas conjugadas.

C - a soma dos módulos de todas as raízes de p é igual a $2 + \sqrt{2}$.

D - o produto dos módulos de todas as raízes de p é igual a $2\sqrt{2}$.

E - o módulo de uma das raízes de p é igual a $\sqrt{2}$.

13. (ITA) Considere o polinômio complexo $p(z) = z^4 + az^3 + 5z^2 - iz - 6$, em que a é uma constante complexa. Sabendo que $2i$ é uma das raízes de $p(z) = 0$, determine as outras três raízes.

14. As raízes da equação $z^n = 1$ são chamadas de n-ésimas raízes da unidade. Se tomarmos $w = \cos \dfrac{2\pi}{n} + i \operatorname{sen} \dfrac{2\pi}{n}$, todas as raízes podem ser expressas como:

$$1, \, w, \, w^2, \, w^3, \, \ldots, \, w^{n-1}.$$

Da mesma forma temos que $z^{1/n}$ denota uma n-ésima raiz de z. Assim todas as n-ésimas raízes de z podem ser expressas da forma $w^k . z^{1/n}, \quad k = 1, 2, 3, \ldots, n-1$. Considerando estas observações, prove que

$$1 + w^h + w^{2h} + w^{3h} + \ldots + w^{(n-1)h} = 0$$

para um h inteiro que não é múltiplo de n.

Dica: multiplique a soma por $w^h - 1$ ou utilize diretamente a forma dada para w.

Respostas

1. (a) $-\dfrac{\pi}{6}$ (b) $\dfrac{2\pi}{3}$

2.

3.   (a) $\sqrt{13}\left(\cos 56,31° + i\operatorname{sen} 56,31°\right)$ (c) $8\left(\cos\dfrac{\pi}{2} + i\operatorname{sen}\dfrac{\pi}{2}\right)$

   (b) $2\left(\cos\dfrac{\pi}{6} + i\operatorname{sen}\dfrac{\pi}{6}\right)$ (d) $3\left(\cos\pi + i\operatorname{sen}\pi\right)$

4. (a) $\sqrt{13^5}\,(0,2 - 0,98i)$ (b) $\frac{i}{2^5}$ (c) $64\sqrt{10^{15}}\,(-0,11 + 0,99i)$ (d) $z = 0,75 - 0,66i$

5. ...

6. (a) $\dfrac{\sqrt{3}}{2} + \dfrac{1}{2}i,\ -\dfrac{\sqrt{3}}{2} + \dfrac{1}{2}i,\ -i$ (b) $-1 + i,\ 1 + i$

   (c) $\sqrt{2} + i\sqrt{2},\ -\sqrt{2} + i\sqrt{2},\ \sqrt{2} - i\sqrt{2},\ -\sqrt{2} - i\sqrt{2}$

   (d) $\pm\sqrt{2},\ \dfrac{1 \pm i\sqrt{3}}{\sqrt{2}},\ \dfrac{-1 \pm i\sqrt{3}}{\sqrt{2}}$

   (e) $2^{\frac{1}{16}}\left(\dfrac{\sqrt{2}}{2} + \dfrac{\sqrt{2}}{2}i\right),\ 2^{\frac{1}{16}}\left(\cos\dfrac{11\pi}{12} + i\operatorname{sen}\dfrac{11\pi}{12}\right),\ 2^{\frac{1}{16}}\left(\cos\dfrac{19\pi}{12} + i\operatorname{sen}\dfrac{19\pi}{12}\right)$

   (f) $\dfrac{\sqrt{2}}{2} + \dfrac{\sqrt{6}}{2}i,\ -\dfrac{\sqrt{2}}{2} - \dfrac{\sqrt{6}}{2}i$

   (g) $\sqrt{2}\left(\cos\dfrac{7\pi}{24} + i\operatorname{sen}\dfrac{7\pi}{24}\right),\ \sqrt{2}\left(\cos\dfrac{19\pi}{24} + i\operatorname{sen}\dfrac{19\pi}{24}\right)$

   $\sqrt{2}\left(\cos\dfrac{31\pi}{24} + i\operatorname{sen}\dfrac{31\pi}{24}\right),\ \sqrt{2}\left(\cos\dfrac{43\pi}{24} + i\operatorname{sen}\dfrac{43\pi}{24}\right)$

7. $0,\ -i,\ i$

8. não é raiz.

9. ...

10. $\sqrt{41}$

11. Uma parábola.

12. O módulo de uma das raízes de p é igual a $\sqrt{2}$.

13. $-3i, -1, 1$

14. ...

4.11   Aplicações

4.11.1   Solução de equações quadráticas

Considere a equação $ax^2 + bx + c = 0$, com $a \neq 0$. Sabe-se que esta equação pode ser resolvida utilizando-se a Fórmula de Bháskara:

$$x = \frac{-b \pm \sqrt{b^2 - 4ac}}{2a}.$$

É provável que o primeiro contato com números complexos que se tem ao estudar matemática seja através dessa fórmula. Ela permite encontrar as raízes de qualquer equação de segundo grau, completas ou incompletas. A expressão $b^2 - 4ac$ chama-se discriminante e é indicada pela letra grega Δ (lê-se delta). Assim tem-se três casos para a solução da equação quadrática:

- $\Delta > 0 \Rightarrow$ a equação admite duas raízes reais e distintas.

- $\Delta < 0 \Rightarrow$ a equação não admite duas raízes reais.

- $\Delta = 0 \Rightarrow$ a equação admite duas raízes reais e iguais.

A Fórmula de Bháskara também é válida para equações quadráticas com números complexos, sendo $az^2 + bz + c = 0$. Os coeficientes $a \neq 0$, b e c são números complexos. Desta forma, a fórmula pode ser escrita na forma

$$z = \frac{-b + \sqrt{b^2 - 4ac}}{2a}.$$

Percebe-se uma mínima diferença no sinal na comparação entre as duas fórmulas: onde havia $\pm$ agora só se tem $+$. Considerando $b^2 - 4ac \neq 0$, a expressão $\sqrt{b^2 - 4ac}$ representa duas raízes do número complexo $b^2 - 4ac$, donde a aplicação da Fórmula de Bháskara resulta em duas soluções complexas.

Para ilustrar o uso desta fórmula, consideremos os dois exemplos que se seguem.

Exemplo 4.54 Resolva a equação $z^2 + (2 - 2i)z - 5i = 0$.

Solução. As raízes desta equação, dados $a = 1$, $b = 2 - 2i$ e $c = -5i$, são:

$$z = \frac{-(2 - 2i) + \sqrt{(2 - 2i)^2 - 4(-5i)}}{2} = \frac{-2 + 2i + \sqrt{12i}}{2}.$$

Calculamos separadamente $\sqrt{12i}$. Lembramos da fórmula de extração de raízes, vista anteriormente. Temos que $\rho = \sqrt{12}$, $\theta = \pi/2$, sendo duas as raízes a serem calculadas, $k = 0, 1$. Assim, as raízes de $12i$ são dadas por:

- $k = 0$: $w_0 = \sqrt{12}\left(\cos\dfrac{\pi}{4} + i\operatorname{sen}\dfrac{\pi}{4}\right) = \sqrt{6} + \sqrt{6}i$,

- $k = 1$: $w_1 = \sqrt{12}\left(\cos\dfrac{5\pi}{4} + i\operatorname{sen}\dfrac{5\pi}{4}\right) = -\sqrt{6} - \sqrt{6}i$.

Uma vez encontradas as raízes de $12i$, substituímos este resultado na fómula do cálculo de z, sendo

- $z_1 = \dfrac{-2 + 2i + \sqrt{6} + \sqrt{6}i}{2}$,

- $z_2 = \dfrac{-2 + 2i - \sqrt{6} - \sqrt{6}i}{2}$.

Estas soluções, z_1 e z_2, são, por sua vez, números complexos na forma $z = a + bi$.

Exemplo 4.55 Resolva, em $\mathbb{C}$, a equação $z^3 - iz^2 + 2z = 0$.

Solução. Primeiramente, fatoramos a expressão da equação pondo z em evidência:

$$z(z^2 - iz + 2) = 0.$$

Assim, como temos um produto igual a zero, segue que um dos fatores deve ser zero, ou seja, concluímos que

$$z = 0 \quad \text{ou} \quad z^2 - iz + 2 = 0.$$

Assim, já sabemos que $z = 0$ é uma solução. Vamos encontrar as outras duas resolvendo a equação $z^2 - iz + 2 = 0$. Aplicando a Fórmula de Bháskara e sabendo que $\sqrt{-1} = i$, obtemos

$$z^2 - iz + 2 = 0 \Leftrightarrow z = \frac{i \pm \sqrt{-1 - 8}}{2} = \frac{i \pm 3i}{2},$$

ou seja,

$$z = \frac{1 + 3i}{2} = 2i \text{ ou } z = \frac{1 - 3i}{2} = -i.$$

Note que Δ é um número real, por isto tem-se $\pm$ na frente da raiz.

Concluímos que as raízes da equação dada são: $z_1 = 0$, $z_2 = 2i$ e $z_3 = -i$. Observe que neste caso não há raízes conjugadas, e isso não viola a tese da Proposição 4.50, pois a equação desse exemplo não possui todos os coeficientes reais.

4.11.2   Séries de Taylor, formas exponenciais e funções hiperbólicas

Do estudo de séries realizado nos cursos tradicionais de Cálculo, tem-se que as função exponencial e as funções seno e cosseno são desenvolvidas em termos de séries de Taylor em $x = 0$, por:

$$e^x = 1 + \frac{x}{1!} + \frac{x^2}{2!} + \frac{x^3}{3!} + \dots + \frac{x^n}{n!} + \dots = \sum_{k=0}^{+\infty} \frac{x^k}{k!}, \tag{4.14}$$

$$\text{sen } x = 1 - \frac{x^2}{2!} + \frac{x^4}{4!} - \frac{x^6}{6!} + \dots = \sum_{k=0}^{+\infty} \frac{(-1)^k x^{2k}}{(2k)!} \tag{4.15}$$

e

$$\cos x = \frac{x}{1!} - \frac{x^3}{3!} + \frac{x^5}{5!} - \frac{x^7}{7!} + \dots = \sum_{k=0}^{+\infty} \frac{(-1)^k x^{2k+1}}{(2k+1)!}. \tag{4.16}$$

Para o caso em que o expoente é complexo, $x = iy$, o desenvolvimento na série de Taylor da função exponencial (4.14) é dado por:

$$e^{iy} = 1 + \frac{iy}{1!} + \frac{(iy)^2}{2!} + \frac{(iy)^3}{3!} + \dots + \frac{(iy)^n}{n!} + \dots = \sum_{k=0}^{+\infty} \frac{(iy)^k}{k!},$$

onde a parte real pode ser separada da imaginária, resultando em:

$$e^{iy} = \left(1 - \frac{y^2}{2!} + \frac{y^4}{4!} - \frac{y^6}{6!} + \ldots\right) + i\left(y - \frac{y^3}{3!} + \frac{y^5}{5!} - \frac{y^7}{7!} + \ldots\right) \qquad (4.17)$$

Podemos observar da Equação (4.17), considerando as Equações (4.15) e (4.16), que e^{iy} pode ser escrito na forma de Euler do número complexo como:

$$e^{iy} = \cos y + i \operatorname{sen} y. \qquad (4.18)$$

Ainda, trocando y por $-y$ em (4.17), da equação (4.18) obtemos:

$$e^{-iy} = \cos y - i \operatorname{sen} y. \qquad (4.19)$$

Somando as Equações (4.18) e (4.19) obtemos $\cos y$ e subtraindo (4.19) de (4.18), obtemos $\operatorname{sen} y$, dados, respectivamente, por:

$$\cos y = \frac{e^{iy} + e^{-iy}}{2} \quad \text{e} \quad \operatorname{sen} y = \frac{e^{iy} - e^{-iy}}{2i}.$$

Estas são as fórmulas de Euler que expressam as funções trigonométricas através das funções exponenciais, com expoentes imaginários. Através destas fórmulas podemos obter uma expressão para qualquer potência positiva das funções seno e cosseno, assim como para produtos de seno e cosseno, sendo:

$$\cos^n y = \frac{(e^{iy} + e^{-iy})^n}{2^n} \quad \text{e} \quad \operatorname{sen}^n y = \frac{(e^{iy} - e^{-iy})^n}{(2i)^n}.$$

Uma interessante relação, também conhecida por relação de Euler, pode ser obtida de (4.18) do seguinte modo: tomando $y = \pi$ rad, teremos

$$e^{i\pi} = \cos \pi + i \cdot \operatorname{sen} \pi,$$

obtendo

$$e^{\pi \cdot i} + 1 = 0,$$

que é uma interessante igualdade que liga os cinco números mais importantes da Matemática: o π, o e, o neutro aditivo zero e o neutro multiplicativo 1.

Exemplo 4.56 Calcule $\cos^4 y$ usando a forma exponencial.

Solução.

$$\cos^4 y = \frac{\left(e^{iy} + e^{-iy}\right)^4}{2^4} = \frac{e^{4iy}}{16} + \frac{4e^{2iy}}{16} + \frac{6}{16} + \frac{4e^{-2iy}}{16} + \frac{e^{-4iy}}{16}$$

$$= \frac{1}{8}\left(\frac{e^{4iy} + e^{-4iy}}{2}\right) + \frac{1}{2}\left(\frac{e^{2iy} + e^{-2iy}}{2}\right) + \frac{3}{8}$$

$$= \frac{1}{8}\cos 4y + \frac{1}{2}\cos 2y + \frac{3}{8}.$$

Em termos da variável complexa z, as funções trigonométricas na fórmula de Euler são dadas por:

$$\cos z = \frac{e^{iz} + e^{-iz}}{2} \quad \text{e} \quad \operatorname{sen} z = \frac{e^{iz} - e^{-iz}}{2i}. \tag{4.20}$$

Utilizando as equações dadas em (4.20) podemos introduzir as funções cosseno e seno hiperbólicos, que são dadas pelas fórmulas:

$$\cosh z = \cos iz = \frac{e^z + e^{-z}}{2} \quad \text{e} \quad \operatorname{senh} z = \frac{\operatorname{sen} iz}{i} = \frac{e^z - e^{-z}}{2}.$$

No caso particular, quando z é uma variável real, ou seja, $z = y$, as funções cosseno e seno hiperbólicos tornam-se:

$$\cosh y = \frac{e^y + e^{-y}}{2} \quad \text{e} \quad \operatorname{senh} y = \frac{e^y - e^{-y}}{2}.$$

Desafiamos o leitor a verificar se as identidades trigonométricas da trigonometria usual se mantêm para o seno e o cosseno hiperbólicos. Para a verificação, basta trocar nas fórmulas da trigonometria usual o $\operatorname{sen} z$ por $i\operatorname{senh} z$ e $\cos z$ por $\cosh z$.

Exemplo 4.57 Na trigonometria usual $\cos^2 z + \operatorname{sen}^2 z = 1$. Então, se substituirmos $\operatorname{sen} z$ por $i\operatorname{senh} z$ e $\cos z$ por $\cosh z$ nesta identidade, obteremos a identidade para seno e para cosseno hiperbólicos, que será

$$\cosh^2 z - \operatorname{senh}^2 z = 1.$$

Exemplo 4.58 Mostre que a função seno hiperbólico é ímpar.

Solução. Basta observar que

$$\operatorname{senh}(-z) = \frac{e^{-z} - e^{-(-z)}}{2} = \frac{e^{-z} - e^{z}}{2} = -\frac{e^{z} - e^{-z}}{2} = -\operatorname{senh} z.$$

As funções seno e cosseno hiperbólicos têm inúmeras aplicações. Uma aplicação importante, que também envolve o estudo de equações diferenciais ordinárias, é encontrar a posição de equilíbrio dos corpos. Um exemplo interessante é o formato da curva de cabos suspensos, presos nas extremidades em postes. Deixamos para o leitor mostrar que o formato desta curva é dada por $f(y) = \cosh(y-1) - \cosh(1)$.

4.11.3   Equações diferenciais

Esta aplicação é destinada àqueles que já possuem algum conhecimento de Cálculo Diferencial e Integral. O propósito aqui não é oferecer ao leitor um aprofundamento sobre este tema, e sim mostrar onde os números complexos entram na teoria de resoluções de equações diferenciais.

Uma equação diferencial mais básica é dada por:

$$y' = ay.$$

onde a é uma constante, $y = y(t)$ é uma função a ser determinada, t é a variável independente e y' é a derivada no tempo. Esta equação é denominada equação diferencial de primeira ordem. Uma solução para esta equação diferencial é uma função derivável $y = y(t)$ para a qual a equação é satisfeita. Por exemplo, uma solução para a equação dada, para uma constante c qualquer, é

$$y = ce^{at},$$

pois

$$y' = ace^{at} = a(ce^{at}) = ay,$$

para quaisquer valores de t.

Agora, extendemos a ideia de equações diferenciais para equações de segunda ordem, do tipo:

$$ay'' + by' + cy = f(t),$$

onde a, b e c são coeficientes constantes reais. A teoria da solução desta equação nos diz que o primeiro passo é resolver a equação diferencial homogênea associada

$$ay'' + by' + cy = 0,$$

que possui soluções na forma

$$y = e^{rt}.$$

Podemos ver isto substituindo as derivadas $y'' = r^2 e^{rt}$, $y' = r e^{rt}$ e $y = e^{rt}$ na equação homogênea

$$ay'' + by' + cy = ar^2 e^{rt} + bre^{rt} + ce^{rt} = e^{rt}(ar^2 + br + c) = 0.$$

De fato, $e^{rt}(ar^2 + br + c) = 0$ é uma solução da equação homogênea desde que r seja raiz da equação polinomial $ar^2 + br + c = 0$, que, por sua vez, é denominada equação auxiliar. É a solução desta equação auxiliar algébrica que nos exige conhecimento de números complexos. Como assumimos os valores de a, b e c sendo reais, as raízes desta equação algébrica, quando complexas, só podem aparecer em pares conjugados na forma $m+ni$ e $m-ni$ ($n > 0$). Assim as soluções de $ay'' + by' + cy = 0$ serão funções exponenciais complexas da forma $y = e^{(m+ni)t}$ e $y = e^{(m-ni)t}$. No intuito de encontrar as soluções reais da equação diferencial, utilizaremos a fórmula de Euler

$$e^{yi} = \cos y + i\,\text{sen}\,y,$$

que na forma geral de um número complexo pode ser dada por:

$$e^{x+yi} = e^x(\cos y + i\,\text{sen}\,y).$$

Assim, as soluções complexas $y = e^{(m+ni)t}$ e $y = e^{(m-ni)t}$ são, respectivamente:

$$e^{(m+ni)t} = e^{mt}(\cos nt + i\operatorname{sen} nt),$$

$$e^{(m-ni)t} = e^{mt}(\cos nt - i\operatorname{sen} nt).$$

Como a equação diferencial é homogênea, ela admite combinações lineares como solução. Portanto, as combinações lineares

$$y_1 = \frac{1}{2}\left[e^{(m+ni)t} + e^{(m-ni)t}\right] \quad \text{e} \quad y_2 = \frac{1}{2i}\left[e^{(m+ni)t} - e^{(m-ni)t}\right]$$

também são soluções. Assim, levamos em conta as transformações feitas acima através da fórmula de Euler, e chegamos às soluções:

$$y_1 = e^{mt}\cos nt \quad \text{e} \quad y_2 = e^{mt}\operatorname{sen} nt.$$

Exemplo 4.59 Considere o sistema mecânico massa-mola ilustrado na figura que segue. Desconsideraremos a existência de atrito. O deslocamento $x(t)$ da massa será a saída. Este deslocamento é medido a partir da posição de equilíbrio, na ausência da força externa. É comum o uso de ponto em cima da variável dependente como derivada quando se trata de sistemas que dependam do tempo. Neste exemplo será utilizado o ponto para derivada.

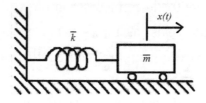

A equação diferencial que modela o deslocamento no tempo da massa $\bar{m}$ deste sistema pode ser obtida pela relação *massa* x *aceleração* = *força*, donde temos que $\bar{m}\ddot{x}(t) = -\bar{k}x(t)$, e $\bar{k}$ é a rigidez da mola. Assim, a equação diferencial é dada por:

$$\bar{m}\ddot{x}(t) + \bar{k}x(t) = 0 \quad \text{ou} \quad \ddot{x}(t) + \frac{\bar{k}}{\bar{m}}x(t) = 0.$$

Para encontrarmos a solução, determinamos as raízes da equação auxiliar $r^2 + \dfrac{\bar{k}}{\bar{m}} = 0$, que, por sua vez, são dadas por $r = \pm i\sqrt{\dfrac{\bar{k}}{\bar{m}}}$. Utilizando a fórmula de Euler $e^{yi} = \cos y + i\,\text{sen}\,y$ chegamos às soluções:

$$e^{\left(\sqrt{\bar{k}/\bar{m}}\right)it} = \cos\sqrt{\frac{\bar{k}}{\bar{m}}}\,t + i\,\text{sen}\sqrt{\frac{\bar{k}}{\bar{m}}}\,t,$$

$$e^{-\left(\sqrt{\bar{k}/\bar{m}}\right)it} = \cos\sqrt{\frac{\bar{k}}{\bar{m}}}\,t - i\,\text{sen}\sqrt{\frac{\bar{k}}{\bar{m}}}\,t.$$

Como a equação diferencial é homogênea, ela admite combinações lineares como solução, de acordo com o que foi visto anteriormente. Adequando os termos das combinações lineares para o caso deste exemplo, temos:

$$x(t) = \frac{1}{2}\left[e^{\left(\sqrt{\bar{k}/\bar{m}}\right)it} + e^{-\left(\sqrt{\bar{k}/\bar{m}}\right)it}\right].$$

Substituindo os termos exponenciais pela fórmula de Euler, chegamos à solução:

$$x(t) = \cos\sqrt{\frac{\bar{k}}{\bar{m}}}\,t.$$

Agora, podemos substituir esta solução $x(t)$ no sistema massa-mola e verificamos que a equação diferencial é satisfeita. O termo $\sqrt{\dfrac{\bar{k}}{\bar{m}}}$ representa a frequência natural de vibração do sistema.

4.11.4   Forma exponencial de um número complexo

Embora a fórmula de Euler seja somente dada para a parte imaginária de um número complexo $e^{yi} = \cos y + i\,\text{sen}\,y$, esta fórmula pode ser dada numa forma mais genérica:

$$e^z = e^{x+yi} = e^x(\cos y + i\,\text{sen}\,y),$$

como mostrado acima. Assim, as propriedades dos exponenciais também são válidas para números complexos. Por exemplo, dados z_1 e z_2 números complexos, pela regra dos expoentes tem-se que

$$e^{z_1}e^{z_2} = e^{z_1+z_2}.$$

Por outro lado, a forma polar de um número complexo z dada por $z = \rho(\cos\theta + i\text{sen}\theta)$ pode ser escrita na forma compacta, denominada *forma exponencial de um número complexo*, como:

$$z = \rho e^{i\theta}.$$

Como exemplos para a forma exponencial tem-se $i = e^{i\pi/2}$ e $(1 + i) = \sqrt{2}\, e^{i\pi/4}$. Para o caso de enésimas raízes complexas de um número complexo z tem-se que:

$$z^{1/n} = \sqrt[n]{\rho}\, e^{i(\theta+2k\pi)/n}\ \ k = 0, 1, 2, ..., n - 1.$$

Exemplo 4.60 Expresse $(1 - i)^2$ na forma exponencial.

Solução. Inicialmente escrevemos $(1 - i) = \sqrt{2}\, e^{-i\pi/4}$. Agora é só elevar esta expressão ao quadrado $(1 - i)^2 = \left(\sqrt{2}\, e^{-i\pi/4}\right)^2$. Utilizando as propriedades das potências, chegamos a

$$(1 - i)^2 = (\sqrt{2}\,)^2(e^{-i\pi/4})^2 = 2\, e^{-2i\pi/4} = 2\, e^{-i\pi/2}.$$

Note que o resultado encontrado é $-2i$, que pode ser confirmado operando $(1 - i)^2 = (1 - i)(1 - i)$.

Exercícios

1. Considerando z uma variável complexa, resolva as equações:

   (a) $iz^2 - z + 2i = 0$ (b) $z^2 + (2i - 3)z + 5 - i = 0$

2. Encontre um polinômio quadrático para o qual $3 - i$ é uma raiz.

3. Verifique como a fórmula de Bháskara pode ser utilizada para encontrar as raízes de $z^4 - 2z^2 + 1 - 2i = 0$.

4. Mostre que as soluções da equação diferencial $y'' + 2y' + 2y = 0$ são $y_1 = e^{-x}\cos x$ e $y_2 = e^{-x}\mathrm{sen}x$. Dica: para chegar às soluções, aplica-se a forma quadrática à equação auxiliar $r^2 + 2r + 2 = 0$, obtendo duas raízes complexas conjugadas.

5. Equações diferenciais, cujas equações auxiliares tenham soluções complexas, são de grande aplicabilidade em diversas áreas do conhecimento. Localize na literatura aplicações para este tipo de equações diferenciais e interprete algumas, assim como mostrado no exemplo apresentado na seção que fala das equações diferenciais.

6. Expresse o número complexo dado na forma exponencial $z = \rho e^{i\theta}$.

   (a) 3

   (b) -5

   (c) $1 - i\sqrt{3}$

   (d) $\sqrt{3} + i$

   (e) $-7i$

   (f) $(1 - i)^3$

   (g) $\dfrac{1+i}{i}$

   (h) $(1 + i)^{10}$

7. Responda cada item abaixo.

   (a) Sendo $\varphi = \dfrac{1 + \sqrt{5}}{2}$ o número de ouro, mostre que $\varphi^2 = \varphi + 1$.

   (b) Sabendo que $\cos 36° = \dfrac{\varphi}{2}$, determine o valor de $\tan 36°$.

   (c) Mostre que o número complexo $z = -\varphi + \sqrt{3 - \varphi}\,i$ na forma exponencial fica expresso por $z = 2e^{\frac{4\pi}{5}i}$.

   (d) Usando a forma exponencial acima, determine as raízes cúbicas de z.

8. Calcule $\mathrm{sen}^4 y \cos^3 y$ usando a forma exponencial de $\mathrm{sen}^n y$ e $\cos^n y$.

9. Prove as identidades:

   (a) $\mathrm{senh}\,(2z) = 2\,\mathrm{senh}\,z \cosh z$

(b) $\cosh(2z) = \cosh^2 z + \operatorname{senh}^2 z$

10. Prove as seguintes afirmações:

(a) A função $\operatorname{senh} z$ é periódica de período $2\pi i$.

(b) Dado z complexo, tem-se que $\cosh(z + \pi i) = -\cosh z$.

(c) A função $\cosh z$ é periódica de período $2\pi i$.

Respostas

1. (a) $-2i$, i (b) $1 + i$, $2 - 3i$

2. Uma possibilidade é $z^2 - (3 - i)z = 0$.

3. Observe que o polinômio pode ser fatorado.

4. Seguir a ideia que está no texto.

5. Diversas aplicaçõs podem ser encontradas em livros de equações diferenciais.

6. (a) $3e^{i2\pi}$ (b) $5e^{i\pi}$ (c) $2e^{-i\pi/3}$ (d) $2e^{i\pi/6}$ (e) $7e^{-i\pi/2}$ (f) $2\sqrt{2}\,e^{-i3\pi/4}$
  (g) $\sqrt{2}\,e^{-i3\pi/4}$ (h) $32e^{i5\pi/2}$

7. (b) $\tan 36° = \frac{\sqrt{3-\varphi}}{\varphi}$ (d) $z_0 = \sqrt[3]{2}e^{\frac{\pi}{15}i}$; $z_1 = \sqrt[3]{2}e^{\frac{11\pi}{15}i}$; $z_2 = \sqrt[3]{2}e^{\frac{21\pi}{15}i}$.

8. $\dfrac{1}{64}\cos 7y - \dfrac{1}{64}\cos 5y - \dfrac{3}{64}\cos 3y + \dfrac{3}{64}\cos y$

9. Similar às provas com números reais.

10. Similar às provas com números reais.

4.12   Questões de ENADE – números complexos

Para auxiliar o leitor a se preparar para provas, como as do ENADE (Exame Nacional de Desempenho dos Estudantes), principalmente para cursos de Matemática, apresentaremos nesta seção uma seleção de questões sobre números complexos que entraram nas últimas provas (2005-2014) desse exame.

1. **(ENADE – 2005)** Leia o texto a seguir para responder às questões 20 e 21. Desenha-se no plano complexo o triângulo T com vértices nos pontos correspondentes aos números complexos z_1, z_2, e z_3, que são raízes cúbicas da unidade. Desenha-se também o triângulo S, com vértices nos pontos correspondentes aos números complexos, w_1, w_2, e w_3, que são raízes cúbicas complexas de 8.

(Questão 20) Com base no texto acima, assinale a opção correta.

(A) $z = -\dfrac{\sqrt{3}}{2} + i\dfrac{1}{2}$ é um dos vértices do triângulo T.

(B) $W = 2e^{i\pi/3}$é um dos vértices do triângulo S.

(C) $w_1 z_1$ é raiz da equação $x^6 - 1 = 0$.

(D) Se $w_1 = 2$, então $w_2^2 = w_3$.

(E) Se $z_1 = 1$, então z_2 é o conjugado complexo de z_3.

(Questão 21) Na situação descrita no texto, se a é a área de T e se a' é a área de S, então:

(A) $a' = 8a$.

(B) $a' = 6a$.

(C) $a' = 4a$.

(D) $a' = 2\sqrt{2}\,a$.

(E) $a' = 2a$.

(Questão 46) Analise as proposições abaixo a respeito de duas funções analíticas f e $g : \mathbb{C} \to \mathbb{C}$.

I – Se $f(1/n) = 0$ para todo número natural n, então $f(z) = 0$ para todo número complexo z.

II – Se $g(z) = 0$ para todo número complexo z em algum subconjunto de $\mathbb{C}$ que possui ponto de acumulação, então $g(z) = 0$ para todo número complexo z.

Nesse caso,

(A) as proposições I e II são verdadeiras, sendo que a segunda pode ser usada para justificar a primeira.

(B) as proposições I e II são verdadeiras, mas a segunda não pode ser usada para justificar a primeira.

(C) a proposição I é verdadeira, e a proposição II é falsa.

(D) a proposição I é falsa, e a proposição II é verdadeira.

(E) as proposições I e II são falsas.

2. **(ENADE – 2008) (Questão 47)** Considere o grupo G das raízes 6-ésimas da unidade, isto é, o grupo formado pelos números complexos z, tais que $z^6 = 1$. Com relação ao grupo G, assinale a opção correta.

(A) O grupo G é cíclico.

(B) G é um grupo de ordem 3.

(C) O número complexo $e^{2\pi i/5}$ é um elemento primitivo de G.

(D) Existe um subgrupo de G que não é cíclico.

(E) Se z é um elemento primitivo de G, então z^2 também é um elemento primitivo de G.

3. **(ENADE – 2011) (Questão 13)** O conjunto dos números complexos pode ser representado geometricamente no plano cartesiano de coordenadas xOy por meio da seguinte identificação:

$$z = x + iy \leftrightarrow P = (x, y).$$

Nesse contexto, analise as afirmações a seguir.

I. As soluções da equação $z^4 = 1$ são vértices de um quadrado de lado 1.

II. A representação geométrica dos números complexos z tais que $|z| = 1$ é uma circunferência com centro na origem e raio 1.

III. A representação geométrica dos números complexos z tais que $Re(z) + Im(z) = 1$ é uma reta que tem coeficiente angular igual a $\dfrac{3\pi}{4}$

radianos.

É correto o que se afirma em

(A) I, apenas.

(B) II, apenas.

(C) I e III, apenas.

(D) II e III, apenas.

(E) I, II e III.

4. **(ENADE – 2014) (Questão 27)** Os números complexos possuem diferentes representações, tais como: algébrica, geométrica e trigonométrica, conforme ilustra o quadro a seguir.

Considerando as diferentes representações dos números complexos e

FORMA ALGÉBRICA	FORMA GEOMÉTRICA	FORMA TRIGONOMÉTRICA
$z = a + bi$		$z = \rho\,(\cos\theta + i\,sen\,\theta)$ $\rho \geq 0$

o seu ensino, avalie as afirmações a seguir.

I. A forma algébrica dos números complexos é a única representação presente nos livros didáticos do ensino médio.

II. Historicamente, os números complexos surgiram da tentativa de resolução de equações polinomiais do 2° com discriminante negativo.

III. O ensino da forma trigonométrica dos números complexos facilita a compreensão do significado geométrico da operação de multiplicação de complexos: rotação de pontos (ou vetores) no plano.

IV. A cada número real corresponde um número complexo $z = \rho(\cos\theta + i\,sen\theta)$, com $\theta = 0°$.

É correto o que se afirma em

(A) I, apenas.

(B) III, apenas.

(C) I, II e IV, apenas.

(D) I, III e IV, apenas.

(E) I, II, III e IV.

Na prova do ENADE 2017 para os cursos de Licenciatura em Matemática, não entrou nenhuma questão àcerca dos números complexos. Já na prova do ENADE 2017 para os cursos de Bacharelado em Matemática, entraram questões sobre funções de variáveis complexas, cujo assunto não é abordado neste livro.

Respostas

1. **(ENADE – 2005)** Questão 20 – E   Questão 21 – C   Questão 46 – A

2. **(ENADE – 2008)** Questão 47 – A

3. **(ENADE – 2011)** Questão 13 – B

4. **(ENADE – 2014)** Questão 27 – B

Capítulo 5

Notas históricas

Tendo em vista todo o estudo sobre trigonometria e números complexos abordado nos capítulos anteriores, convidamos o leitor a um breve passeio sobre a história da criação e do desenvolvimento destes assuntos, bem como uma série de curiosidades sobre eles.

5.1 Trigonometria

Nesta seção, apresentaremos alguns apontamentos históricos da trigonometria, suas origens e sua importância no passado e na atualidade.

5.1.1 Introdução

O nome *Trigonometria* provém do grego *trigōnon* ("triângulo") + *metron* ("medida") e é a parte da Matemática que estuda as relações entre lados e ângulos de um triângulo.

5.1.2 Origens

As origens da Trigonometria são incertas, pois ela levou milênios para ser desenvolvida e foi sendo construída por vários povos, cada um interessado em usá-la para um fim prático específico: navegação, agrimensura, astronomia, arquitetura, entre outros. Tais problemas eram motivados pela obtenção de medidas de distâncias inacessíveis ao ser humano, por exemplo, a medida da largura de um rio. Vários historiadores citam que os egípcios e os babilônicos já conheciam teoremas sobre as razões dos lados de triângulos semelhantes, entre outras coisas, e que foram os gregos que pela primeira vez fizeram um estudo das relações entre ângulos (ou arcos) num círculo e os comprimentos que subtendem.

Por exemplo, é possível encontrar problemas envolvendo a cotangente em um documento egípcio de mais de 1600 anos, chamado de *papiro de Rhind*, e também uma notável tábua de secantes na tábula cuneiforme babilônica *Plimpton 322*.

À esq., papiro de Rhind; à dir., tábua de Plimpton 322. Fonte: Wikimedia Commons.

Nos trabalhos de Euclides (300 a.C.) e Arquimedes (287 a.C.-212 a.C.) há teoremas apresentados de uma forma geométrica equivalentes a fórmulas ou leis trigonométricas conhecidas hoje.

Hiparco de Nicéia (190 a.C.-120 a.C.) ganhou o direito de ser chamado "*o pai da trigonometria*" pois, na segunda metade do século II a.C., fez um tratado em doze livros sobre a construção do que deve ter sido a primeira tabela trigonométrica (tábua de cordas).

A obra trigonométrica mais influente e significativa da antiguidade foi a *Syntaxis matematica*, escrita em grego por Cláudio Ptolomeu ($\pm$ 85-$\pm$ 165), contendo ao todo treze livros. Tal obra foi chamada mais tarde na Arábia de *Almagesto*.

No *Syntaxis matematica* de Ptolomeu consta, por exemplo, o seguinte resultado, conhecido como uma consequência do "Teorema Geral de Ptolomeu (Veja o Exercício 1)": *Destacando um diâmetro $AD = 2r$ de um círculo, onde r denota a medida do raio, e considerando dois outros pontos B e C quaisquer sobre a circunferência que subentende o círculo, c.f. figura que segue.*

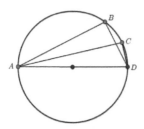

Tem-se que

$$2r \cdot BC + AB \cdot CD = AC \cdot BD.$$

Se denotarmos os arcos $\overset{\frown}{BD} = 2\alpha$ e $\overset{\frown}{CD} = 2\beta$, então obtemos

$$BC = 2r \cdot \operatorname{sen}(\alpha - \beta), \quad AB = 2r \cdot \operatorname{sen}(90° - \alpha),$$

$$BD = 2r \cdot \operatorname{sen}\alpha, \quad CD = 2r \cdot \operatorname{sen}\beta \quad \text{e} \quad AC = 2r \cdot \operatorname{sen}(90° - \alpha),$$

pelo Teorema Geral de Ptolomeu obtém-se a conhecida fórmula do seno da diferença de dois arcos:

$$\operatorname{sen}(\alpha - \beta) = \operatorname{sen}\alpha \cdot \cos\beta - \cos\alpha \cdot \operatorname{sen}\beta.$$

Analogamente, Ptolomeu deduziu as demais três fórmulas para adição e subtração de seno e cosseno de dois arcos, e tais fórmulas foram cruciais para Ptolomeu construir suas tabelas trigonométricas (tabelas de cordas).

Regiomontanus (1436-1476) foi o primeiro matemático na Europa a tratar a Trigonometria como uma disciplina matemática distinta, no seu *De triangulis omnimodus*, escrito em 1464, assim como no posterior *Tabulae directionum*, que incluía a função tangente, mas sem o nome.

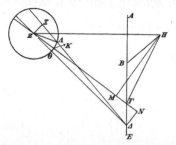

290   ΚΛΑΤΔΙΟΤ ΠΤΟΛΕΜΑΙΟΤ

δὲ καὶ τῶν ὑπ' αὐτὰς εὐθειῶν ἡ μὲν ΓΗ ἔσται τοιούτων πδ λς, οἵων ἐστὶν ἡ τοῦ περὶ τὸ ΒΓΗ τρί-
γωνον κύκλου διάμετρος ρχ, ἑκατέρα δὲ τῶν ΒΓ καὶ
ΒΗ εὐθειῶν τῶν αὐτῶν με μς· καὶ οἵων ἐστὶν ἄρα
5 ἑκατέρα τῶν ΒΓ καὶ ΒΗ εὐθειῶν γ, τοιούτων καὶ ἡ
ΓΗ ἔσται ε λγ. πάλιν, ἐπεὶ ἡ μὲν ὑπὸ ΑΓΖ γωνία

ὑπόκειται τοιούτων πθ μ, οἵων αἱ δύο ὀρθαὶ τξ, ἡ δὲ
ὑπὸ ΒΓΗ ὁμοίως μδ ν, ὅλη δὲ ἡ ὑπὸ ΖΓΗ συν-
άγεται ρλδ λ, εἴη ἂν καὶ ἡ μὲν ἐπὶ τῆς ΗΜ περι-
10 φέρεια τοιούτων ρλδ λ, οἵων ἐστὶν ὁ περὶ τὸ ΓΗΜ
ὀρθογώνιον κύκλος τξ, ἡ δ' ἐπὶ τῆς ΓΜ τῶν λοιπῶν
εἰς τὸ ἡμικύκλιον με λ. καὶ τῶν ὑπ' αὐτὰς ἄρα
εὐθειῶν ἡ μὲν ΜΗ ἔσται τοιούτων ρι μ, οἵων ἡ ΓΗ

4. εὐθειῶν] om. DG.   7. δύο] β Ba.   8. ὁμοίως] supra
ὁμ- ras. C.   ν] e corr. C.   συν|άγεται D, συνά|γεται Dˢ.
10. λ] in ras. Dˢ.   11. δί D.   13. τοιούτων ρι μ] CDG,
ρι μ τοιούτων Ba.   Fig. dedi ex C, similem hab. a, om. BD.

À esq., Ptolomeu. (Fonte: Wikimedia Commons). À dir., página de *Syntaxis matematica*.

Regiomontanus. Fonte: Wikimedia Commons.

Sobre a função "tangente", tem-se um fato curioso: nos primórdios ela era chamada de função "sombra", pois tinha relação com sombras projetadas por uma vara colocada na horizontal.

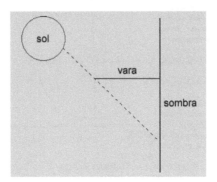

As primeiras tabelas de sombras conhecidas foram produzidas pelos árabes por volta de 860. O nome "tangente" foi primeiramente usado por Thomas Fincke (1561-1656), em 1583. Já o termo cotangente foi primeiramente usado por Edmund Gunter (1581-1626), em 1620, quando inventou o primeiro dispositivo analógico ao desenvolver uma calculadora de tangentes logarítmicas.

5.1.3   O seno de um arco: um erro de tradução

Na Antiguidade, o idioma que era usado na Europa em textos científicos era o latim. Tudo que era descoberto e também que se aprendia com os povos do oriente ficava registrado em textos em latim. De certa forma, isso era uma maneira de se padronizar o conhecimento numa lingua só. No entanto, erros de tradução podem ocorrer, o que de fato aconteceu com a palavra "seno".

Deve-se aos hindus a origem do seno de um ângulo. Aryabhata (476-550), por volta do ano 500, elaborou tabelas envolvendo metade de cordas, equivalentes hoje a tabelas de senos, e usou o termo *jiva* para denotar o número que conhecemos hoje por "seno". Ela foi reproduzida no trabalho de Brahmagupta (598-668), em 628, e depois por Bhaskara (1114-1185) em

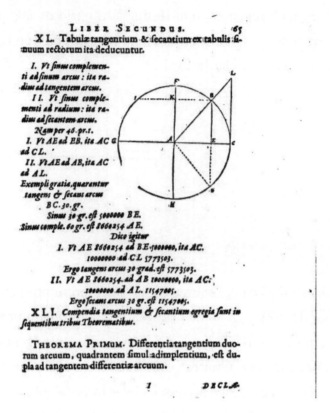

Uma página do livro *Trigonometriæ Sive:*
de dimensione triangulorum de Bartolomæi Pitisci, 1608.

1150. Entre 850 e 929, o matemático árabe al-Battani (858-929) adotou a Trigonometria hindu, introduzindo uma preciosa inovação que simplificou significativamente o estudo – o círculo de raio unitário –, e surgiu assim nome da função seno – *jiba* em árabe.

O nome "seno" vem do latim *sinus*, que significa seio, volta, curva, cavidade. Sinus é a tradução latina da palavra árabe *jaib*, que significa dobra, bolso, e não tem nada a ver com o seno (*jiba*). Quando os autores europeus traduziram do árabe para o latim, eles traduziram *jaib* para *sinus*, ao invés de *jiba*. Tal confusão na tradução foi devida à similaridade da escrita dessas duas palavras em árabe. Mais tarde, Fibonacci (1170-1250) usou a expressão *sinus rectus arcus* e isso finalmente sentenciou para sempre o uso universal do termo *seno*.

5.1.4   Tratamento analítico da trigonometria

O tratamento analítico das funções trigonométricas está no livro *Intro-ductio in Analysin Infinitorum*, de 1748, com autoria de Leonhard Euler (1707-1783), e tal livro é considerado a obra-chave da Análise Matemática. Por exemplo, neste livro o seno deixou de ser uma grandeza e adquiriu o status de número obtido pela ordenada de um ponto de um círculo unitário, ou o número definido pela série:

$$\text{sen } x = x - \frac{x^3}{3!} + \frac{x^5}{5!} - \frac{x^7}{7!} + \dots$$

O livro é composto por dois volumes, sendo que o primeiro dedicou-se ao estudo de funções, o que constituiu ser uma obra-chave da Análise, e o segundo dedicou-se ao estudo da Geometria.

Atualmente, a Trigonometria tem uma vasta aplicação na Matemática, Física, Medicina, Engenharias, entre outras.

Página do livro *Introductio in Analysin Infinitorum*,

Vol. I, de Euler, no qual se conclui a expansão em série de potências

para o seno e o cosseno de v.

Exercícios

1. No livro *Almagesto*, Ptolomeu provou um resultado geométrico conhecido atualmente por "Teorema de Ptolomeu", que diz: *se ABCD é um quadriátero convexo inscrito em um círculo, então o produto das*

diagonais é igual à soma dos produtos dos dois pares de lados opostos, simbolicamente,

$$AC \cdot BD = AB \cdot CD + BC \cdot AD.$$

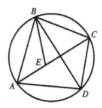

Se BE é construído tal que $A\hat{B}E = D\hat{B}C$, complete os detalhes do seguinte Teorema de Ptolomeu:

(a) Os triângulos ABE e DBC são similares e, disso,

$$\frac{AB}{BD} = \frac{AE}{CD}.$$

(b) $A\hat{B}D = A\hat{B}E + E\hat{B}D = D\hat{B}C + E\hat{B}D = E\hat{B}C.$

(c) Os triângulos ABD e EBC são similares e, disso,

$$\frac{AD}{EC} = \frac{BD}{BC}.$$

(d) O resultado de adicionar $AB \cdot CD = AE \cdot BD$ e $BC \cdot AD = EC \cdot BD$ é

$$AC \cdot BD = AB \cdot CD + BC \cdot AD.$$

2. O seguinte problema, cuja resolução é apresentada na íntegra, aparece no livro *Trigonometriæ theorico-practicæ planæ, et sphæricæ*, do autor Antonio Lechio, ano 1756, páginas 30 e 31:

Problema. *Cognita chorda* AF *alicujus arcus, inveniere chordam* DF *supplementi ad semicirculum.*

Resolutio. *Quoniam angulus in semicirculo est rectus, erit* $\overline{AF}^2 +$ $\overline{DF}^2 = \overline{AD}^2$*; si ergo ponatur radius divisus in 100000 partes æquales, valor diametri erit 200000; hinc, si a quadrato diametri* AD *subducatur quadrato chordæ* AF*, residuum erit quadratum chordæ* DF*; cujus radix quadrata dabit numerum partium, quas continet chorda quæsita* DF*. Quod &c.*

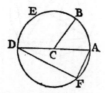

(a) Traduza do latim para o português o enunciado do problema e sua resolução[1]. Para ajudar, abaixo temos um pequeno glossário de apoio:

alicujus - qualquer, quaisquer.	*invenire* - encontrar.
cognita - conhecimento, conhecido.	*subducatur* - subtraído.
quaesita - adquirido.	*erit* - flexão do verbo ser; será.
quoniam - porque; como.	*si ergo* - então, se.
residuum - restante; o restante.	

Quod &c. - fim da prova, como um c.q.d.

(b) Procure refazer uma prova numa linguagem moderna, com seus próprios argumentos.

3. O seguinte problema, cuja resolução é apresentada na íntegra, aparece no livro *Trigonometriae theorico-practicæ planae, et sphæricæ*, do autor Antonio Lechio, ano 1756, páginas 104 e 105:

Problema III (De praxis trigonometrica) *Distantiam inaccessam montis, vel turris per duas stationes mesiri.*

---

[1]Observe que esta resolução não constitui uma prova, e sim uma ilustração, visto que o seu autor estabeleceu, para fixar ideias, medidas de segmentos em partes.

Resolutio. *Turris, seu tholi templi maximi altitudo sit* GC; *distantia* EG. *In ipsa linea distantiæ eligantur duæ stationes in E & F, quarum intervallum mechanice mensuretur, puta, pedium 500. Ad hoc præstandum requiritur planities ampla, & patens, ut accedere ad rem distantem, aut recedere ab ea tanto intervallo possis, quanto opus est. Eo autem certitor erit dimensio, quo intervallum fuerit majus, ut infra exponam.*

Semicirculus ad metiendos angulos altitudinis aptetur in utraque flatione, ut Fig.; & inveniantur altitudium anguli CFG, CEG, quibus subtractis a 90 gradibus, noti fiunt anguli complentes FCG, ECG. Posito ergo finu toto CG, erunt angulorum FCG, ECG tangentes GF, GE; ac proinde EF, intervallum stationum, est tangentium differentia. Fiat ergo:

UT *EF*, DIFFERENTIA TANGENTIUM ANGULORUM *FCG, ECG* COMPLENTIUM ALTITUDINIS ANGULOS,

AD MAJOREM TANGENTEM *EG*;

ITA *EF*, STATIONUM INTERVALLUM, PEDUM 500,

AD DISTANTIÆ *EG* PEDES QUÆSITOS.

(a) Analisando o texto e a ilustração, procure traduzir o problema e sua resolução.

Obs. Provavelmente seja necessário usar o Google Tradutor.

(b) Observe que, neste problema, trata-se de obter uma medida inacessível, conhecendo-se certas medidas. Procure elaborar um tal problema prático, usando como base a figura do problema original. Apresente a sua resolução.

4. Do mesmo livro, páginas 105 a 108, temos os **Problemas VI e VII** apresentados abaixo, com suas respectivas resoluções. Faça para cada um deles uma tradução e em seguida apresente uma prova atual.

Problema IV. *Altitudinem inaccessam montis, vel turris mesiri.*

Resolutio. *Instituatur operatio eadem, quæ fuit adhibita in Probl. præced., binis stationibus in linea distatiæ in E & F determinatis; tum fiat:*

Ut *EF*, differentia tangentium angulorum *FCG, EECG* complentium angulos altitudinis,

ad finum totum *CG*;

Ita *EF*, stationum intervallum, ped. 500,

ad altitudinis quæsitæ pedes.

Aliter.

Metire, ut prius, utrumque altitudinis angulum in utraque statione E & F: notus pariter fiet angulus EFC, complementum ad duos rectos; ac proinde in trigono obliquangulo EFC noti erunt tres anguli, & latus unum EF; quare,

Uti sinus anguli *ECG*, ad latus cognitum *EF*;

Ita sinus anguli *CEF*, ad latus *CF*.

Tria prima sunt nota; innotescet ergo etiam quartum, nempe latus FC, in eadem mensura, in qua notum erat EF, stationum intervallum. Invento latere FC, instituatur hæc altera analogia in trigono rectangulo GFC:

Uti sinus totus

AD LATUS FC;

ITA SINUS ANGULI CFG

AD CG ALTITUDINEM QUÆSITAM.

Problema VII. *Altitudinem nubis mesiri.*

Resolutio. *Tota difficultas, quæ in hoc negotio occurrit, ex nubium continuo motu oritur; hinc mutatio figuræ nubis continua; unde fit, ut non facile designari in nube possit stabile punctum, in quod ex duplici statione, ut opus est, collimetur. Oportebit igitur nubem seligere, quales tranquillo cælocernuntur, qæ nimirum non moveatur sensibiliter, & qæ marginem aliqquem habeat notabilem, cujus extremitas, puta, C, dignosci possit, ut in eam codem tempore duo Observatores, distantes ab invicem uno saltem milliari, figno dato, colliment ex diversis stationibus, angulosque factos observent.*

Itaque punctu in nube collimationibus destinarum, esto C: altitudo quæsita nubis sit CB: linea distantiæ AB, in qua designentur binæ stationes in A & F, distantes justo intervallo, quod vix esse minus poterit aliquot pedum millibus. Noti fiant anguli CAB, CFB, ex quibus, & spatio mechanice noto, per Prob. IV. reperietur altitudo nubis quæsita CB.

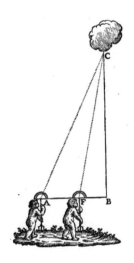

5.2   Números complexos

Nesta seção apresentaremos alguns apontamentos históricos dos números complexos, composta pelas suas origens e sua importância no passado e na atualidade.

5.2.1   Uma equação, uma teoria matemática

Uma questão que fascinou os matemáticos ao longo dos milênios foi a resolução de equações algebricamente. Por exemplo, há registros históricos mencionando que matemáticos babilônicos já resolviam equações de segundo grau pelo método de completamento de quadrados perfeitos.

O que norteou a descoberta ou, melhor dizendo, a "criação" dos números complexos, bem como toda a sua teoria posteriormente, foi o problema de resolução de equações algébricas de terceiro grau, ou seja, equações da forma

$$ax^3 + bx^2 + cx + d = 0,$$

onde $a, b, c, d \in \mathbb{R}$.

De fato, até antes de 1500 não existia uma fórmula pronta para se resolver a equação de terceiro grau completa, com todos os coeficientes a, b, c e d diferentes de zero, uma situação completamente oposta do caso de uma equação polinomial de segundo grau completa, em que se tem a conhecida fórmula de Bháskara (1114-1185, Índia) para uma equação polinomial de segundo grau. Porém, foram desenvolvidas algumas técnicas de resolução de equações polinomiais de terceiro grau *incompletas*, isto é, quando algum dos coeficientes, exceto a, for igual a zero.

Scipione del Ferro (1465-1526) foi o matemático que desenvolveu a técnica de resolução da equação incompleta da forma

$$x^3 + cx + d = 0.$$

Niccolò Fontana (1499-1557), conhecido como *Tartaglia*, encontrou uma forma de resolver a equação de terceiro grau completa, reduzindo-a ao tipo desenvolvido por del Ferro, descrito acima, por meio de mudanças adequadas de variáveis. De fato, não se sabe ao certo se ele desenvolveu tal forma ou tomou conhecimento dela a partir de algum outro estudioso não conhecido.

À esq., Tartaglia; à dir., Cardano. Fonte: Wikimedia Commons.

Girolamo Cardano (1501-1576) escrevia o livro *Pratica Arithmeticae Generalis*, que continha ensinamentos sobre álgebra, aritmética e geometria. Ao saber que Tartaglia tinha obtido a solução geral da equação de terceiro grau, pediu-lhe que a revelasse. Depois de muita insistência e prometendo não divulgá-la, Cardano obteve a fórmula de Tartaglia. Posteriormente, no livro *Ars Magna,* escrito por Cardano em 1545, aparecia a resolução de Tartaglia, com todos os detalhes, que Cardano afirmava ser de sua autoria, o que causou grande inimizade entre os dois matemáticos.

Conforme cita o autor Paul Karlson, em seu livro *A magia dos números,* pela editora Globo, em 1961: *"...Cardano parece ter sido um homem de reputação bastante duvidosa ... Brilhante, leviano, seguro de si – eis como foi Cardano em sua vida de aventuras. Penosa, cheia de lutas, acompanhada de incessante miséria e preocupação foi, por outro lado, a existência de Niccolò Fontana ..."*

O então método de *Cardano-Tartalgia* para resolução de uma equação

Capa da obra *Ars Magna*. Fonte: Wikimedia Commons.

completa de terceiro grau com $a = 1$, da forma

$$x^3 + bx^2 + cx + d = 0, \tag{5.1}$$

consiste em, mediante uma mudança de variável, substituir x por $t - \frac{b}{3}$, o que eliminará o termo bx^2 em (5.1), obtendo

$$t^3 + pt + q = 0,$$

onde

$$p = c - \frac{b^2}{3} \quad \text{e} \quad q = \frac{2b^3 - 9bc}{27}.$$

Em seguida, supondo que existam $u, v \in \mathbb{R}$ tais que

$$u^3 - v^3 = q \quad \text{e} \quad u \cdot v = \frac{p}{3},$$

então $t = v - u$ é uma solução da equação. Isolando v em $uv = \frac{p}{3}$, obtemos $v = \frac{p}{3u}$, o que, levando na equação $u^3 - v^3 = q$, resulta em

$$u^3 - \frac{p^3}{27u^3} = q,$$

ou seja,

$$27u^6 - 27qu^3 - p^3 = 0,$$

que consiste em uma equação de segundo grau na variável u^3, obtendo-se

$$u = \sqrt[3]{\frac{q}{2} \pm \sqrt{\frac{q^2}{4} + \frac{p^3}{27}}}.$$

Como $t = v - u$ e $x = x + \frac{b}{3}$, tem-se

$$x = \frac{p}{3u} - u - \frac{b}{3}.$$

O ponto interessante da técnica acima consiste em observar que pode acontecer que a expressão acima, para obter o valor de u, resulte em raízes quadradas negativas, o que na época não fazia sentido. Mesmo assim, esses valores "imaginários" produziam valores reais para x que correspondiam às raízes da equação cúbica.

Rafael Bombelli (1526-1572) foi o autor de *l'Algebra*, que foi uma coleção de três livros. Foi Bombelli quem introduziu a notação $\sqrt{-1}$ e denotou por "*piú di meno*". A discussão dos cúbicos em *l'Algebra* segue Cardano, mas agora o caso irredutível é bastante explorado. Bombelli considerou a equação

$$x^3 = 15x + 4,$$

à qual a fórmula de Cardano fornece

$$x = \sqrt[3]{2 + \sqrt{-121}} + \sqrt[3]{2 - \sqrt{-121}}.$$

Bombelli observou que a cúbica possui $x = 4$ como uma solução. Ele escreveu

$$\sqrt[3]{2 + \sqrt{-121}} = a + bi$$

e deduziu que

$$\sqrt[3]{2 - \sqrt{-121}} = a - bi$$

e obteve, após certas manipulações algébricas, $a = 2$ e $b = 1$. Então

$$x = a + bi + a - bi = 2a = 4,$$

e, disso, Bombelli concluiu que *"No início, me pareceu mais um sofisma do que a verdade, mas procurei até encontrar a prova"*.

O matemático francês Abraham De Moivre (1667-1754) e os irmãos Jean Bernoulli (1667-1748) e Jacques Bernoulli (1654-1705) deram importantes contribuições para a teoria dos números complexos. Num artigo em *Philosophical Transactios* em 1707, De Moivre mostrou que

$$\frac{1}{2}(\text{sen}(n\theta))^{\frac{1}{n}} + \frac{1}{2}(\text{sen}(n\theta) - \sqrt{-1}\cos(n\theta))^{\frac{1}{n}} = \text{sen}(\theta),$$

e, em outro trabalho em 1730, ele reduziu a

$$(\cos(n\theta) + i\,\text{sen}(n\theta))^{\frac{1}{n}} = \cos\left(\frac{2k\pi + \theta}{n}\right) + i\,\text{sen}\left(\frac{2k\pi + \theta}{n}\right),$$

o que conhecemos atualmente por Teorema de De Moivre.

Mas o trabalho mais notável e importante a respeito dos números complexos foi feito por Leonhard Euler (1707-1783). Entre suas contribuições, é devido a Euler que usamos o símbolo i para designar $\sqrt{-1}$.

Foi Euler quem desenvolveu a conhecida fórmula

$$e^{i\theta} = \cos\theta + i\,\text{sen}\,\theta,$$

da qual, no caso em que $\theta = \pi$ rad, obtemos a relação

$$e^{\pi i} + 1 = 0,$$

que relaciona as cinco constantes mais importantes da matemática: o número de Euler $e = 2,71828...$, $\pi = 3,14159...$, a unidade imaginária $i = \sqrt{-1}$, o neutro multiplicativo 1 e o neutro aditivo 0.

O matemático alemão Carl Friderich Gauss (1777-1855) foi o primeiro a lidar com o uso de números complexos e a geometria do plano complexo de forma natural, sem "medo" dessa nova teoria. Ele usou esta teoria na Matemática Pura, mais especificamente na Teoria dos Números e na Matemática Aplicada empregou em seus estudos de eletromagnetismo.

À esq., Euler; à dir., Gauss. Fonte: Wikimedia Commons.

Gauss foi o primeiro a apresentar uma prova rigorosa para o Teorema Fundamental da Álgebra (TFA), em 1799, aos 22 anos de idade, em sua tese de doutorado, na Universidade de Helmstädt.

Teorema *(Teorema Fundamental da Álgebra – TFA) Todos os polinômios complexos de grau n têm n raízes complexas.*

A prova deste teorema é encontrada em livros de variável complexa, e uma das formas de sua prova segue como uma aplicação de um outro teorema, conhecido por Teorema de Liouville.

William Rouvan Hamilton (1805-1865) trabalhou com as propriedades da adição e multiplicação dos números complexos. Além disso, definiu o número complexo $a + bi$ como par ordenado de números reais (a, b).

Foi Augustin-Louis Cauchy (1789-1857) quem iniciou a teoria das funções complexas. Ele também construiu o conjunto dos números complexos em 1847 como o anel quociente $R[x]/(x^2 + 1)$.

Assim, vários matemáticos ao longo da história montaram toda a teoria das variáveis complexas que encontramos hoje nos livros.

5.2.2   Números complexos hoje

No mundo moderno, são inúmeras as aplicações dos números complexos, permeando a Matemática Pura, Matemática Aplicada, Física, Engenharias, entre outras. Por exemplo, em problemas de escoamento de fluidos; intensidade de campo elétrico e potencial eletrostático. No entanto, tais aplicações geralmente exigem um conhecimento profundo de Análise Complexa, normalmente abordados num curso de graduação ou pós-graduação, fugindo assim do escopo deste livro.

Apenas a título de curiosidade, a *função zeta de Riemann* é uma função de variável complexa dada pela série infinita

$$\zeta(s) = 1 + \frac{1}{2^s} + \frac{1}{3^s} + \frac{1}{4^s} + \ldots$$

definida para todo $s \in \mathbb{C}$ tal que $\mathfrak{Re}(s) > 1$; é uma função de extrema importância na Matemática Pura, mais precisamente no ramo da Teoria dos Números, em especial na *Hipótese de Riemann*, que foi proposta em 1859 por Bernhard Riemann (1826-1866). Essa hipótese conjectura que *"todos os zeros da função ζ, exceto os chamados zeros triviais $-2, -4, -6, \ldots$, possuem parte real $\frac{1}{2}$"*.

Esse problema matemático encontra-se ainda sem uma demonstração aceita. Caso seja encontrada uma prova para esta conjectura, ela nos forneceria uma regra para a distribuição dos números primos no conjunto dos números inteiros, o que é vital para o estudo de Criptografia.

A Hipótese de Riemann é um dos sete problemas matemáticos do milênio, e, no ano de 2000, o Clay Mathematics Institute ofereceu um prêmio de 1 milhão de dólares àquele que o resolver. Mais detalhes curiosos sobre este problema podem ser encontrados, por exemplo, no livro *Os Problemas do Milênio*, do autor Keith Devlin, traduzido pela Editora Record.

Exercícios

1. Usando o método de Cardano-Tartaglia, encontrar alguma raiz real das equações:

   (a) $x^3 - 6x - 9 = 0$

   (b) $x^3 - 2x^2 - x - 2 = 0$

   (c) $x^3 = 7x + 6$ $\left(\text{dica: } 3 \pm \dfrac{10}{9}\sqrt{-3} = \left(\dfrac{3}{2} \pm \dfrac{1}{6}\sqrt{-3}\right)^3\right)$

2. Leonhard Euler deduziu as seguintes relações:

$$e^{i\theta} = \cos\theta + i\,\text{sen}\,\theta \quad \text{e} \quad e^{-i\theta} = \cos\theta - i\,\text{sen}\,\theta,$$

conhecidas como *Relações de Euler*. Deduza, para $\theta \in \mathbb{R}$, que podemos escrever seno e cosseno em termos de exponenciais complexas, isto é,

$$\text{sen}\,\theta = \frac{e^{i\theta} - e^{-i\theta}}{2i} \quad \text{e} \quad \cos\theta = \frac{e^{i\theta} + e^{-i\theta}}{2}.$$

Referências

ANTON, Horward; DAVIS, Stephen L.; BIVENS, Irl C. **Cálculo**. São Paulo: Bookman, 2007. v. 1.

BROWN, James W.; CHURCHILL, Ruel V. **Variáveis complexas e aplicações**. 9. ed. São Paulo: Amgh Editora, 2015.

BURTON, David M. **The History of Mathematics**: An Introduction. 7. ed. New York: McGraw-Hill, 2011.

DANTE, Luiz Roberto, **Matemática**: contexto e aplicações. São Paulo: Editora Ática, 2009.

DEVLIN, Keith. **Os problemas do milênio**. 2. ed. Rio de Janeiro: Record, 2002.

DEMANA, Franklin; FOLEY, Gregory D.; KENNEDY, Daniel. **Pré-cálculo**. 2. ed. São Paulo: Pearson, 2013.

EULER, L. **Introductio in analysin infinitorum**. Opera Omnia. Tomus Primus, 1748.

IEZZI, Gelson. **Fundamentos de matemática elementar**. São Paulo: Editora Atual, 1985. v. 3.

IEZZI, Gelson; DOLCE, Osvaldo; MARUKAMI, Carlos. **Fundamentos de matemática elementar**. São Paulo: Editora Atual, 1985. v. 2.

IEZZI, Gelson; MARUKAMI, Carlos. **Fundamentos de matemática elementar**. São Paulo: Editora Atual, 1985. v. 1.

KARLSON, Paul. **A magia dos números**. Rio de Janeiro: Globo, 1961. (Col. Tapete Mágico).

LECHIO, Antonio. **Trigonometriæ theorico-practicæ planæ, et sphæricæ**. Facultate AC Privilegio, 1756.

LEITHOLD, Louis. **O cálculo com geometria analítica**. São Paulo: Harbra, 1990. v. 1.

MILLER, G. A. On a Fundamental Theorem in Trigonometry. **The American Mathematical Monthly**, v. 13, n. 5, p. 101-103, 1906.

SAFIER, Fred, **Pré-Cálculo**. Porto Alegre: Bookman, 2011. (Coleção Schaum).

STEWART, James. **Cálculo**. 6. ed. São Paulo, Cengage, 2009. v. 1.

ZILL, Dennis G.; PATRICK D., Shanahan. **A first course in complex analysis with applications**. London: Jones and Bartlett Publishers, 2003.